应用数学

（微积分）

尹方平　位泽红　王志平◎主　编

尹方平　位泽红　王志平　付向红　陈　洁　钟秋平◎编　委

復旦大學 出版社

内容提要

　　本书根据教育部制订的"高职高专高等数学教学基本要求"，以应用为目的，重视学生数学概念的建立、数学基本方法的掌握和数学应用意识及能力的培养，尤其注重数学课程思政的育人功能，增加了蕴含思想政治教育元素的课外阅读材料，坚持"立德树人"，依据"必需够用、淡化理论""专业结合、体现应用"的原则编写而成，语言通俗易懂，便于学生理解。

　　全书共分七章，主要内容包括函数、极限与连续、导数与微分、导数的应用、不定积分、定积分及其应用、常微分方程。书后附有初等数学常用公式和习题答案。

　　本书可作为高职高专院校、成人高等院校和独立学院各专业数学课程教材或教学参考书。

前 言　Preface

　　为了深入贯彻全国高校思想政治工作会议精神,充分发挥课堂主渠道在高校思想政治工作中的作用,使各类课程与思想政治理论课同向同行,形成协同效应,本教材结合高职院校数学课程的教学特点和当前高职数学课程改革经验,根据教育部最新制定的高职高专高等数学基本要求,编写而成.

　　编著者多年从事高等院校的数学课教学,在本书的编写过程中,秉持传统的数学教学特点,坚持立德树人,依据"必需够用、淡化理论""专业结合、体现应用"的原则,力求使本书体现以下特点:

　　(1)精炼内容,淡化理论　结合现阶段高职高专学生的特点,在保证课程理论体系及逻辑结构的前提下,尽可能地淡化理论推导,用具体的例子加以分析,方便学生理解接受;由于学时的限制,对一些内容加注了 * 号,供学时较多的专业或学有余力的学生选用.

　　(2)融入文化,五育共举　着力扩充有关数学的精神、思想与历史的内容,挖掘其中的文化内涵,特增加了课外阅读——数学中蕴含的思想政治教育元素的内容,体现了数学的德育作用,更有利于学生德智体美劳的全面发展.

　　(3)简明扼要,通俗易学　尽可能运用通俗易懂的语言讲解,便于学生理解接受,方便他们课前预习、课后复习.

　　(4)精讲多练,强化练习　各章节都编排了较多习题,便于精讲多练,利于课堂教学;加强学生的课后练习,更快速地消化吸收新知识,更好地复习巩固所学内容.

　　(5)专业结合,注重应用　为了扩大适用面,在保证教学基本要求的前提下,视专业差异优选了与专业有关的经典案例,加强高职高专学生应用数学知识解决专业问题的能力.

本书作为国家高水平专业群(数控技术专业群)、广东省重点专业(电气自动化技术专业)、广东省品牌专业(工业机器人技术专业、光伏发电技术与应用专业)的建设成果,在编写的过程中得到了广东机电职业技术学院教务处、电气技术学院、先进制造学院、汽车学院相关领导和教师的大力支持,复旦大学出版社的相关编辑人员为本书的编写和出版提供了支持和帮助.在此对所有人员表示衷心的感谢!

本教材由广东机电职业技术学院尹方平、位泽红、王志平老师编著,广东泰迪智能科技股份有限公司钟秋平工程师提供了部分案例素材.由于编著者水平及经验有限,不足之处在所难免,恳请广大的教师和读者提出宝贵的意见.

编者

2021 年 6 月

目录 Contents

第 **1** 章

函　数

函数是数学的基本概念,是微积分的主要研究对象.经济问题与我们的生活息息相关,在研究经济问题的过程中,一个经济变量往往受到多种因素的影响,这种影响也是函数关系.

本章通过复习并完善中学关于初等函数的相关基本概念和基本理论,为进一步学习微积分及其应用奠定基础.

学习目标

1. 从结构或模式的角度理解函数的概念和特性;

2. 理解基本初等函数的概念;

3. 了解由已知函数构造新函数的一般方法,特别是会分析复合函数的复合结构,了解初等函数的概念;

4. 了解建立函数模型的基本步骤.

§1.1　函　数

一、区间与邻域

数集是数学中的重要概念,常见的数集是**区间**,设 $a,b \in \mathbf{R}$,且 $a < b$,则:

1. 有限区间

(1) 开区间　$(a,b) = \{x \mid a < x < b\}$;

(2) 半开半闭区间　$[a,b) = \{x \mid a \leqslant x < b\}$,$(a,b] = \{x \mid a < x \leqslant b\}$;

(3) 闭区间　$[a,b] = \{x \mid a \leqslant x \leqslant b\}$.

2. 无限区间

(4) $[a,+\infty) = \{x \mid x \geqslant a\}$,　(5) $(a,+\infty) = \{x \mid x > a\}$,　(6) $(-\infty,b] = \{x \mid x \leqslant b\}$,　(7) $(-\infty,b) = \{x \mid x < b\}$,　(8) $(-\infty,+\infty) = \{x \mid x \in \mathbf{R}\}$.

以上区间在数轴上可以表示为(图 1-1-1):

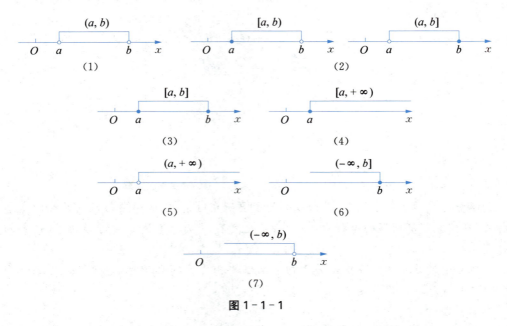

图 1-1-1

在后面的学习中,有时还需要考虑由某点 x_0 附近的所有点组成的集合,为此引入一种特殊的数集——邻域.

定义 1　设 δ 为某个正数,称开区间 $(x_0-\delta, x_0+\delta)$ 为点 x_0 的 δ 邻域,简称为点 x_0 的邻域,记作 $U(x_0, \delta)$,即

$$U(x_0, \delta) = \{x_0 \mid x_0-\delta < x < x_0+\delta\} = \{x \mid |x-x_0| < \delta\}.$$

点 x_0 称为邻域的中心,δ 称为邻域的半径,图形表示为(图 1-1-2):

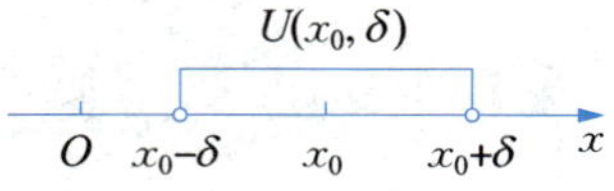

$$
\begin{array}{c}
U(x_0, \delta) \\
\hline
O \quad x_0-\delta \quad x_0 \quad x_0+\delta \quad x
\end{array}
$$

图 1-1-2

另外,点 x_0 的邻域去掉中心 x_0 后,称为点 x_0 的去心邻域,记作 $\overset{\circ}{U}(x_0, \delta)$,即

$$\overset{\circ}{U}(x_0, \delta) = \{x \mid 0 < |x-x_0| < \delta\},$$

图形表示为(图 1-1-3):

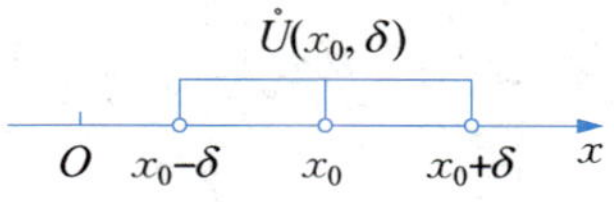

$$
\begin{array}{c}
\overset{\circ}{U}(x_0, \delta) \\
\hline
O \quad x_0-\delta \quad x_0 \quad x_0+\delta \quad x
\end{array}
$$

图 1-1-3

其中，$(x_0-\delta, x_0)$ 称为点 x_0 的左邻域，$(x_0, x_0+\delta)$ 称为点 x_0 的右邻域.

二、函数

1. 函数的定义

函数是现实中对应关系的一种数学化的体现，在日常生活中经常用到. 例如，生产某款手机的固定成本为 2 000 元，每生产一件，成本增加 500 元，则生产这款手机的成本 y 与产量 x 之间的函数关系可表述为

$$y = 2\,000 + 500x.$$

一般来说，在数学上可以有如下关于函数的定义：

定义 2 设 x、y 是两个变量，D 是一个给定的数集，如果对于每个 $x \in D$，按照对应法则 f，都有唯一确定的 y 与之对应，则称 y 为 x 的函数，记作 $y = f(x)$. 其中 x 为自变量，y 为因变量，D 为定义域，函数值 $f(x)$ 的全体称为函数 f 的值域，记作 W_f，即

$$W_f = \{y \mid y = f(x), x \in D\}.$$

函数的记号可以任意选取，除了用 f 外，还可用 g、F、φ 等表示. 但在同一问题中，不同的函数应选用不同的记号.

函数的定义域和对应关系是确定函数的两要素.

例 1 求函数 $y = \dfrac{1}{x} - \sqrt{4-x^2}$ 的定义域.

解 要使 $f(x)$ 有意义，显然 x 要满足：$\begin{cases} x \neq 0 \\ 4-x^2 \geq 0 \end{cases}$，即 $\begin{cases} x \neq 0 \\ -2 \leq x \leq 2 \end{cases}$，所以，所求函数定义域为 $x \in [-2, 0) \cup (0, 2]$.

例 2 判断下列各组函数是否相同：

(1) $f(x) = \dfrac{x-1}{x+2}$，$g(x) = \dfrac{(x-1)^2}{(x+2)(x-1)}$；

(2) $f(x) = 2\lg|x|$，$g(x) = \lg x^2$.

解 (1) 两个函数对应法则相同，但 $f(x) = \dfrac{x-1}{x+2}$ 的定义域是 $x \neq -2$，$g(x) = \dfrac{(x-1)^2}{(x+2)(x-1)}$ 的定义域是 $x \neq -2$ 且 $x \neq 1$. 两个函数定义域不同，所以 $f(x)$ 和 $g(x)$ 不相同.

(2) 两个函数对应法则相同，$f(x) = 2\lg|x|$ 的定义域为 $x \neq 0$，$g(x) = \lg x^2$ 的定义域为 $x \neq 0$. 两个函数定义域也相同，所以 $f(x)$ 和 $g(x)$ 相同.

三、函数的表示法

常见的函数表示方法有表格法、图表法、解析法(公式法)3 种.

1. 表格法

将自变量的值与对应的函数值列成表格的方法. 例如，某煤矿某一年每个月煤炭的生产

量(单位:吨)如表 1-1-1 所示:

表 1-1-1

月	1	2	3	4	5	6	7	8	9	10	11	12
产量	305	450	515	578	660	605	602	615	708	660	627	590

2. 图像法

在坐标系中用图像表示函数关系的方法. 例如,某炼钢厂冶炼某种钢材的含碳量(x 轴)与此种钢材的冶炼时间(y 轴)之间的关系如图 1-1-4 所示,用图反映变量之间的函数关系.

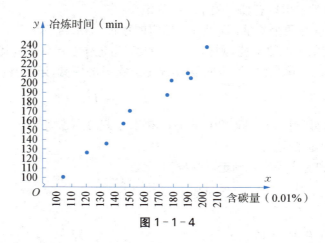

图 1-1-4

3. 解析法

用数学表达式(解析式)表示自变量与因变量之间关系的方法. 前面例 1 中的函数 $y = \dfrac{1}{x} - \sqrt{4 - x^2}$,例 2 中的函数 $f(x) = 2\lg|x|$,$g(x) = \lg x^2$,$f(x) = \dfrac{x-1}{x+2}$,$g(x) = \dfrac{(x-1)^2}{(x+2)(x-1)}$ 等都是解析法表示的函数.

四、函数的性质

设函数 $y = f(x)$,定义域为 D,$I \subset D$.

1. 函数的有界性

若存在常数 $M > 0$,使得对每一个 $x \in I$,有 $|f(x)| \leqslant M$,则称函数 $f(x)$ 在 I 上有界(图 1-1-5). 否则,就是无界.

例如,函数 $f(x) = \sin x$,因为 $|\sin x| \leqslant 1$,所以 $f(x) = \sin x$ 在 $(-\infty, +\infty)$ 上是有界的;函数 $f(x) = \mathrm{e}^x$ 在 $(-\infty, +\infty)$ 内有下界,但在 $(-\infty, +\infty)$ 内无上界,所以 $f(x) = \mathrm{e}^x$ 在 $(-\infty, +\infty)$ 上是无界的.

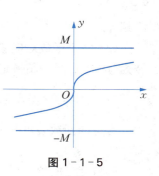

图 1-1-5

注意　既有上界又有下界，才能称为有界.

2. 函数的单调性

设函数 $y=f(x)$ 在区间 I 上有定义，x_1 及 x_2 为区间 I 上任意两点，且 $x_1<x_2$. 如果恒有 $f(x_1)<f(x_2)$，则称 $f(x)$ 在 I 上是单调增加的；如果恒有 $f(x_1)>f(x_2)$，则称 $f(x)$ 在 I 上是单调递减的. 单调增加和单调减少的函数统称为单调函数（图 $1-1-6$）.

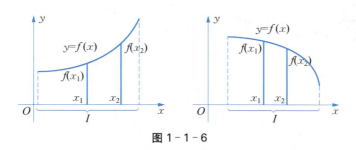

图 $1-1-6$

3. 函数的奇偶性

设函数 $y=f(x)$ 的定义域 D 关于原点对称. 如果在 D 上有 $f(-x)=-f(x)$，则称 $f(x)$ 为奇函数；如果在 D 上有 $f(-x)=f(x)$，则称 $f(x)$ 为偶函数. 从函数图形上看，偶函数的图形关于 y 轴对称，奇函数的图形关于原点对称.

例如，函数 $f(x)=x^2$，$f(x)=\cos x$ 是偶函数；函数 $f(x)=x^3$，$f(x)=\sin x$ 是奇函数.

4. 函数的周期性

设函数 $y=f(x)$ 的定义域为 D. 如果存在一个不为零的数 l，使得对于任一 $x\in D$ 有 $(x\pm l)\in D$，且 $f(x\pm l)=f(x)$，则称 $f(x)$ 为周期函数，l 称为 $f(x)$ 的周期. 如果在函数 $f(x)$ 的所有正周期中存在一个最小的正数，则我们称这个正数为 $f(x)$ 的最小正周期. 我们通常说的周期是指最小正周期.

例如，函数 $y=\sin x$ 和 $y=\cos x$ 是最小正周期为 2π 的周期函数，函数 $y=\tan x$ 和 $y=\cot x$ 是最小正周期为 π 的周期函数.

五、基本初等函数

通常把常数、幂函数、指数函数、对数函数、三角函数、反三角函数，这 6 类函数叫做基本初等函数. 对于基本初等函数，要求通过其图形，掌握函数的定义域、值域、有界性、单调性、周期性、奇偶性等基本性质（表 $1-1-2$）.

表 $1-1-2$

函数名称及其定义域、值域		图　　像
常数函数	$y=c$，c 为常数 定义域 $(-\infty,+\infty)$，值域 $\{y\mid y=c\}$	

（续表）

函数名称及其定义域、值域	图　像
幂函数 $y = x^a$，$a \in (-\infty, +\infty)$ 定义域和值域依 a 的取值不同而不同，但是无论 a 取何值，幂函数在 $x \in (0, +\infty)$ 内总有定义 **注意**　当 $a \neq 0$ 时，$y = x^a$ 与 $y = x^{\frac{1}{a}}$ 是一对反函数．	$y = x$　$y = x^2$ $y = x^3$　$y = \dfrac{1}{x}$
指数函数 $y = a^x$，$a > 0$，$a \neq 1$ 定义域 $(-\infty, +\infty)$，值域 $(0, +\infty)$ 以无理数 e＝2.718 281 828…作为指数函数的底，记为 $e^x = \exp x$，称为**自然指数函数**	$a<1$　$a>1$ 1　$y = a^x$
对数函数 $y = \log_a x$，$a > 0$，$a \neq 1$ 定义域 $(0, +\infty)$，值域 $(-\infty, +\infty)$ 以无理数 e＝2.718 281 828…作为对数函数的底，$\log_e x = \ln x$，称为**自然对数函数** **注意**　对数函数 $y = \log_a x$ 与指数函数 $y = a^x$ 是一对反函数	$a>1$ $y = \log_a x$ $a<1$
三角函数 正弦函数 $y = \sin x$ 定义域 $(-\infty, +\infty)$，值域 $[-1, 1]$	$y = \sin x$
余弦函数 $y = \cos x$ 定义域 $(-\infty, +\infty)$，值域 $[-1, 1]$	$y = \cos x$

（续表）

函数名称及其定义域、值域	图　　像
正切函数 $y = \tan x$ 定义域 $\left\{ x \,\middle|\, x \neq k\pi + \dfrac{\pi}{2}, k \in \mathbf{Z} \right\}$， 值域 $(-\infty, +\infty)$	
余切函数 $y = \cot x$ 定义域 $\{ x \mid x \neq k\pi, k \in \mathbf{Z} \}$， 值域 $(-\infty, +\infty)$	
反正弦函数 $y = \arcsin x$ 定义域 $[-1, 1]$，值域 $\left[-\dfrac{\pi}{2}, \dfrac{\pi}{2} \right]$	
反余弦函数 $y = \arccos x$ 定义域 $[-1, 1]$，值域 $[0, \pi]$	

反三角函数

（续表）

函数名称及其定义域、值域	图　像
反正切函数 $y = \arctan x$ 定义域 $(-\infty, +\infty)$，值域 $\left(-\dfrac{\pi}{2}, \dfrac{\pi}{2}\right)$	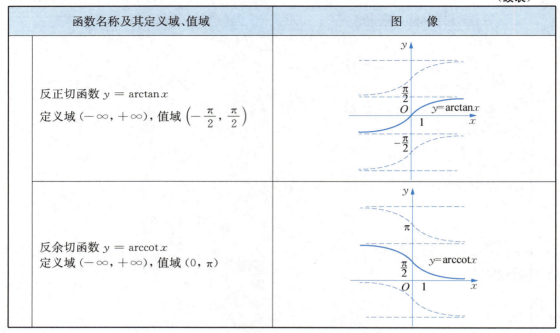
反余切函数 $y = \operatorname{arccot} x$ 定义域 $(-\infty, +\infty)$，值域 $(0, \pi)$	

另外，再补充两个常用的三角函数：

正割函数 $y = \sec x = \dfrac{1}{\cos x}$，余割函数 $y = \csc x = \dfrac{1}{\sin x}$. 它们的关系可从其在直角三角形中的定义得到（图 1-1-7）：

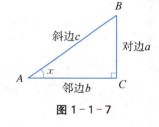

图 1-1-7

$$\sin x = \frac{a}{c}, \ \cos x = \frac{b}{c}, \ \tan x = \frac{a}{b},$$

$$\csc x = \frac{c}{a}, \ \sec x = \frac{c}{b}, \ \cot x = \frac{b}{a}.$$

六、反函数

定义 3　设函数 $y = f(x)$ 的定义域为 D，值域为 W；对于任意的 $y \in W$，在 D 上至少可以确定一个 x 与 y 对应，且满足 $y = f(x)$. 如果把 y 看作自变量，x 看作因变量，就可以得到一个新的函数 $x = f^{-1}(y)$. 称这个新的函数 $x = f^{-1}(y)$ 为函数 $y = f(x)$ 的**反函数**，而把函数 $y = f(x)$ 称为**直接函数**.

注意

（1）习惯上，x 表示自变量，y 表示因变量，所以通常用 $y = f^{-1}(x)$ 表示 $y = f(x)$ 的反函数.

（2）直接函数 $y = f(x)$ 与反函数 $y = f^{-1}(x)$ 的图形**关于直线 $y = x$ 对称**.

例如，指数函数 $y = \mathrm{e}^x$，$x \in (-\infty, +\infty)$ 的反函数为 $y = \ln x$，$x \in (0, +\infty)$，如图 1-1-8 所示.

例 3　求函数 $y=f(x)=5x-2$, $x\in\mathbf{R}$ 的反函数.

解　只需要把 $y=5x-2$ 中的 x 求解出来,即

$$x=f^{-1}(y)=\frac{1}{5}(y+2), \quad y\in\mathbf{R},$$

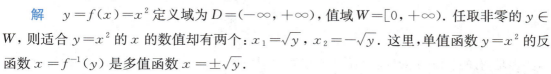

故有

$$y=f^{-1}(x)=\frac{1}{5}(x+2), \quad x\in\mathbf{R},$$

是所求函数的反函数.

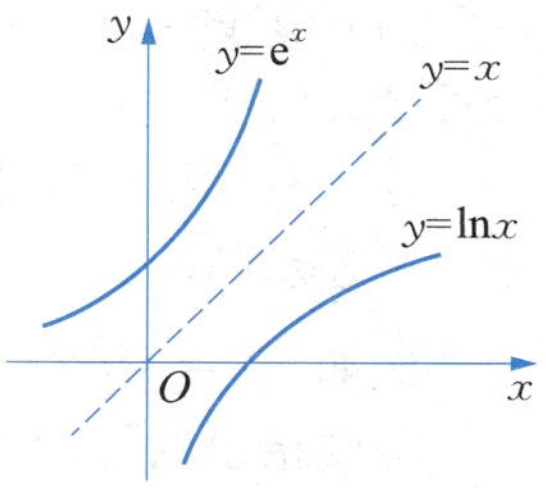

图 1-1-8

例 4　求 $y=f(x)=x^2$ 的反函数.

解　$y=f(x)=x^2$ 定义域为 $D=(-\infty,+\infty)$, 值域 $W=[0,+\infty)$. 任取非零的 $y\in W$,则适合 $y=x^2$ 的 x 的数值却有两个: $x_1=\sqrt{y}$, $x_2=-\sqrt{y}$. 这里,单值函数 $y=x^2$ 的反函数 $x=f^{-1}(y)$ 是多值函数 $x=\pm\sqrt{y}$.

但在一般情况下,对于函数 $y=x^2$ 的反函数,只选取 $x\in[0,+\infty)$,故其反函数是 $x=\sqrt{y}$. 而对 $x=-\sqrt{y}$,当理论研究或实际需要的时候再选取.

七、复合函数

定义 4　设函数 $y=f(u)$ 的定义域为 D_u, 函数 $u=\phi(x)$ 的值域为 W_u, 若 $D_u\bigcap W_u\neq\varnothing$,则对于任意的一个 $u\in D_u\bigcap W_u$,通过中间变量 $u=\phi(x)$ 可将函数 $y=f(u)$ 表示成 x 的函数 $y=f[\phi(x)]$, 称为 x 的**复合函数**.

注意　满足符合条件 $D_u\bigcap W_u\neq\varnothing$ 的函数才能形成复合函数.

例如,函数 $y=\sqrt{u}$, $u=-(x^2+2)$, 显然式子 $y=\sqrt{-(x^2+2)}$ 是没有意义的;函数 $y=\arcsin u$, $u=x^2+2$, 在形式上可以构成复合函数 $y=\arcsin(x^2+2)$. 但是, $y=\arcsin u$ 的定义域 $D_u=[-1,1]$, 而 $u=x^2+2$ 的值域为 $W_u=[2,+\infty)$, 显然 $D_u\bigcap W_u=\varnothing$, 故 $y=\arcsin(x^2+2)$ 没有意义.

在后面的微积分的学习中,经常要把已经复合的函数分解. 复合函数的分解原则:**从外向里,层层分解,直至最内层函数是基本初等函数或基本初等函数的四则运算**.

例 5　设 $y=f(u)=\arctan u$, $u=\varphi(t)=\dfrac{1}{\sqrt{t}}$, $t=\psi(x)=x^2-1$, 求 $f\{\varphi[\psi(x)]\}$.

解　$f\{\varphi[\psi(x)]\}=\arctan u=\arctan\dfrac{1}{\sqrt{t}}=\arctan\dfrac{1}{\sqrt{x^2-1}}$.

例 6　下列函数是由哪些函数复合而成的:

(1) $y=\sqrt{\ln\sin^2 x}$;　　　　　　　(2) $y=\sin x^2$;

(3) $y=e^{\arcsin x^2}$;　　　　　　　(4) $y=\cos^2\ln(2+\sqrt{1+x^2})$.

解　(1) 由 $y=\sqrt{u}$, $u=\ln v$, $v=w^2$, $w=\sin x$ 四个函数复合而成.

(2) 由 $y=\sin u$, $u=x^2$ 复合而成.

(3) 由 $y=e^u$, $u=\arcsin v$, $v=x^2$ 复合而成.

(4) 由 $y = u^2$，$u = \cos v$，$v = \ln w$，$w = 2 + t$，$t = \sqrt{h}$，$h = 1 + x^2$ 六个函数复合而成.

定义 5 由基本初等函数经过有限次的四则运算和有限次的复合步骤所构成的并用一个式子表示的函数,称为<u>初等函数</u>.

例如，$y = \mathrm{e}^{\arcsin x^2}$，$y = \arctan(2x^2 + 1)$，$y = \ln\cos^3(2x^2 + x^5)$ 等都是初等函数.

需要指出的是,本书中的函数一般都是初等函数.但是分段函数一般不是初等函数,因为分段函数一般都由几个解析式来表示,如符号函数

$$y = \mathrm{sgn}\, x = \begin{cases} -1, & x < 0 \\ 0, & x = 0 \\ 1, & x > 0 \end{cases}.$$

但是,有的分段函数通过形式的转化,可以用一个式子表示,就是初等函数. 例如,函数

$$y = |x| = \begin{cases} -x, & x < 0 \\ x, & x \geq 0 \end{cases}$$

也可表示为 $y = \sqrt{x^2}$.

习题 1.1

1. 求下列函数的定义域:

(1) $y = \sqrt{1 - x^2}$； (2) $y = \dfrac{1}{1 + x} + \sqrt{4 - x^2}$； (3) $y = \arccos \dfrac{x}{2}$；

(4) $y = \arcsin \dfrac{x - 3}{4}$； (5) $y = \sqrt{x^2(x - 2)} + \arcsin \dfrac{x - 1}{3}$； (6) $y = \ln \dfrac{x - x^2}{2}$.

2. 下列各题中,函数 $f(x)$ 和 $g(x)$ 是否相同,为什么?

(1) $f(x) = \lg x^2$，$g(x) = 2\lg x$； (2) $f(x) = |x|$，$g(x) = \sqrt{x^2}$；

3. 求下列函数的反函数:

(1) $y = \sqrt[3]{x - 1}$； (2) $y = \ln(x + 2)$； (3) $y = \dfrac{x}{1 + x}$； (4) $y = \sin \dfrac{x}{2}$.

4. 下列函数是由哪些函数复合而成的?

(1) $y = \sin(3x + 1)$； (2) $y = \cos^3(1 + 2x)$； (3) $y = \ln[\arcsin(x + 1)]$；

(4) $y = \ln\tan \dfrac{x^2 + 1}{2}$； (5) $y = \mathrm{e}^{\sin x^2}$； (6) $y = 3^{(x+2)^2}$；

(7) $y = \sqrt[3]{\ln\cos^2 x}$； (8) $y = \sqrt{\cos\ln x^3}$； (9) $y = \arccos^2(2x + 1)$；

(10) $y = \cos^2[\arcsin(x^2 - 1)]$.

§1.2　数学建模——函数关系的建立

数学,作为一门研究现实世界数量关系和空间形式的科学,在它产生和发展的历史长河中,一直是和人们生活的实际需要密切相关的.作为用数学方法解决实际问题的第一步,数学建模自然有着与数学同样悠久的历史.牛顿的万有引力定律与爱因斯坦的质能转化公式都是科学发展史上数学建模的成功范例.马克思说过:一门科学,只有当它成功地运用数学时,才能达到真正完善的地步.在高新技术领域,数学已不再仅仅作为一门科学,而是许多技术的基础,从这个意义上说,高新技术本质上就是一种数学技术.20 世纪下半叶以来,由于计算机软硬件的快速发展,数学正以空前的广度和深度向一切领域渗透,而数学建模作为应用数学方法研究各领域中定量关系的关键与基础,也越来越受到人们的重视.

在应用数学解决实际问题的过程中,先要将该问题量化;然后分析哪些是常量,哪些是变量,确定选取哪个量作为自变量,哪个量作为因变量;最后,要把实际问题中变量之间的函数关系正确地抽象出来,根据题意建立起它们之间的数学模型.

数学模型是工程技术中的实际现象的数学描述,通常用函数或方程来表示.建立数学模型的目的是了解现象的规律,以便预测或分析其变化.计算机仿真、模拟已成为研究和开发的重要手段,而数学模型往往是其最关键的步骤,因为它是连接实际问题和计算技术的桥梁.

数学模型方法,如图 1-2-1 所示.构建和解决实际问题的步骤分为以下 5 个阶段:

(1) 科学地识别与剖析实际问题;

(2) 形成数学模型(分析问题中哪些是变量,哪些是常量,分别用不同的字母表示;根据所给的条件,运用相关知识,确定一个满足这些关系的函数或图形);

(3) 求解数学问题;

(4) 研究算法,并尽量使用计算机;

(5) 回到实际中去,解释结果.

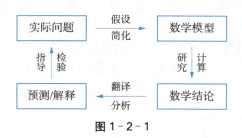

图 1-2-1

例 1　某工厂生产某型号车床,年产量为 a 台,分若干批生产,每批生产准备费为 b 元.设产品均匀投入市场,且上一批用完后立即生产下一批,即平均库存量为批量的一半.设每年每台库存费为 c 元.显然,生产批量大则库存费高;生产批量少则批数增多,因而生产准备

费高. 为了选择最优批量,试求出一年中库存费与生产准备费的和与批量的函数关系.

解 设批量为 x,库存费与生产准备费之和为 $f(x)$. 因年产量为 a,所以每年生产的批数为 $\dfrac{a}{x}$(设其为整数). 于是,生产准备费为 $b\dfrac{a}{x}$,因库存量为 $\dfrac{x}{2}$,故库存费为 $c\dfrac{x}{2}$. 由此可得

$$f(x)=b\frac{a}{x}+c\frac{x}{2}=\frac{ab}{x}+\frac{cx}{2}.$$

$f(x)$ 的定义域为 $(0, a]$. 注意到,本题中的 x 为车床的台数,批数 $\dfrac{a}{x}$ 为整数,所以 x 只取 $(0, a]$ 中 a 的正整数.

例 2 立交桥上、下是两条互相垂直的公路,一条是东西走向,一条是南北走向. 有一辆汽车在桥下南方 $100\,\mathrm{m}$ 处,以 $20\,\mathrm{m/s}$ 的速度向北行驶,而另一辆汽车在桥上西方 $150\,\mathrm{m}$ 处,以同样 $20\,\mathrm{m/s}$ 速度向东行驶. 已知桥高为 $10\,\mathrm{m}$,试建立两辆汽车之间的距离与时间的函数.

解 设 t 时刻两辆汽车之间的距离为 d,则在时刻 t,桥下由南向北行驶的汽车的位置是 $100-20t$,而桥上由西向东行驶的汽车的位置是 $150-20t$. 两辆汽车的位置恰好是长方体的相对两个顶点,它们之间的距离就是长方体对角线的长度. 因此,在时刻 t 两辆汽车之间的距离为

$$d=\sqrt{(100-20t)^2+10^2+(150-20t)^2}=\sqrt{800t^2-10\,000t+32\,600}.$$

例 3 为研究标准普通信件(重量不超过 50 克)的邮资与时间的关系,得到如下数据:

年份(年)	1978	1981	1984	1985	1987	1991	1995	1997	2001	2005	2008
邮资(分)	6	8	10	13	15	20	22	25	29	32	33

试构建邮资作为时间函数的数学模型. 在检验了这个模型合理之后,用该模型预测 2012 年的邮资.

解 (1)先将实际问题量化,确定自变量 x 和因变量 y. 为方便计算,设起始年 1978 年为 0,并用 x 表示,用 y(单位:分)表示相应年份的信件的邮资,得到下表:

x	0	3	6	7	9	13	17	19	23	27	30
y	6	8	10	13	15	20	22	25	29	32	33

(2)作散点图,确定变量之间近似函数关系(图 1-2-2):

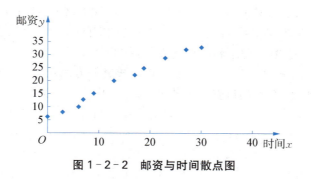

图 1 - 2 - 2　邮资与时间散点图

观察散点图可知,邮资与时间大致呈线性关系.设 y 与 x 之间的函数关系为

$$y = ax + b,$$

其中 a、b 为待定常数.

（3）求待定常数项 a、b. 通过 Excel 相关功能的计算分别得到 a、b 的值为 $a = 0.9618$, $b = 5.898$. 从而得到回归直线为

$$y = 5.898 + 0.9618x.$$

（4）在散点图中添加上述回归直线 $y = 5.898 + 0.9618x$，如图 1 - 2 - 3 所示.

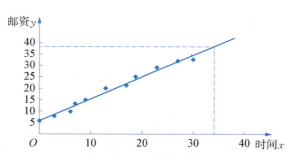

图 1 - 2 - 3　邮资与时间散点图与直线的拟合图

经观察发现,直线模型 $y = 5.898 + 0.9618x$ 与散点图拟合得非常好,说明线性模型是合理的.

（5）预测 2012 年的邮资,即 $x = 34$ 时 y 的取值. 由拟合图可以得到 $x = 34$ 时 $y \approx 39$. 即预测 2012 年的邮资约为 39 分. 实际上,将 $x = 34$ 代入直线方程 $y = 5.898 + 0.9618x$ 可得 $y \approx 39$.

一般地,我们可按以下 4 个步骤进行回归分析：

（1）将实际问题量化,确定自变量和因变量；

（2）根据已知数据作散点图,大致确定拟合数据的函数类型；

（3）通过软件（如 Excel 等）计算,得到函数关系模型；

（4）利用回归分析建立的近似函数关系来预测指定点 x 处的 y 值.

在例题中,邮资与时间的数据之间大致呈线性关系,并且经回归分析所得到的回归曲线为一条直线,此类回归问题又称为**线性回归问题**.它是最简单的回归分析问题,但却具有广泛的实际应用价值.此外,许多更加复杂的非线性的回归问题,如幂函数、指数函数与对数函数回归等都可以通过适当的变量替换,化为线性回归问题.

例 4 地高辛是用来治疗心脏病的.医生必须开出处方用药量,使之能保持血液中地高辛的浓度高于有效水平,而不超过安全用药水平.下表中给出了某病人使用初始剂量 0.5(毫克)的地高辛后,不同时间 x(天)的血液中剩余地高辛的含量:

x	0	1	2	3	4	5	6	7	8
y	0.500 0	0.345	0.238	0.164	0.113	0.078	0.054	0.037	0.026

(1)试构建血液中地高辛含量和用药后天数间的近似函数关系;

(2)预测 12 天后血液中的地高辛含量.

解 (1)根据所给数据作散点图(图 1-2-4).y 与 x 之间大致呈指数函数关系,故设函数关系式为 $y = a\mathrm{e}^{bx}$,其中 a、b 为待定常数.在上式两端取对数,得

$$\ln y = \ln a + bx.$$

令 $u = \ln y$,$c = \ln a$,则指数函数 $y = a\mathrm{e}^{bx}$ 转化为线性函数

$$u = c + bx.$$

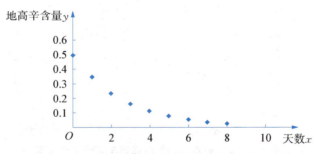

图 1-2-4 地高辛含量与天数间散点图

利用题设数据表进一步计算得到下表:

x	0	1	2	3	4	5	6	7	8
y	0.500 0	0.345	0.238	0.164	0.113	0.078	0.054	0.037	0.026
$u = \ln y$	−0.693	−1.064	−1.435	−1.808	−2.180	−2.55	−2.919	−3.297	−3.650

采用与例 3 类似的步骤,计算得到 $c \approx -0.695$,$b \approx -0.371$.再由关系式 $c = \ln a$,得 $a = \mathrm{e}^{-0.695} \approx 0.5$,从而得到血液中地高辛含量和用药后天数间的近似函数关系为

$$y = 0.5\mathrm{e}^{-0.371x}.$$

在散点图中添加上述回归曲线,该指数函数与散点图拟合得相当好,说明指数模型是合理的(图 1-2-5).

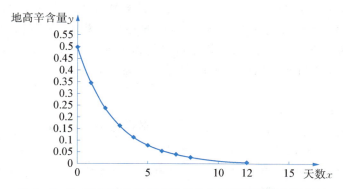

图 1-2-5　地高辛含量与天数间散点图与指数函数拟合图

(2) 根据上述函数关系,12 天后血液中地高辛的含量约为

$$y = 0.5e^{-0.371 \times 12} \approx 0.006\,(毫克).$$

在数学模型的建立及其求解过程中,了解以下几点是重要的:

(1) 为描述一种特定现象而建立的数学模型是实际现象的理想化模型,远非完全精确的表示.

(2) 反映实际问题的数学模型大多是很复杂的,从实际应用的角度看,人们通常不可能也不必要追求数学模型的精确解.

(3) 掌握优秀的数学软件工具并学会将其应用于解决实际问题,是当代大学生必须具备的重要能力.

习题 1.2

1. 火车站行李收费规定如下:当行李不超过 50 千克时,按每千克 0.15 元收费,当超出 50 千克时,超出部分按每千克 0.25 元收费.试建立行李收费 $f(x)$ 与行李重量 x 之间的函数关系.

2. 收音机每台售价为 90 元,成本为 60 元.厂方为鼓励销售商大量采购,决定凡是订购量超过 100 台的,每多订购 1 台,售价就降低 1 分,但最低价为每台 75 元.
   (1) 将每台的实际售价 p 表示为订购量 x 的函数;
   (2) 将厂方所获的利润 L 表示成订购量 x 的函数;
   (3) 某一商行订购了 1000 台,厂方可获多少利润?

课外阅读　数学之美

当我们聆听一首悠美的乐曲,观看一幅精美的图画,或置身于幽雅的大自然中,我们便

会全身心地感到愉悦,受到美的陶冶.除了艺术的美、大自然的美之外,人们是否想到科学也有美,数学也有美呢?

我国现代著名数学家徐利治教授提出:"所谓数学美的含义是丰富的,如数学概念的简单性、统一性,结构系统的协调性、对称性,数学命题与数学模型的概括性、典型性和普遍性,还有数学中的奇异性等,都是数学美的具体内容."20世纪最伟大的数学家希尔伯特把数学比喻为"一座鲜花盛开的园林",他鼓励我们寻幽探盛,向人们介绍这些奇景秀色,共同赞美它!

一、数学的趣味美

数学是思维的体操.思维触角的每一次延伸,都开辟了一个新的天地.数学的趣味美,体现于它奇妙无穷的变幻,而这种变幻是其他学科望尘莫及的.

根据法则、规律,运用严密的逻辑推理演化出的各种神机妙算、数学游戏,是数学趣味性的集中体现,显示了数学思维的出神入化!

各种变化多端的奇妙图形,赏心悦目;各种扑朔迷离的符形数谜,牵魂系梦;图形式题的巧解妙算,启人心扉,令人赞叹!

魔幻谜题,运用科学思维,"弹子会告密""卡片能说话",能知你姓氏,知你出生年月,甚至能窥见你脑中所想,心中所思……真是奇趣玄妙,鬼斧神工.

二、数学的形象美

黑格尔说:"美只能在形象中出现".数学是研究数与形的科学,数形的有机结合,组成了万事万物的绚丽画面.

阿拉伯数字本身便有着极美的形象:1字像小棒,2字像小鸭,3字像耳朵,4字像小旗……瞧,多么生动!

"="(等于号)两条同样长短的平行线,表达了运算结果的唯一性,体现了数学科学的清晰与精确.

"≈"(约等于号)是等于号的变形,表达了两种量间的联系性,体现了数学科学的模糊与朦胧.

">"(大于号)"<"(小于号),一端收紧,一端张开,形象地表明两量之间的大小关系.

{[()]}(大、中、小括号)形象地表明了内外、先后的区别,体现对称、收放的内涵特征.

看到"⊥"(垂直线条)我们想起屹立街头的十层高楼,给我们的是挺拔感;看到"—"(水平线条),我们想起了无风的湖面,给我们的是沉静感;看到"～"(曲线线条),我们想起了波涛滚滚的河水,给我们的是流动感.

几何形体中那些优美的图案更是令人赏心悦目.三角形的稳定性,平行四边形的变态性,圆蕴含的广阔性……都给人以无限遐想.脱式运算的收网式变形以及统计图表,则是数与形的完美结合.

我国古代的太极图,把平面与立体、静止与旋转,数字与图形,更做了高度的概括!

三、数学的自然美

数学存在的意义,在于理性地揭示自然界现象的规律,帮助人们认识自然,改造自然.数学是取诸生活而用诸生活的.

数学最早的起源,大概来自古代人们的结绳记事,一个一个的绳扣,把数学的根和生活从一开始就牢牢地系在了一起.后来出现的记数法,是牲畜养殖或商品买卖的需要.古代的几何学产生,是为了丈量土地.中国古代的众多数学著作(如《九章算术》)中,几乎全是对于某个具体问题的探究和推广.

在中国,数学源于生活,在外国,历代数学家也都宗法自然.阿基米德的数学成果,都用于当时的军事、建筑、工程等众多科学领域;牛顿见物象而思数学之所出,即有微积分的创作;费尔玛和尤拉对变分法的开创性发明也是由探索自然界的现象而引起的.

四、数学的简洁美

数学是语言所能达到的最高境界.如果说,诗歌的简洁,是写意的,是欲言还休的,是中国水墨画中的留白,那么数学语言的微言大义,则是写实的,是简洁精确、抽象规范的,是严谨的科学态度的体现.数学的简洁,不仅使人们更快、更准确地把握理论的精髓,促进自身学科的发展,也使数学学科具有了很强的通用性.目前,数学作为自然科学的语言和工具,已经成了所有科学,包括社会科学在内的语言和工具.

最为典型的例子莫过于二进制在计算机领域的应用.任何一个复杂的指令,都被译做明确的0、1数字串,这是多么伟大的构想.可以说,没有数学的简化,就没有现在这个互联网四通八达、信息技术飞速发展的时代.

数学的简洁美表现在:

(1)定义、规律叙述语言的高度浓缩性

质数的定义是"只有和它本身的两个约数的数",若丢掉"只"字,便荒谬绝伦;小数性质中"小数末尾的0……"若说成"后面",便"失之千里".

(2)公式、法则的高度概括性

一道公式可以解无数道题目,一条法则囊括了万千事例.三角形的面积＝底×高÷2,把一切类型的三角形(直角的、钝角的、锐角的、等边的、等腰的、不等边的)都概括无遗.

"数位对齐,个位加起,逢十进一"把各种整数相加方法,全部包容了进去.

(3)符号语言的广泛适用性

数学符号是最简洁的文字,表达的内容却极其广泛而丰富,它是数学科学抽象化程度的高度体现,也正是数学美的一个方面.

$$a + b = b + a, abc = acb = bca, \cdots$$

其中,a、b、c 可以是任何整数、小数或分数.

这些用符号表达的算式,既节省了大量文字,又反映了普遍规律,简洁、明了、易记,充分体现了数学语言干练,简洁的特有美感.

五、数学的对称美

中国的文学讲究对称,这点可以从历时百年的楹联文化中窥见一斑.而更胜一筹的对称,就是回文了.苏轼有一首著名的七律《游金山寺》,便是这方面的上乘之作:

潮随暗浪雪山倾,远浦渔舟钓月明;

桥对寺门松径小,槛当泉眼石波清;

迢迢绿树江天晓,霭霭红霞晚日晴;

遥望四边云接水,碧峰千点数鸥轻.

不难看出,把它倒转过来,仍然是一首完整的七律诗:

轻鸥数点千峰碧,水接云边四望遥;

晴日晚霞红霭霭,晓天江树绿迢迢;

清波石眼泉当槛,小径松门寺对桥;

明月钓舟渔浦远,倾山雪浪暗随潮.

而数学中,也不乏这样的回文现象,如:

$$12 \times 12 = 144,\ 21 \times 21 = 441;$$
$$13 \times 13 = 169,\ 31 \times 31 = 961;$$
$$102 \times 102 = 10\,404,\ 201 \times 201 = 40\,401;$$
$$103 \times 103 = 10\,609,\ 301 \times 301 = 90\,601;$$
$$9 + 5 + 4 = 8 + 7 + 3,\ 92 + 52 + 42 = 82 + 72 + 32.$$

而数学中更为一般的对称,则体现在函数图像的对称性和几何图形上. 前者给我们探求函数的性质提供了方便,后者则运用在建筑、美术领域后给人以无穷的美感.

$$2:3 = 4:6,\ 3 + 5 = 17 - 9.$$

数学概念竟然也是成对出现的:整—分,奇—偶,和—差,曲—直,方—圆,分解—组合,平行—交叉,正比例—反比例……,显得稳定、和谐、协调、平衡,真是奇妙动人.

六、数学的意象美

诗与数学之间最深刻的关系莫过于数学概念或意象与诗歌的结合.

七八个星天外,两三点雨山前.(辛弃疾)

一去二三里,烟村四五家;亭台六七座,八九十枝花.(邵雍)

一帆一桨一渔舟,一个渔翁一钓钩,一俯一仰一顿笑,一江明月一江秋.(纪晓岚)

上面这些诗的意境全来自那几个数词,无论是数词的单个应用,重复引用,抑或是循环使用,看似毫无感染力的数词竟也都能表现出或寂寥,或欣然,或恬淡,或伤感的思想感情.

安德鲁·马佛尔(Andrew Marvell,1621~1678)通过圆规、欧氏几何中的平行线之类的数学概念来类比爱情(《爱的定义》)尤为有趣:

像直线一样,爱也是倾斜的/它们自己能够相交在每个角度/但我们的爱确实是平行的/尽管无限,却永不相遇.

第 2 章

极 限 与 连 续

公元前 4 世纪春秋战国时期,哲学家庄子在《庄子天下篇》中就提到截丈问题,"一尺之棰,日取其半,万世不竭",就蕴含深刻的极限思想.又如公元 3 世纪魏晋时期的数学家刘徽,在计算圆面积时用的割圆术求圆周率,"割之弥细,所失弥少,割之又割,以至于不可割,则与圆合体,而无所失矣",就是极限思想在几何问题上的运用.

极限是由于求某些实际问题的精确解答而产生的,它是研究变量变化趋势的工具,极限的思想及其方法是微积分里解决问题的重要手段,后面学习的连续、导数、定积分等都是建立在极限的基础上的.本章主要介绍数列极限及函数极限的概念、极限的计算和连续函数等内容.

学习目标

1. 通过极限思想和描述性定义,理解极限的概念;
2. 了解无穷小、无穷大的概念及其性质;
3. 掌握求函数极限的基本方法;
4. 了解函数的连续性和连续函数的概念.

§2.1 数列的极限

一、数列的概念

数列是一种特殊的函数,特殊在其自变量在正整数范围内取值.

定义 1 以正整数 n 为自变量的函数,把它的函数值 $x_n = f(n)$ 依次写出来,就叫做一个数列,即 $x_1, x_2, x_3, \cdots, x_n, \cdots$,记作 $\{x_n\}$. x_n 称为数列的通项.

一般地,数列 $x_n = f(n)$ 在坐标轴中的图像是由一列离散点所构成的(图 2-1-1).

下面列举几个简单的数列:

(1) **等比数列**（以 $\frac{1}{2}$ 为公比的等比数列）：

$$1,\ \frac{1}{2},\ \frac{1}{4},\ \cdots,\ \frac{1}{2^{n-1}},\ \cdots,\quad 或\quad \left\{\frac{1}{2^{n-1}}\right\};$$

(2) **等差数列**（以 2 为公差的等差数列）：

$$1,\ 3,\ 5,\ \cdots,2n-1,\ \cdots,\quad 或\quad \{2n-1\};$$

(3) **数列**：

$$0.9,\ 0.99,\ 0.999,\ 0.999\,9,\ \cdots,\ 0.\underbrace{9\cdots9}_{n},\ \cdots,\quad 或\quad \left\{\sum_{k=1}^{n}9\times\frac{1}{10^{k}}\right\}.$$

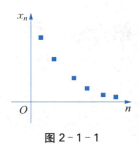

图 2-1-1

二、数列极限的定义

例 1　考察下面两个数列 $\{x_n\}$ 当项数 n 无限增大时的变化趋势：

(1) $\frac{1}{2},\ \frac{1}{4},\ \frac{1}{8},\ \frac{1}{16},\ \frac{1}{32},\ \cdots,\ \frac{1}{2^{n}},\ \cdots$；　　(2) $2,\ \frac{1}{2},\ \frac{4}{3},\ \frac{3}{4},\ \cdots,\ \frac{n+(-1)^{n-1}}{n},\ \cdots$.

为清楚起见，把这两个数列的前几项分别在坐标轴上表示出来，如图 2-1-2、图 2-1-3 所示.

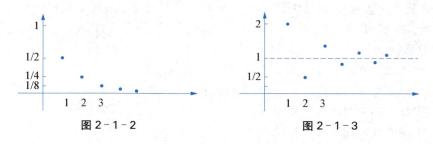

图 2-1-2　　　　　　　　　　图 2-1-3

可以给出描述数列极限的直观定义：

定义 2　设 $\{x_n\}$ 是一数列，a 是一常数. 当 n 无限增大时（即 $n\to\infty$），x_n 无限接近于 a，则称 a 为数列 $\{x_n\}$ 当 $n\to\infty$ 时的**极限**，记作

$$\lim_{n\to\infty}x_n=a,\ 或\ x_n\to a\ (n\to\infty).$$

上述极限存在，则称数列 $\{x_n\}$ **收敛**；否则，称数列 $\{x_n\}$ **发散**.

于是，根据定义 2，前面例题中的两个数据极限分别为

$$\lim_{n\to\infty}\frac{1}{2^{n}}=0,\ \lim_{n\to\infty}\frac{n+(-1)^{n-1}}{n}=1.$$

然而，数列 $\{(-1)^{n+1}\}$，当 $n\to\infty$ 时，$(-1)^{n+1}$ 在 1 和 -1 之间来回跳动，无法趋近一个确定的常数，故当 $n\to\infty$ 时，数列 $\{(-1)^{n+1}\}$ 无极限，也可称此数列是**发散**的（图 2-1-4）.

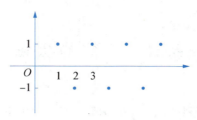

图 2-1-4

例 2 下列各数列是否收敛, 若收敛, 试指出其收敛于何值.

(1) $\{2^n\}$;　　(2) $\left\{\dfrac{1}{n}\right\}$;　　(3) $\left\{\dfrac{n-1}{n}\right\}$.

解　(1) 数列 $\{2^n\}$ 即为

$$2, 4, 8, \cdots, 2^n, \cdots,$$

易见, 当 n 无限增大时, 2^n 也无限增大, 故该数列是发散的;

(2) 数列 $\left\{\dfrac{1}{n}\right\}$ 即为

$$1, \frac{1}{2}, \frac{1}{3}, \cdots, \frac{1}{n}, \cdots,$$

易见, 当 n 无限增大时, $\dfrac{1}{n}$ 无限接近于 0, 故该数列收敛于 0;

(3) 数列 $\left\{\dfrac{n-1}{n}\right\}$ 即为

$$0, \frac{1}{2}, \frac{2}{3}, \frac{3}{4}, \cdots, \frac{n-1}{n}, \cdots,$$

易见, 当 n 无限增大时, $\dfrac{n-1}{n}$ 无限接近于 1, 故该数列收敛于 1.

读者可试着在坐标轴上画出上面几个数列变化趋势的图像.

习题 2.1

根据下面数列的变化趋势, 求其极限:

(1) $x_n = (-1)^n \dfrac{1}{n^2}$;　　(2) $x_n = (-1)^n \dfrac{1}{n}$;　　(3) $x_n = \dfrac{1}{2^{n-1}}$;　　(4) $x_n = \dfrac{n-1}{n+1}$;

(5) $x_n = 2 - \dfrac{1}{n^2}$;　　(6) $x_n = \dfrac{1+2^n}{3^n}$;　　(7) $x_n = 2^n$;　　(8) $x_n = (-1)^n n$.

§2.2 函数的极限

由于数列 $\{x_n\}$ 可以看作自变量为 n 的函数：$x_n = f(n)$，$n \in \mathbf{N}^+$. 所以数列 $\{x_n\}$ 的极限为 a，可以认为是当自变量 n 取正整数且无限增大时，对应的函数值 $f(n)$ 无限接近于常数 a.

在建立了数列极限的"由于自变量的无限变化，得到因变量的无限逼近"的基础上，可以考虑，对一般的函数 $y = f(x)$，在自变量 x 的某个变化过程中，函数值 $f(x) \to A$. 这里 A 是某个确定的常数，那么这个常数 A 就叫做 $f(x)$ 在自变量 x 的这一变化过程中的极限.

因为函数 $y = f(x)$ 自变量 x 的变化趋势不同，会导致函数的极限不同. 下面分自变量两种不同变化趋势，介绍函数的极限.

一、自变量 $x \to \infty$ 时函数的极限

引例 观察函数 $y = \dfrac{1}{x}$，当 $x \to +\infty$，$x \to -\infty$ 时的变化趋势，如图 2-2-1 所示. 可以看出，当 $|x|$ 无限增大时，函数 $y = \dfrac{1}{x}$ 无限接近于 0（一个确定的常数）.

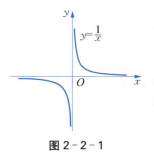

定义 1 当 $|x|$ 无限增大时，函数值 $f(x)$ 无限接近于一个确定的常数 A，则称 A 是函数 $f(x)$ 在 $x \to \infty$ 时的极限，记作 $\lim\limits_{x \to \infty} f(x) = A$.

图 2-2-1

注意

(1) 这里的 $x \to \infty$，实际上是 $|x| \to +\infty$，也就是，当 $x \to \infty$ 必须同时考虑 $x \to +\infty$ 和 $x \to -\infty$；

(2) 单独考虑当 $x \to +\infty$ 时，函数 $f(x) \to A$，表示为 $\lim\limits_{x \to +\infty} f(x) = A$；

(3) 单独考虑当 $x \to -\infty$ 时，函数 $f(x) \to A$，表示为 $\lim\limits_{x \to -\infty} f(x) = A$.

定理 1 $\qquad \lim\limits_{x \to \infty} f(x) = A \Leftrightarrow \lim\limits_{x \to -\infty} f(x) = \lim\limits_{x \to +\infty} f(x) = A$.

例 1 讨论当 $x \to \infty$ 时，函数 $y = \arctan x$ 的极限.

解 如图 2-2-2 所示，由

$$\lim\limits_{x \to +\infty} \arctan x = \frac{\pi}{2}, \qquad \lim\limits_{x \to -\infty} \arctan x = -\frac{\pi}{2}$$

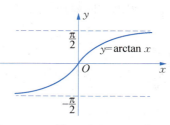

可知，$\lim\limits_{x \to +\infty} \arctan x$ 和 $\lim\limits_{x \to -\infty} \arctan x$ 分别存在但不等，所以 $\lim\limits_{x \to \infty} \arctan x$ 不存在.

图 2-2-2

二、自变量 $x \to x_0$ 时函数的极限

观察函数 $f(x) = x + 1$ 和 $g(x) = \dfrac{x^2 - 1}{x - 1}$ 在 $x \to 1$ 时函数值的变化趋势,如图 2-2-3 所示.

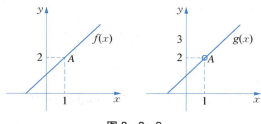

图 2-2-3

函数 $f(x) = x + 1$ 和 $g(x) = \dfrac{x^2 - 1}{x - 1}$ 在 $x \to 1$ 时,函数值都无限接近于常数 2,则称常数 2 是函数 $f(x) = x + 1$ 和 $g(x) = \dfrac{x^2 - 1}{x - 1}$ 在 $x \to 1$ 时的极限.

但在上例中,虽然 $f(x)$ 和 $g(x)$ 在 $x = 1$ 处都有极限,但 $g(x)$ 在 $x = 1$ 处无定义. 这说明函数在一点处是否存在极限与它在该点处是否有定义无关. 因此,在后面的定义中假定函数 $f(x)$ 在 x_0 的某个去心邻域内有定义. 函数 $f(x)$ 在 $x \to x_0$ 时函数极限的直观定义:

定义 2　函数 $f(x)$ 在 x_0 的某个去心邻域内有定义. 当 $x \to x_0$ 时,函数 $f(x)$ 的值无限接近于确定的常数 A,则称 A 为函数 $f(x)$ 在 $x \to x_0$ 时的极限. 记作

$$\lim_{x \to x_0} f(x) = A \text{ 或 } f(x) \to A \ (x \to x_0).$$

在函数的极限中,$x \to x_0$ 既包含 x 从左侧向 x_0 靠近,又包含从右侧向 x_0 靠近,故该极限也称为双侧极限.

当 x 从左侧向 x_0 靠近的情形,记作 $x \to x_0^-$;当 x 从右侧向 x_0 靠近的情形,记作 $x \to x_0^+$.

若 $x \to x_0^-$,函数 $f(x)$ 的值无限接近于确定的常数 A,则称 A 为函数 $f(x)$ 在 $x \to x_0$ 时的左极限,记作

$$\lim_{x \to x_0^-} f(x) = A \text{ 或 } f(x_0^-) = A.$$

类似地,若 $x \to x_0^+$,函数 $f(x)$ 的值无限接近于确定的常数 A,则称 A 为函数 $f(x)$ 在 $x \to x_0$ 时的右极限. 记作

$$\lim_{x \to x_0^+} f(x) = A \text{ 或 } f(x_0^+) = A.$$

把左极限和右极限统称为单侧极限. 由双侧极限和两个单侧极限的定义,容易知道:

定理2 $f(x)$ 在 $x \to x_0$ 时的极限存在的充要条件是其左、右极限都存在并且相等,即,

$$\lim_{x \to x_0} f(x) = A \Leftrightarrow \lim_{x \to x_0^-} f(x) = \lim_{x \to x_0^+} f(x) = A.$$

该定理常常用于讨论分段函数在分段点上是否有极限.

例2 讨论函数

$$f(x) = \begin{cases} -x, & x \leqslant 0 \\ 1+x, & x > 0 \end{cases}$$

当 $x \to 0$ 时 $f(x)$ 的极限.

解 函数图形如图 2-2-4 所示. $f(x)$ 在 $x = 0$ 处的左极限为

$$\lim_{x \to 0^-} f(x) = \lim_{x \to 0^-} (-x) = 0;$$

右极限为

$$\lim_{x \to 0^+} f(x) = \lim_{x \to 0^+} (1+x) = 1.$$

由于 $\lim_{x \to 0^-} f(x) \neq \lim_{x \to 0^+} f(x)$,故 $\lim_{x \to 0} f(x)$ 不存在.

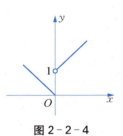

图 2-2-4

习题 2.2

1. 观察并写出下列函数的极限:

(1) $\lim_{x \to 2} (x+2)$; (2) $\lim_{x \to 2} \dfrac{x^2-4}{x-2}$; (3) $\lim_{x \to \infty} \dfrac{1}{x^2}$; (4) $\lim_{x \to 3} x^2$;

(5) $\lim_{x \to +\infty} e^x$; (6) $\lim_{x \to -\infty} e^x$; (7) $\lim_{x \to +\infty} \ln x$; (8) $\lim_{x \to 0^+} \ln x$.

2. 求下列函数在指定点处的左、右极限,并判断在该点处极限是否存在:

(1) $f(x) = \dfrac{|x|}{x}$,在 $x = 0$ 处; (2) $f(x) = \begin{cases} 3x+2, & x > 0 \\ x-1, & x < 0 \end{cases}$,在 $x = 0$ 处;

(3) $f(x) = \begin{cases} \cos x, & x > 0 \\ 1+x, & x < 0 \end{cases}$,在 $x = 0$ 处.

§2.3 无穷小与无穷大

在研究函数的极限时,经常会看到两种特殊的极限情形:在自变量 x 的某个变化过程中,函数 $y = f(x)$ 绝对值无限减小或无限增大. 函数的绝对值无限减小即函数的极限为零,称为无穷小;而函数的绝对值无限增大,称为无穷大.

一、无穷小

定义 1　若在自变量 x 的某个变化过程下,函数 $y=f(x)$ 的极限是 0,则称 $y=f(x)$ 是 x 的这个变化过程下的**无穷小**.

在上述定义中,x 的某个变化过程可以是 $x \to x_0$,$x \to x_0^+(x_0^-)$,$x \to \infty$,$x \to +\infty$($-\infty$) 中的任意一个. 例如,$\lim\limits_{x \to 1}(x^2-1)=0$,则 x^2-1 是 $x \to 1$ 时的无穷小;$\lim\limits_{x \to \infty}\dfrac{1}{x}=0$,则 $\dfrac{1}{x}$ 是 $x \to \infty$ 时的无穷小.

注意

(1) 无穷小不是指很小很小的数,是一个函数;

(2) 常数 0 是唯一的常数无穷小;

(3) 若要说明一个函数是无穷小,一定要说明自变量的变化过程. 同一函数,在自变量的不同变化趋势下,极限不一定为零.

二、无穷大

对于函数 $y=\dfrac{1}{x}$,当 $x \to 0^+$ 时,$\dfrac{1}{x} \to +\infty$;当 $x \to 0^-$ 时,$\dfrac{1}{x} \to -\infty$. 总之,在自变量 x 的某个变化过程中,函数 $y=\dfrac{1}{x}$ 的绝对值在无限增大. 于是,可以给出如下定义:

定义 2　如果在自变量 x 的某个变化过程中,函数 $f(x)$ 的绝对值无限增大,则称 $y=f(x)$ 是自变量 x 的这个变化过程中的**无穷大**.

按照函数极限的定义,当 $y=f(x)$ 是 x 的某个变化过程中的无穷大时,函数的极限是不存在的. 但为了方便表述函数的这一常见的形态,在不至于引起混淆的情况下,仍称函数的极限是无穷大,记作 $\lim\limits_{x \to ?}f(x)=\infty$. 这里的 $x \to$? 可以是 $x \to x_0$,$x \to x_0^+(x_0^-)$,$x \to \infty$,$x \to +\infty(-\infty)$ 中的任意一个.

例如,当 $x \to x_0$ 时,$f(x)$ 是无穷大,记作 $\lim\limits_{x \to x_0}f(x)=\infty$.

若把定义中"函数 $f(x)$ 的绝对值无限增大"改为"函数 $f(x)$ 取正值无限增大(或取负值无限减小)",就称函数 $f(x)$ 当 $x \to x_0$ 时,为**正无穷**大(或负无穷大),记作

$$\lim\limits_{x \to x_0}f(x)=+\infty \text{（或} \lim\limits_{x \to x_0}f(x)=-\infty\text{）}.$$

例如,对于函数 $y=e^x$,当 $x \to +\infty$ 时,$y=e^x$ 无限增大,记为 $\lim\limits_{x \to +\infty}e^x=+\infty$;对于函数 $y=\ln x$,当 $x \to 0^+$ 时,$y=\ln x$ 无限减小,但其绝对值无限增大,记为 $\lim\limits_{x \to 0^+}\ln x=-\infty$.

注意

(1) 无穷大不是很大的数,不能和很大的数混为一谈.

(2) 切勿将 $\lim\limits_{x \to x_0}f(x)=\infty$ 认为极限存在.

(3) 若要说一个函数是无穷大,一定要说清楚自变量的变化趋势. 函数是否为无穷大,

和自变量的变化趋势有关.

容易看到,当 $x \to 0$ 时,x^3 是无穷小,$\dfrac{1}{x^3}$ 是无穷大.比如 $x \to 0$ 时,$\dfrac{1}{x^2}$ 是无穷大,x^2 是无穷小,易知有如下关于无穷小与无穷大关系的重要性质:

性质 1 在自变量的同一变化过程中,若 $f(x)$ 为无穷大,则 $\dfrac{1}{f(x)}$ 为无穷小;若 $f(x)$ 为无穷小,且 $f(x) \neq 0$,则 $\dfrac{1}{f(x)}$ 为无穷大.

例如,由于 $\lim\limits_{x \to 1}(x-1)=0$,则 $\lim\limits_{x \to 1}\dfrac{1}{x-1}=\infty$.

习题 2.3

指出下列函数在什么情况下是无穷小,什么情况下是无穷大:

(1) $f(x)=\dfrac{x+1}{x-1}$;   (2) $f(x)=\dfrac{x-3}{x+4}$;   (3) $f(x)=\mathrm{e}^{-x}$;   (4) $f(x)=\mathrm{e}^{x}$.

§2.4 极限的运算

本节讨论极限的求法,包括极限的四则运算、复合函数的极限运算法则,以及两个重要极限.

一、极限的四则运算法则

对于 $x \to x_0$、$x \to \infty$、$x \to x_0^{+}(x_0^{-})$ 和 $x \to +\infty(-\infty)$ 中任何一种,在自变量的同一个变化过程中,下面定理的结论都是成立的.为了方便易看,以下在极限号"$\lim$"下方省略了自变量 x 的变化趋势.

定理 1 如果 $\lim f(x)=A$,$\lim g(x)=B$,则:

(1) $\lim[f(x) \pm g(x)]=\lim f(x) \pm \lim g(x)=A \pm B$;

(2) $\lim[f(x) \cdot g(x)]=\lim f(x) \cdot \lim g(x)=A \cdot B$;

(3) 若 $B \neq 0$,则 $\lim \dfrac{f(x)}{g(x)}=\dfrac{\lim f(x)}{\lim g(x)}=\dfrac{A}{B}$.

注意 本定理中的(1)(2)都可以推广到有限个函数的情形.

推论 1 在定理 1 的(2)中,若 $g(x)=c$,则 $\lim[cf(x)]=c\lim f(x)$,即常数乘以函数的极限,常数可以提到极限符号前.

推论 2 函数幂的极限等于极限的幂:

$$\lim[f(x)]^{n}=[\lim f(x)]^{n}.$$

例 1 求 $\lim\limits_{x \to 1}(5x^3 - 2x^2 + 3)$.

解 $\lim\limits_{x \to 1}(5x^3 - 2x^2 + 3) = \lim\limits_{x \to 1}5x^3 - \lim\limits_{x \to 1}2x^2 + \lim\limits_{x \to 1}3$

$$= 5(\lim\limits_{x \to 1}x)^3 - 2(\lim\limits_{x \to 1}x)^2 + \lim\limits_{x \to 1}3 = 5 \cdot 1^3 - 2 \cdot 1^2 + 3 = 6.$$

例 2 求 $\lim\limits_{x \to 1}\dfrac{x^2 - 2x + 3}{3x + 1}$.

解 $\lim\limits_{x \to 1}\dfrac{x^2 - 2x + 3}{3x + 1} = \dfrac{\lim\limits_{x \to 1}(x^2 - 2x + 3)}{\lim\limits_{x \to 1}(3x + 1)} = \dfrac{\lim\limits_{x \to 1}x^2 - 2\lim\limits_{x \to 1}x + 3}{\lim\limits_{x \to 1}3x + 1} = \dfrac{1}{2}$.

注意 在运用极限的四则运算的商运算时,分母的极限 $B \neq 0$. 但有时分母的极限 $B = 0$,就不能直接应用商运算了.

例 3 求 $\lim\limits_{x \to 3}\dfrac{x^2 - 5x + 6}{x^2 - 9}$.

解 由于 $x \to 3$ 时,分子、分母的极限都为 0,记作 $\dfrac{0}{0}$ 型. 分子分母有公因子 $x - 3$,可约去公因子 $x - 3$,所以

$$\lim\limits_{x \to 3}\dfrac{x^2 - 5x + 6}{x^2 - 9} = \lim\limits_{x \to 3}\dfrac{(x - 3)(x - 2)}{(x - 3)(x + 3)} = \lim\limits_{x \to 3}\dfrac{x - 2}{x + 3} = \dfrac{1}{6}.$$

例 4 求 $\lim\limits_{x \to 1}\dfrac{x^2 - 1}{x^2 + 2x - 3}$.

解 $x \to 1$ 时,分子和分母的极限都是 $0 \left(\dfrac{0}{0} 型\right)$. 先约去不为 0 的无穷小因子 $x - 1$ 后再求极限.

$$\lim\limits_{x \to 1}\dfrac{x^2 - 1}{x^2 + 2x - 3} = \lim\limits_{x \to 1}\dfrac{(x + 1)(x - 1)}{(x + 3)(x - 1)} = \lim\limits_{x \to 1}\dfrac{x + 1}{x + 3} = \dfrac{1}{2}.$$

例 5 求 $\lim\limits_{x \to \infty}\dfrac{x^4}{x^3 + 5}$.

解 因为 $\lim\limits_{x \to \infty}\dfrac{x^3 + 5}{x^4} = \lim\limits_{x \to \infty}\left(\dfrac{1}{x} + \dfrac{5}{x^4}\right) = 0$,根据无穷小与无穷大的关系有

$$\lim\limits_{x \to \infty}\dfrac{x^4}{x^3 + 5} = \infty.$$

例 6 求 $\lim\limits_{x \to \infty}\dfrac{2x^3 + 3x^2 + 5}{7x^3 + 4x^2 - 1}$.

解 由于 $x \to \infty$ 时,分子、分母的极限都为 ∞,记作 $\dfrac{\infty}{\infty}$ 型,分子及分母同时除以 x^3,即

$$\lim\limits_{x \to \infty}\dfrac{2x^3 + 3x^2 + 5}{7x^3 + 4x^2 - 1} = \lim\limits_{x \to \infty}\dfrac{2 + \dfrac{3}{x} + \dfrac{5}{x^3}}{7 + \dfrac{4}{x} - \dfrac{1}{x^3}} = \dfrac{2}{7}.$$

例 7 求(1) $\lim\limits_{x \to \infty}\dfrac{3x^4 - 5x^2 + 1}{4x^3 + 7x - 9}$; (2) $\lim\limits_{x \to \infty}\dfrac{3x^3 - 5x^2 + 1}{4x^4 + 7x - 9}$.

解 （1）分子及分母同时除以 x^3，得

$$\lim_{x \to \infty} \frac{3x^4 - 5x^2 + 1}{4x^3 + 7x - 9} = \lim_{x \to \infty} \frac{3x - \dfrac{5}{x} + \dfrac{1}{x^3}}{4 + \dfrac{7}{x^2} - \dfrac{9}{x^3}} = \infty.$$

（2）用 x^3 去除分子及分母，求极限得

$$\lim_{x \to \infty} \frac{3x^3 - 5x^2 + 1}{4x^4 + 7x - 9} = \lim_{x \to \infty} \frac{3 - \dfrac{5}{x} + \dfrac{1}{x^3}}{4x + \dfrac{7}{x^2} - \dfrac{9}{x^3}} = 0.$$

由以上的例 6、例 7，可以得到更一般情况下的结论：

$$\lim_{x \to \infty} \frac{a_0 x^n + a_1 x^{n-1} + \cdots + a_n}{b_0 x^m + b_1 x^{m-1} + \cdots + b_m} = \begin{cases} \dfrac{a_0}{b_0}, & n = m \\ 0, & n < m \\ \infty, & n > m \end{cases}.$$

例 8　求 $\lim\limits_{x \to 1}\left(\dfrac{1}{1-x} - \dfrac{3}{1-x^3}\right)$.

解　这是 $\infty - \infty$ 型，可以先通分，再计算.

$$\lim_{x \to 1}\left(\frac{1}{1-x} - \frac{3}{1-x^3}\right) = \lim_{x \to 1} \frac{x^2 + x - 2}{(1-x)(1+x+x^2)} = \lim_{x \to 1} \frac{(x+2)(x-1)}{(1-x)(1+x+x^2)}$$

$$= -\lim_{x \to 1} \frac{x+2}{1+x+x^2} = -1.$$

二、复合函数的极限运算法则

定理 2（复合函数的求极限法则）　设函数 $y = f[g(x)]$ 是由函数 $y = f(u)$ 与函数 $u = g(x)$ 复合而成，若 $\lim\limits_{x \to x_0} g(x) = u_0$，$\lim\limits_{u \to u_0} f(u) = A$，且在 x_0 的某去心邻域内有 $g(x) \neq u_0$，则 $\lim\limits_{x \to x_0} f[g(x)] = \lim\limits_{u \to u_0} f(u) = A.$

由定理可知，$\lim\limits_{x \to x_0} f[g(x)] = \lim\limits_{u \to u_0} f(u)$，说明在满足定理条件下求极限时，可作变量替换 $u = g(x)$.

例 9　求 (1) $\lim\limits_{x \to 2} \ln(x^2 + 4)$；　(2) $\lim\limits_{x \to \frac{\pi}{6}} \sin\left(x + \dfrac{\pi}{6}\right)$.

解　（1）因为 $\lim\limits_{x \to 2}(x^2 + 4) = 8$，而 $\lim\limits_{u \to 8} \ln u = \ln 8 = \ln 2^3 = 3\ln 2$，所以

$$\lim_{x \to 2} \ln(x^2 + 4) \xlongequal{u = x^2 + 4} \lim_{u \to 8} \ln u = \ln 8 = 3\ln 2.$$

（2）因为 $\lim\limits_{x \to \frac{\pi}{6}}\left(x + \dfrac{\pi}{6}\right) = \dfrac{\pi}{3}$，而 $\lim\limits_{u \to \frac{\pi}{3}} \sin u = \sin \dfrac{\pi}{3} = \dfrac{\sqrt{3}}{2}$，所以，

$$\lim_{x \to \frac{\pi}{6}} \sin\left(x + \frac{\pi}{6}\right) \xrightarrow{\quad u = x + \frac{\pi}{6} \quad} \lim_{u \to \frac{\pi}{3}} \sin u = \frac{\sqrt{3}}{2}.$$

三、两个重要极限

1. $\lim\limits_{x \to 0} \dfrac{\sin x}{x} = 1$

通过函数 $y = \dfrac{\sin x}{x}$ 的图形(图 2-4-1),可以直观地

看出,当 $x \to 0$ 时,函数 $\dfrac{\sin x}{x} \to 1$.

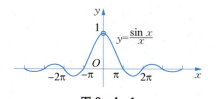

图 2-4-1

注意　在利用 $\lim\limits_{x \to 0} \dfrac{\sin x}{x} = 1$ 求函数的极限时,要注意

使用条件:

(1) 该极限是一个包含三角函数的 $\dfrac{0}{0}$ 型;

(2) 实际应用中,利用复合函数的极限运算法则,可将这个极限变形使用,即

$$\lim_{u(x) \to 0} \frac{\sin u(x)}{u(x)} = 1.$$

例 10　求 $\lim\limits_{x \to 0} \dfrac{\tan x}{x}$.

解　$\lim\limits_{x \to 0} \dfrac{\tan x}{x} = \lim\limits_{x \to 0} \left(\dfrac{\sin x}{x} \cdot \dfrac{1}{\cos x} \right) = \lim\limits_{x \to 0} \dfrac{\sin x}{x} \cdot \lim\limits_{x \to 0} \dfrac{1}{\cos x} = 1 \cdot 1 = 1.$

例 11　求 $\lim\limits_{x \to 0} \dfrac{\sin 5x}{x}$.

解　$\lim\limits_{x \to 0} \dfrac{\sin 5x}{x} = \lim\limits_{x \to 0} \dfrac{5 \cdot \sin 5x}{5x} = 5 \cdot \lim\limits_{x \to 0} \dfrac{\sin 5x}{5x} = 5.$

例 12　求 $\lim\limits_{x \to 0} \dfrac{\sin 3x}{\sin 2x}$.

解　$\lim\limits_{x \to 0} \dfrac{\sin 3x}{\sin 2x} = \lim\limits_{x \to 0} \dfrac{\sin 3x}{3x} \cdot \dfrac{2x}{\sin 2x} \cdot \dfrac{3}{2} = \dfrac{3}{2} \lim\limits_{x \to 0} \dfrac{\sin 3x}{3x} \cdot \lim\limits_{x \to 0} \dfrac{1}{\dfrac{\sin 2x}{2x}} = \dfrac{3}{2} \cdot 1 \cdot 1 = \dfrac{3}{2}.$

例 13　求 $\lim\limits_{x \to 0} \dfrac{1 - \cos x}{x^2}$.

解　$\lim\limits_{x \to 0} \dfrac{1 - \cos x}{x^2} = \lim\limits_{x \to 0} \dfrac{2 \sin^2 \dfrac{x}{2}}{x^2} = \dfrac{1}{2} \lim\limits_{x \to 0} \dfrac{\sin^2 \dfrac{x}{2}}{\left(\dfrac{x}{2}\right)^2} = \dfrac{1}{2} \lim\limits_{x \to 0} \left(\dfrac{\sin \dfrac{x}{2}}{\dfrac{x}{2}} \right)^2 = \dfrac{1}{2} \cdot 1^2 = \dfrac{1}{2}.$

例 14　计算 $\lim\limits_{x \to 0} \dfrac{x - \sin 2x}{x + \sin 2x}$.

解　$\lim\limits_{x \to 0}\dfrac{x-\sin 2x}{x+\sin 2x}=\lim\limits_{x \to 0}\dfrac{1-\dfrac{\sin 2x}{x}}{1+\dfrac{\sin 2x}{x}}=\lim\limits_{x \to 0}\dfrac{1-2\dfrac{\sin 2x}{2x}}{1+2\dfrac{\sin 2x}{2x}}=\dfrac{1-2}{1+2}=-\dfrac{1}{3}.$

2. $\lim\limits_{x \to \infty}\left(1+\dfrac{1}{x}\right)^{x}=\mathrm{e}$

这里通过函数 $\left(1+\dfrac{1}{x}\right)^{x}$ 的图形(图 2-4-2),可以直

观地看出,当 $x \to \infty$ 时,函数 $\left(1+\dfrac{1}{x}\right)^{x} \to \mathrm{e}.$

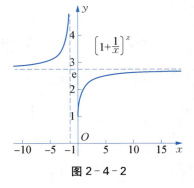

图 2-4-2

注意　在利用 $\lim\limits_{x \to \infty}\left(1+\dfrac{1}{x}\right)^{x}=\mathrm{e}$ 求函数极限时,要注意

使用条件:

(1) 极限是关于幂指函数的 1^{∞} 型;

(2) 极限 $\lim\limits_{x \to \infty}\left(1+\dfrac{1}{x}\right)^{x}=\mathrm{e}$ 的另一种形式是 $\lim\limits_{x \to 0}(1+$

$x)^{\frac{1}{x}}=\mathrm{e}.$

这里,只要在 $\lim\limits_{x \to \infty}\left(1+\dfrac{1}{x}\right)^{x}=\mathrm{e}$ 中,若令 $\dfrac{1}{x}=t$,当 $x \to \infty$ 时, $t \to 0$,换元可得.

(3) 实际应用中,利用复合函数的极限运算法则,可将这个极限变形使用:

$$\lim\limits_{u(x) \to \infty}\left(1+\dfrac{1}{u(x)}\right)^{u(x)}=\mathrm{e}, \text{ 或 } \lim\limits_{u(x) \to 0}\left[1+u(x)\right]^{\frac{1}{u(x)}}=\mathrm{e}.$$

例 15　求 $\lim\limits_{n \to \infty}\left(1+\dfrac{1}{n}\right)^{n+3}.$

解　$\lim\limits_{n \to \infty}\left(1+\dfrac{1}{n}\right)^{n+3}=\lim\limits_{n \to \infty}\left[\left(1+\dfrac{1}{n}\right)^{n} \cdot \left(1+\dfrac{1}{n}\right)^{3}\right]=\lim\limits_{n \to \infty}\left(1+\dfrac{1}{n}\right)^{n} \cdot \lim\limits_{n \to \infty}\left(1+\dfrac{1}{n}\right)^{3}$
$$=\mathrm{e} \cdot 1=\mathrm{e}.$$

例 16　求 $\lim\limits_{x \to \infty}\left(1+\dfrac{2}{x}\right)^{x}.$

解　$\lim\limits_{x \to \infty}\left(1+\dfrac{2}{x}\right)^{x}=\lim\limits_{x \to \infty}\left(1+\dfrac{2}{x}\right)^{\frac{x}{2} \cdot 2}=\lim\limits_{x \to \infty}\left[\left(1+\dfrac{2}{x}\right)^{\frac{x}{2}}\right]^{2}=\mathrm{e}^{2}.$

例 17　求 $\lim\limits_{x \to \infty}\left(1-\dfrac{1}{x}\right)^{x}.$

解　$\lim\limits_{x \to \infty}\left(1-\dfrac{1}{x}\right)^{x}=\lim\limits_{x \to \infty}\left(1+\dfrac{1}{-x}\right)^{x}=\lim\limits_{x \to \infty}\left[\left(1+\dfrac{1}{-x}\right)^{-x}\right]^{-1}=\lim\limits_{x \to \infty}\dfrac{1}{\left(1+\dfrac{1}{-x}\right)^{-x}}=\dfrac{1}{\mathrm{e}}.$

例 18　求 $\lim\limits_{x \to 0}(1-2x)^{\frac{1}{x}}.$

解　$\lim\limits_{x \to 0}(1-2x)^{\frac{1}{x}}=\lim\limits_{x \to 0}\left[1+(-2x)\right]^{\frac{1}{-2x} \cdot (-2)}=\lim\limits_{x \to 0}\left\{\left[1+(-2x)\right]^{\frac{1}{-2x}}\right\}^{(-2)}=\mathrm{e}^{-2}.$

例 19 求 $\lim\limits_{x\to\infty}\left(\dfrac{x+4}{x+3}\right)^{x}$.

解 解法一：
$$\lim_{x\to\infty}\left(\frac{x+4}{x+3}\right)^{x}=\lim_{x\to\infty}\left(1+\frac{1}{x+3}\right)^{x}=\lim_{x\to\infty}\left(1+\frac{1}{x+3}\right)^{(x+3)-3}$$
$$=\lim_{x\to\infty}\left(1+\frac{1}{x+3}\right)^{(x+3)}\cdot\lim_{x\to\infty}\left(1+\frac{1}{x+3}\right)^{-3}=\mathrm{e}\cdot 1=\mathrm{e}.$$

解法二：
$$\lim_{x\to\infty}\left(\frac{x+4}{x+3}\right)^{x}=\lim_{x\to\infty}\left(\frac{1+\dfrac{4}{x}}{1+\dfrac{3}{x}}\right)^{x}=\frac{\lim\limits_{x\to\infty}\left(1+\dfrac{4}{x}\right)^{x}}{\lim\limits_{x\to\infty}\left(1+\dfrac{3}{x}\right)^{x}}=\frac{\lim\limits_{x\to\infty}\left[\left(1+\dfrac{4}{x}\right)^{\frac{x}{4}}\right]^{4}}{\lim\limits_{x\to\infty}\left[\left(1+\dfrac{3}{x}\right)^{\frac{x}{3}}\right]^{3}}=\frac{\mathrm{e}^{4}}{\mathrm{e}^{3}}=\mathrm{e}.$$

例 20 求 $\lim\limits_{x\to\infty}\left(\dfrac{3+x}{2+x}\right)^{2x}$.

解
$$\lim_{x\to\infty}\left(\frac{3+x}{2+x}\right)^{2x}=\lim_{x\to\infty}\left[\left(1+\frac{1}{x+2}\right)^{x}\right]^{2}=\lim_{x\to\infty}\left[\left(1+\frac{1}{x+2}\right)^{x+2-2}\right]^{2}$$
$$=\lim_{x\to\infty}\left[\left(1+\frac{1}{x+2}\right)^{x+2}\right]^{2}\lim_{x\to\infty}\left(1+\frac{1}{x+2}\right)^{-4}=\mathrm{e}^{2}.$$

例 21（拓展案例 危险气体检测警报装置设计模型） 瓦斯治理是煤矿安全生产的核心任务. 瓦斯是一种无色无味的气体,平时靠瓦斯检测仪检测. 瓦斯浓度一旦超标,就能及时报警,矿工们也就会平安升上地面.

矿井中含有瓦斯的空气被吸入盛有瓦斯吸收剂的圆柱形过滤检测仪后,出来的空气中的瓦斯气体浓度会降低. 检测仪吸收瓦斯的量与矿井空气中瓦斯的百分比浓度及吸收层厚度成正比.

对于一个具有特定厚度的检测仪,若进口处的瓦斯浓度较高,则其出口处的瓦斯浓度也会相对较高. 假设现有瓦斯含量为 8% 的空气,通过厚度为 $10\,\mathrm{cm}$ 的吸收层后,其瓦斯的含量为 2%,问:

（1）若通过的吸收层厚度为 $30\,\mathrm{cm}$,出口处空气中的瓦斯含量是多少?

（2）若要使出口处空气中瓦斯含量为 1%,其吸收层的厚度应为多少?

解 设吸收层厚度为 d,现将吸收层分成 n 小段,每小段吸收层的厚度为 $\dfrac{d}{n}$. 已知吸收瓦斯的量与瓦斯的百分浓度以及吸收层厚度成正比,对于瓦斯含量为 8% 的空气,经过第一小段吸收后,吸收瓦斯的量为 $k\cdot 8\%\cdot\dfrac{d}{n}$,空气中剩余的瓦斯含量为

$$8\%-k\cdot 8\%\cdot\frac{d}{n}=8\%\cdot\left(1-k\cdot\frac{d}{n}\right).$$

经过第二小段吸收后,吸收瓦斯的量为 $k\cdot 8\%\cdot\left(1-k\dfrac{d}{n}\right)\dfrac{d}{n}$,空气中剩余的瓦斯含量为

$$8\%\left(1-k\cdot\frac{d}{n}\right)-k\cdot 8\%\cdot\left(1-k\cdot\frac{d}{n}\right)\frac{d}{n}=8\%\cdot\left(1-k\cdot\frac{d}{n}\right)^{2}.$$

依此类推,经过第 n 小段吸收后,吸收瓦斯的量为 $k \cdot 8\% \cdot \left(1-k\dfrac{d}{n}\right)^{n-1}\dfrac{d}{n}$,空气中剩余的瓦斯含量为

$$8\%\left(1-k \cdot \dfrac{d}{n}\right)^{n-1}-k \cdot 8\% \cdot \left(1-k \cdot \dfrac{d}{n}\right)^{n-1}\dfrac{d}{n}=8\% \cdot \left(1-k \cdot \dfrac{d}{n}\right)^{n}.$$

当 $n \to \infty$ 时,即将吸收层无限细分,通过厚度为 d 的吸收层后,出口处空气中的瓦斯含量为

$$\lim_{n \to \infty}8\%\left(1-k\dfrac{d}{n}\right)^{n}=8\%\lim_{n \to \infty}\left[\left(1+\dfrac{1}{-\dfrac{n}{kd}}\right)^{-\frac{n}{kd}}\right]^{-kd}=8\%\mathrm{e}^{-kd}.$$

已知通过厚度为 $10\,\mathrm{cm}$ 的吸收层后,其瓦斯含量为 2%,即

$$8\%\mathrm{e}^{-10k}=2\% \Rightarrow k=\dfrac{\ln 2}{5}.$$

(1) 若通过的吸收层厚度为 $30\,\mathrm{cm}$,即 $d=30\,\mathrm{cm}$,则出口处空气中瓦斯含量为

$$8\%\mathrm{e}^{-\frac{\ln 2}{5}\times 30}=\dfrac{8\%}{2^{6}}=0.125\%.$$

(2) 要使出口处空气中瓦斯的含量为 1%,则:

$$8\%\mathrm{e}^{-kd}=8\%\mathrm{e}^{-\frac{\ln 2}{5}d}=1\% \Rightarrow 2^{d/5}=8 \Rightarrow d=15.$$

此时吸收层厚度为 $15\,\mathrm{cm}$.

四、利用无穷小求极限

这里简单介绍无穷小的性质,比较同为无穷小的函数,进而引出等价无穷小的概念,并利用等价无穷小运算求极限.

1. 无穷小的性质

性质 1　有限个无穷小的代数和是无穷小.

性质 2　有限个无穷小的乘积是无穷小.

性质 3　有界函数与无穷小的乘积是无穷小.

推论 1　常数与无穷小的乘积是无穷小.

例 22　求 $\lim\limits_{x \to \infty}\dfrac{\sin x}{x}$.

解　因为　$\lim\limits_{x \to \infty}\dfrac{\sin x}{x}=\lim\limits_{x \to \infty}\dfrac{1}{x} \cdot \sin x$,

而当 $x \to \infty$ 时,$\dfrac{1}{x}$ 是无穷小量,$\sin x$ 是有界量 $(\left|\sin x\right| \leqslant 1)$,所以,

$$\lim_{x \to \infty}\dfrac{\sin x}{x}=0.$$

例 23 求极限 $\lim\limits_{x \to 0} x \sin \dfrac{1}{x}$.

解 由于 $\left| \sin \dfrac{1}{x} \right| \leqslant 1$,是有界函数,而 $\lim\limits_{x \to 0} x = 0$. 由性质 3 得 $\lim\limits_{x \to 0} x \sin \dfrac{1}{x} = 0$.

2. 无穷小的比较

容易知道,当 $x \to 0$ 时,x、x^2、$3\sin x$ 都是无穷小,而极限

$$\lim_{x \to 0} \frac{x^2}{x} = 0, \quad \lim_{x \to 0} \frac{x}{x^2} = \infty, \quad \lim_{x \to 0} \frac{3\sin x}{x} = 3.$$

我们看到,当 $x \to 0$ 时,虽然 3 个函数都是无穷小,但比值的极限结果却不同,这反映了不同的无穷小趋于 0 的速度"快慢"不同,于是给出如下定义:

定义 1 在自变量变化的同一个过程中,$\alpha(x)$ 和 $\beta(x)$ 为无穷小,

(1) 如果 $\lim \dfrac{\alpha(x)}{\beta(x)} = 0$,则称 $\alpha(x)$ 是 $\beta(x)$ 的高阶无穷小,记作 $\alpha = o(\beta)$;

(2) 如果 $\lim \dfrac{\alpha(x)}{\beta(x)} = \infty$,则称 $\alpha(x)$ 是 $\beta(x)$ 的低阶无穷小;

(3) 如果 $\lim \dfrac{\alpha(x)}{\beta(x)} = C$ $(C \neq 0)$,则称 $\alpha(x)$ 与 $\beta(x)$ 是同阶无穷小;

(4) 如果 $\lim \dfrac{\alpha(x)}{\beta(x)} = 1$,则称 $\alpha(x)$ 与 $\beta(x)$ 为等价无穷小,记作 $\alpha \sim \beta$.

显然等价无穷小是同阶无穷小的特殊情形,即 $C = 1$. 例如:

由于 $\lim\limits_{x \to 0} \dfrac{x^2}{x} = 0$,则当 $x \to 0$ 时,x^2 是 x 的高阶无穷小,记作 $x^2 = o(x)$;

由于 $\lim\limits_{x \to 0} \dfrac{x}{x^2} = \infty$,则当 $x \to 0$ 时,x 是 x^2 的低阶无穷小;

由于 $\lim\limits_{x \to 0} \dfrac{3\sin x}{x} = 3$,则当 $x \to 0$ 时,$3\sin x$ 是 x 的同阶无穷小;

由于 $\lim\limits_{x \to 0} \dfrac{\sin x}{x} = 1$,则当 $x \to 0$ 时,$\sin x$ 是 x 的等价无穷小.

在此,列举出当 $x \to 0$ 时,**常见的等价无穷小**有:

$$\sin x \sim x, \ \tan x \sim x, \ 1 - \cos x \sim \frac{1}{2}x^2, \ \arcsin x \sim x, \ \arctan x \sim x,$$

$$e^x - 1 \sim x, \ \ln(1+x) \sim x, \ \sqrt[n]{1+x} - 1 \sim \frac{1}{n}x, \ a^x - 1 \sim x \ln a.$$

读者可利用等价无穷小的定义证明上述等价关系.

3. 等价无穷小的替换求极限

等价无穷小有时能帮助我们更快更简单地求极限,因为有如下等价无穷小的一个重要性质.

定理 1(等价无穷小**替换定理**) $\alpha \sim \alpha'$,$\beta \sim \beta'$,且 $\lim \dfrac{\beta'}{\alpha'}$ 存在,则

$$\lim \frac{\beta}{\alpha} = \lim \frac{\beta'}{\alpha'}.$$

定理 1 表明，在求两个无穷小之比的极限时，分子或分母都可用等价无穷小来代替.

例 24 求 $\lim\limits_{x \to 0} \dfrac{\tan 2x}{\sin 5x}$.

解 当 $x \to 0$ 时，$\tan 2x \sim 2x$，$\sin 5x \sim 5x$，故 $\lim\limits_{x \to 0} \dfrac{\tan 2x}{\sin 5x} = \lim\limits_{x \to 0} \dfrac{2x}{5x} = \dfrac{2}{5}$.

例 25 求 $\lim\limits_{x \to 0} \dfrac{1 - \cos x}{x \sin x}$.

解 当 $x \to 0$ 时，$1 - \cos x \sim \dfrac{1}{2}x^2$，$\sin x \sim x$，则

$$\lim_{x \to 0} \frac{1 - \cos x}{x \sin x} = \lim_{x \to 0} \frac{\frac{1}{2}x^2}{x^2} = \frac{1}{2}.$$

例 26 求 $\lim\limits_{x \to 0} \dfrac{\sqrt{1 + x} - 1}{\mathrm{e}^x - 1}$.

解 当 $x \to 0$ 时，$\sqrt{1 + x} - 1 \sim \dfrac{1}{2}x$，$\mathrm{e}^x - 1 \sim x$，则

$$\lim_{x \to 0} \frac{\sqrt{1 + x} - 1}{\mathrm{e}^x - 1} = \lim_{x \to 0} \frac{\frac{1}{2}x}{x} = \frac{1}{2}.$$

例 27 求 $\lim\limits_{x \to 0} \dfrac{\tan x - \sin x}{\sin^3 2x}$.

解 错误做法 当 $x \to 0$ 时，$\sin x \sim x$，$\tan x \sim x$. 则

$$\lim_{x \to 0} \frac{\tan x - \sin x}{\sin^3 2x} = \lim_{x \to 0} \frac{x - x}{\sin^3 2x} = 0.$$

正确做法 当 $x \to 0$ 时，$\sin 2x \sim 2x$，$\tan x - \sin x = \tan x (1 - \cos x) \sim \dfrac{1}{2}x^3$，故

$$\lim_{x \to 0} \frac{\tan x - \sin x}{\sin^3 2x} = \lim_{x \to 0} \frac{\frac{1}{2}x^3}{(2x)^3} = \frac{1}{16}.$$

注意 等价无穷小的替换不能在加或减的运算中运用，只能在乘或除的运算中运用.

习题 2.4

1. 求下列极限：

(1) $\lim\limits_{x \to 1}(2x^2 + x - 3)$； (2) $\lim\limits_{x \to 1} \dfrac{x^2 + 1}{x - 3}$； (3) $\lim\limits_{x \to 2} \dfrac{x^2 + 8}{x - 2}$；

(4) $\lim\limits_{x \to 1} \dfrac{x^2 - 3x + 1}{x^2 - 1}$;　　(5) $\lim\limits_{x \to 2} \dfrac{x^2 - 5x + 6}{x^2 - 4}$;　　(6) $\lim\limits_{x \to 1} \dfrac{x^2 + 3x - 4}{x^2 - 1}$;

(7) $\lim\limits_{x \to \infty} \left(1 - \dfrac{1}{x} + \dfrac{2}{x^2}\right)$;　　(8) $\lim\limits_{x \to \infty} \left(2 + \dfrac{4}{x^3} - \dfrac{1}{x^4}\right)$;　　(9) $\lim\limits_{x \to \infty} \dfrac{x^2 + 1}{3x^2 + x + 1}$;

(10) $\lim\limits_{x \to \infty} \dfrac{3x^5 + 1}{x^5 + x^3 + 1}$;　　(11) $\lim\limits_{n \to \infty} \dfrac{3n^3 - n^2 + 1}{2n^3 + 5}$;　　(12) $\lim\limits_{n \to \infty} \dfrac{n(n+1)(n+2)}{2n^3}$;

(13) $\lim\limits_{x \to 3} \left(\dfrac{1}{x-3} - \dfrac{6}{x^2 - 9}\right)$;　　(14) $\lim\limits_{x \to 2} \left(\dfrac{1}{x-2} - \dfrac{2}{x^2 - 4}\right)$.

2. 用两个重要极限求下列函数的极限：

(1) $\lim\limits_{x \to 0} \dfrac{\sin kx}{x}$ ($k \neq 0$ 常数)；　　(2) $\lim\limits_{x \to 0} \dfrac{\tan 2x}{x}$;　　(3) $\lim\limits_{x \to 0} \dfrac{\cos 2x - 1}{x \sin x}$;

(4) $\lim\limits_{x \to 0} \dfrac{1 - \cos 2x}{x^2}$;　　(5) $\lim\limits_{x \to 0} x \cdot \cot 3x$;　　(6) $\lim\limits_{x \to 0} x \cdot \csc 5x$;

(7) $\lim\limits_{x \to \infty} \left(1 - \dfrac{1}{x}\right)^x$;　　(8) $\lim\limits_{x \to \infty} \left(1 - \dfrac{1}{2x}\right)^x$;　　(9) $\lim\limits_{x \to 0} (1 - x)^{\frac{2}{x}}$;

(10) $\lim\limits_{x \to 0} (1 + x)^{\frac{3}{x}}$;　　(11) $\lim\limits_{x \to \infty} \left(\dfrac{3 + x}{2 + x}\right)^x$;　　(12) $\lim\limits_{x \to \infty} \left(\dfrac{x + 2}{x - 3}\right)^x$.

3*. 利用无穷小的性质求下列函数的极限：

(1) $\lim\limits_{x \to \infty} \dfrac{\arctan x}{x}$;　　(2) $\lim\limits_{x \to \infty} \dfrac{\operatorname{arccot} 3x}{5x}$;　　(3) $\lim\limits_{x \to 0} x^2 \cos \dfrac{1}{x}$;　　(4) $\lim\limits_{x \to 0} x^3 \sin \dfrac{1}{x^2}$.

4. 利用等价无穷小替换求下列函数的极限：

(1) $\lim\limits_{x \to 0} \dfrac{x}{\sin 3x}$;　　(2) $\lim\limits_{x \to 0} \dfrac{\sin 5x}{x}$;　　(3) $\lim\limits_{x \to 0} \dfrac{x^2}{\sin^2 \dfrac{x}{2}}$;　　(4) $\lim\limits_{x \to 0} \dfrac{e^x - 1}{\sin 3x}$;

(5) $\lim\limits_{x \to 0} \dfrac{\tan x \ln(1 + x)}{\sin x^2}$;　　(6) $\lim\limits_{x \to 0} \dfrac{\arctan 5x}{\sin 3x}$;　　(7) $\lim\limits_{x \to 0} \dfrac{1 - \cos 3x}{\sin x^2}$;

(8) $\lim\limits_{x \to 0} \dfrac{2\arcsin x}{3x}$.

§2.5　函数的连续性

一、函数连续的定义

日常中常常见到某些量连续变化的情况，比如气温的变化，汽车所走的路程，植物生长的高度等，这种情况反映在数学上，就是函数的连续性.

若函数连续不断，在几何上，图像为一条 连续不断 的曲线，图像如果在某个点 x_0 处连续，曲线在该点不断开.考察下面 3 个函数及其图像（图 2 - 5 - 1）：

① $y = x + 1$ ② $y = \begin{cases} x + 1, & x < 1 \\ 1, & x \geqslant 1 \end{cases}$ ③ $y = \dfrac{1}{x - 1}$

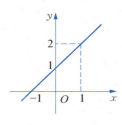 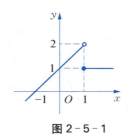 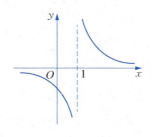

图 2 - 5 - 1

当 $x \to 1$ 时：

第一个函数曲线在点 1 处连续，没有断开，$y = x + 1 \to 2 = 1 + 1 = f(1)$.

第二个函数在点 1 处断开，不连续，$y = x + 1 \to 2 \neq 1 = f(1)$.

第三个函数在点 1 处断开，不连续，$y = \dfrac{1}{x - 1} \to \infty$.

说明当函数在某一点的极限存在且等于函数值，那函数才在该点连续.

定义 1 设函数 $y = f(x)$ 在点 x_0 的某一邻域内有定义，如果当 $x \to x_0$ 时，函数 $f(x)$ 的极限存在，且等于它在点 x_0 的函数值 $f(x_0)$，即 $\lim\limits_{x \to x_0} f(x) = f(x_0)$，则称函数 $y = f(x)$ 在点 x_0 处连续.

例 1 函数 $y = x^2$ 在给定点 $x = 2$ 处是否连续.

解 函数的定义域为 $(-\infty, +\infty)$，$\lim\limits_{x \to 2} x^2 = 4 = 2^2$. 因此 $y = x^2$ 在给定点 $x = 2$ 处连续.

例 2 试证函数 $f(x) = \begin{cases} x \sin \dfrac{1}{x}, & x \neq 0 \\ 0, & x = 0, \end{cases}$ 在 $x = 0$ 处连续.

证 因为 $\lim\limits_{x \to 0} x \sin \dfrac{1}{x} = 0$，又 $f(0) = 0$，所以 $\lim\limits_{x \to 0} f(x) = f(0)$，由定义 1 知，函数 $f(x)$ 在 $x = 0$ 处连续.

如果 $\lim\limits_{x \to x_0^+} f(x) = f(x_0)$，则称函数 $y = f(x)$ 在点 x_0 处**右连续**. 类似地，如果 $\lim\limits_{x \to x_0^-} f(x) = f(x_0)$，则称函数 $y = f(x)$ 在点 x_0 处**左连续**.

显然有如下定理：

定理 1 函数 $y = f(x)$ 在点 x_0 处连续的充要条件是函数 $y = f(x)$ 在点 x_0 处左、右都连续.

定理 1 常常用于讨论分段函数在分段点处的连续性.

例 3 已知函数 $f(x) = \begin{cases} x^2 + 1, & x < 0 \\ 2x - b, & x \geqslant 0 \end{cases}$ 在点 $x = 0$ 处连续，求 b 的值.

解 $\lim\limits_{x \to 0^-} f(x) = \lim\limits_{x \to 0^-} (x^2 + 1) = 1$，$\lim\limits_{x \to 0^+} f(x) = \lim\limits_{x \to 0^+} (2x - b) = -b$. 因为 $f(x)$ 点 $x = 0$

处连续,则 $\lim\limits_{x\to 0^-}f(x)=\lim\limits_{x\to 0^+}f(x)$,即 $b=-1$.

二、函数的连续性和初等函数的连续性

函数在一点连续的定义很自然地可以推广到一个区间上. 如果函数 $y=f(x)$ 在开区间 (a,b) 内的每一点都连续,则称函数 $y=f(x)$ 在开区间 (a,b) 内连续;如果函数 $y=f(x)$ 在闭区间 $[a,b]$ 对应的区间 (a,b) 内连续,且在左端点 a 处<u>右连续</u>,在右端点 b 处<u>左连续</u>,则称函数 $y=f(x)$ 在闭区间 $[a,b]$ 上连续.

连续函数的图形是一条连续而不间断的曲线.

由函数在某一点连续的定义和极限的四则运算法则,可得出下列定理.

定理 2　如果函数 $f(x)$ 与 $g(x)$ 在点 x_0 处连续,则 $c\cdot f(x)$(c 为常数),$f(x)\pm g(x)$,$f(x)\cdot g(x)$,$\dfrac{f(x)}{g(x)}$($g(x_0)\neq 0$)均在点 x_0 处连续.

定理 2 可以推广到有限多个函数的和(差)及乘积的情形.

定理 3　设内函数 $u=\varphi(x)$ 在点 x_0 处连续,外函数 $y=f(u)$ 在点 $u_0=\varphi(x_0)$ 处连续,则复合函数 $y=f[\varphi(x)]$ 在点 x_0 处连续.

定理 3 说明连续函数的复合函数仍为连续函数.

$\lim\limits_{x\to x_0}\varphi(x)=\varphi(x_0)=u_0$,$\lim\limits_{u\to u_0}f(u)=f(u_0)$,则

$$\lim\limits_{x\to x_0}f[\varphi(x)]=\lim\limits_{u\to u_0}f(u)=f(u_0)=f\left[\lim\limits_{x\to x_0}\varphi(x)\right].$$

这表明在 $y=f(u)$ 和 $u=\varphi(x)$ 都连续的条件下,求复合函数 $y=f[\varphi(x)]$ 的极限时,极限号和函数符号 f 可以交换次序.

例 4　求 $\lim\limits_{x\to\frac{\pi}{3}}\sqrt{\sin 3x}$.

解　$y=\sqrt{\sin 3x}$ 由 $y=\sqrt{u}$,$u=\sin 3x$ 复合而成. 因为 $\lim\limits_{x\to\frac{\pi}{3}}\sin 3x=0$,而函数 $y=\sqrt{u}$ 在 $u=0$ 连续,所以

$$\lim\limits_{x\to\frac{\pi}{3}}\sqrt{\sin 3x}=\sqrt{\lim\limits_{x\to\frac{\pi}{3}}\sin 3x}=\sqrt{0}=0.$$

注意　定理 3 条件"内层函数 $u=\varphi(x)$ 在点 x_0 的连续",可减弱为"$\lim\limits_{x\to x_0}\varphi(x)=a$"(此时内层函数 $u=\varphi(x)$ 在点 x_0 处不一定有定义).

例 5　求 $\lim\limits_{x\to 0}\dfrac{\ln(1+x)}{x}$.

解　$y=\dfrac{\ln(1+x)}{x}=\ln(1+x)^{\frac{1}{x}}$ 由 $y=\ln u$,$u=(1+x)^{\frac{1}{x}}$ 复合而成,内层函数 $u=(1+x)^{\frac{1}{x}}$ 在 $x=0$ 处虽然没有定义,不连续,但 $\lim\limits_{x\to 0}(1+x)^{\frac{1}{x}}=\mathrm{e}$,而外层函数 $y=\ln u$ 在 $u=\mathrm{e}$ 连续,所以

$$\lim_{x \to 0} \frac{\ln(1+x)}{x} = \lim_{x \to 0} \ln(1+x)^{\frac{1}{x}} = \ln\left[\lim_{x \to 0}(1+x)^{\frac{1}{x}}\right] = \ln e = 1.$$

由基本初等函数的连续性和上述定理可知:

定理 4 初等函数在其定义区间内是连续的.

这里所说的定义区间是指函数定义域内构成的每一个区间. 因此,初等函数的定义区间与连续区间为同一区间.

定理 4 提供了一个根据函数的连续性求极限的方法(代入法):如果函数 $f(x)$ 是初等函数,且 x_0 是其定义区间内的点,则函数 $f(x)$ 在点 x_0 连续,即 $\lim_{x \to x_0} f(x) = f(x_0)$.

例 6 求极限 $\lim_{x \to 1} \sqrt{4-x^2}$.

解 因为 $\sqrt{4-x^2}$ 是初等函数,定义域为 $[-2,2]$,而 $1 \in [-2,2]$,所以

$$\lim_{x \to 1} \sqrt{4-x^2} = \sqrt{4-1^2} = \sqrt{3}.$$

例 7 求函数 $f(x) = \sqrt{6-x} - \sqrt{x-4}$ 的连续区间,并求极限 $\lim_{x \to 5} f(x)$.

解 易求得 $f(x) = \sqrt{6-x} - \sqrt{x-4}$ 的定义域为 $[4,6]$. 定义域本身是一个区间,故函数在定义域上连续. 函数在 $5 \in [4,6]$ 上连续,所以 $\lim_{x \to 5} f(x) = \sqrt{6-5} - \sqrt{5-4} = 0$.

三、最大值和最小值定理

求函数的最值是各行各业中常见的问题. 在求最值之前,需要先弄清楚函数的最值是否存在. 下面的闭区间上连续函数的重要性质,给函数最值是否存在提供理论上的保障. 性质的几何意义很直观,容易理解.

定理 5(最大值和最小值定理) 在闭区间上连续的函数一定有最大值和最小值.

定理表明,如果函数 $f(x)$ 在闭区间 $[a,b]$ 上连续,那么至少有一点 $x_1 \in [a,b]$,使 $f(x_1)$ 是 $f(x)$ 在 $[a,b]$ 上的最小值;又至少有一点 $x_2 \in [a,b]$,使 $f(x_2)$ 是 $f(x)$ 在 $[a,b]$ 上的最大值,如图 2-5-2 所示.

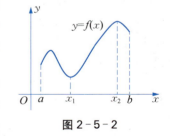

图 2-5-2

注意 如果函数 $f(x)$ 在开区间内连续或在闭区间上有间断点,则 $f(x)$ 不一定有最大值和最小值.例如,函数 $f(x)=x$ 在开区间 $(0,1)$ 内连续,既没有最大值,也没有最小值.又如,函数 $f(x) = \frac{1}{x}$ 在闭区间 $[-1,1]$ 有一个不连续点(称作间断点)$x=0$,它也没有最大值和最小值.

推论 若函数 $f(x)$ 在闭区间上连续,则它在该区间上有界.

定理 6(零点定理) 设函数 $f(x)$ 在闭区间 $[a,b]$ 上连续,且 $f(a)$ 与 $f(b)$ 异号(图 2-5-3),则在开区间 (a,b) 内至少有函数 $f(x)$ 的一个零点,即至少有一点 $x_0(a < x_0 < b)$,使得 $f(x_0)=0$.

函数 $f(x)$ 的零点 x_0 就是方程 $f(x)=0$ 的实根,因此零点定理常用来判断方程 $f(x)=0$ 在某区间是否存在实根.

例 8　证明三次方程 $x^3 - 4x^2 + 1 = 0$ 在区间（0，1）内至少有一个实根.

证　函数 $f(x) = x^3 - 4x^2 + 1$ 在闭区间 $[0,1]$ 上连续，又

$$f(0) = 1 > 0, \qquad f(1) = -2 < 0.$$

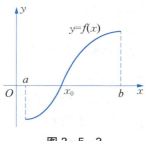

图 2-5-3

根据零点定理，函数 $f(x)$ 在区间（0，1）内至少有一个零点，即方程 $f(x) = 0$ 在区间（0，1）内至少有一个实根，亦即三次方程 $x^3 - 4x^2 + 1 = 0$ 在区间（0，1）内至少有一个实根.

例 9（拓展案例　椅子为什么能放稳）　椅子放在不平的地面上，通常只有 3 只脚着地，放不稳. 但只要稍微挪动几次，就可以四脚着地放稳了. 请你运用所学的连续函数的性质给出解释.

解　为了能用数学语言说明这个问题，必须对椅子和地面作出一些合理的假设：

（1）椅子的 4 条腿一样长，椅脚与地面接触处看作一个点，四脚连线呈正方形；

（2）地面高度是连续变化的，沿任何方向不会出现间断（如没有台阶那种情况），即地面是数学上的连续曲面；

（3）地面相对平坦，不会出现连续变化的深沟或凸峰，能够使椅子在任何位置上至少有 3 条腿同时着地.

这里的假设（1）是显然的，假设（2）给出了椅子可以放稳的条件，假设（3）则排除了三条腿无法同时着地的情况.

这里首先要解决的是如何用数学语言把问题的条件和结论表示出来. 如图 2-5-4 所示，以 A、B、C、D 表示椅子的四脚，以正方形 $ABCD$ 表示椅子的初始位置，则以原点为中心按逆时针将其旋转 θ 角，所得到的正方形 $A'B'C'D'$ 就表示椅子位置的改变，换言之，椅子位置应该是角 θ 的函数. 把椅脚与地面的竖直距离是否为零，作为衡量椅脚着地的标准，而椅子旋转就是在调整这一距离，因此该距离也应该是 θ 的函数. 注意到正方形的椅子腿是中心对称的，所以只要考虑两组对称的椅脚与地面的竖直距离就可以了.

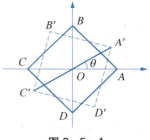

图 2-5-4

设 A、C 两脚与地面距离之和为 $f(\theta)$，B、D 两脚与地面距离之和为 $g(\theta)$，显然 $f(\theta) \geqslant 0$，$g(\theta) \geqslant 0$. 由假设（2）知，$f(\theta)$、$g(\theta)$ 均为连续函数；由假设（3）知，$f(\theta)$ 与 $g(\theta)$ 中至少有 1 个为零，即对任意的 θ，$f(\theta) \cdot g(\theta) = 0$. 不妨设 $\theta = 0$ 时，有 $f(\theta) > 0$，$g(\theta) = 0$.

改变椅子的位置使其四脚着地，就归结为证明下面的命题：已知 $f(\theta)$、$g(\theta)$ 均为 θ 的连续函数，对任意的 θ，$f(\theta) \cdot g(\theta) = 0$，且 $f(\theta) > 0$，$g(\theta) = 0$. 证明至少存在一点 θ_0，可使 $f(\theta_0) = g(\theta_0) = 0$.

注意到，将椅子旋转 $\dfrac{\pi}{2}$ 后对角线 AC 与 BD 交换，于是由 $f(\theta_0) \cdot g(\theta_0) = 0$ 知 $f\left(\dfrac{\pi}{2}\right) = 0$，$g\left(\dfrac{\pi}{2}\right) > 0$. 设辅助函数 $H(\theta) = f(\theta) - g(\theta)$，$H(\theta)$ 在 $\left[0, \dfrac{\pi}{2}\right]$ 上连续，且

$H(0) = f(0) - g(0) > 0,\ H\left(\dfrac{\pi}{2}\right) = f\left(\dfrac{\pi}{2}\right) - g\left(\dfrac{\pi}{2}\right) < 0.$

故由零点定理知,至少存在一点 $\theta_0 \in \left(0, \dfrac{\pi}{2}\right)$,使 $H(\theta_0) = 0$,即 $f(\theta_0) = g(\theta_0)$;又因为对任意 θ,$f(\theta) \cdot g(\theta) = 0$,所以 $f(\theta_0)$ 与 $g(\theta_0)$ 中至少有一个为零,故 $f(\theta_0) = g(\theta_0) = 0$.

由以上模型的建立与求解可以看出,关键是选择变量 θ 表示椅子的位置,以及用 θ 的两个函数表示椅脚与地面的距离,并把问题的条件和结论翻译成了数学语言. 至于利用中心对称和旋转 $\dfrac{\pi}{2}$ 并不是本质的东西.

习题 2.5

1. 函数 $f(x)$ 的图像如下图所示,指出函数 $f(x)$ 的不连续点.

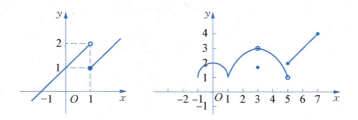

2. 讨论下列函数在指定的 $x = 0$ 点处是否连续,并作其图像.

(1) $y = |x|$;　　(2) $y = x|x|$;　　(3) $y = \begin{cases} -x + 1, & x < 0 \\ x^2, & x \geqslant 0 \end{cases}$;

(4) $y = \begin{cases} -x & x < 0 \\ x^2, & x \geqslant 0 \end{cases}$.

3. 求下列函数的连续区间,并求给定的极限.

(1) $f(x) = \sqrt{5-x} - \sqrt{x-2}$,$\lim\limits_{x \to 3} f(x)$;

(2) $f(x) = \dfrac{1}{x^2 - 2x + 1}$,$\lim\limits_{x \to 1} f(x)$,$\lim\limits_{x \to 3} f(x)$;

(3) $f(x) = \ln x(1-x)$,$\lim\limits_{x \to \frac{1}{2}} f(x)$;

(4) $f(x) = \dfrac{\sqrt{x+3} - 2}{x - 1}$,$\lim\limits_{x \to 1} f(x)$,$\lim\limits_{x \to 6} f(x)$.

4. 证明三次方程 $x^3 - 6x + 2 = 0$ 在区间 $(0,1)$ 内至少有一个实根.

课外阅读　菲波那契数列与黄金分割

黄金分割律是公元前 6 世纪古希腊数学家毕达哥拉斯发现的,后来古希腊美学家柏拉图将此称为黄金分割. 这其实是一个数字的比例关系, 即把一条线分为两部分, 此时长段与短段之比恰恰等于整条线与长段之比, 其数值比为 1.618∶1 或 1∶0.618. 也就是说, 长段的平方等于全长与短段的乘积. 黄金分割无论是在理论上, 还是实际生活中都有着极其广泛而又简单的应用, 也在历史上产生了巨大的影响. 古代, 黄金分割（中外比）主要用来作图. 到文艺复兴时期它又重新引起了人们的极大兴趣, 并产生了广泛的影响, 得到了多方面的应用. 如在绘画、雕塑方面, 画家、雕塑家都希望从数学比例上解决最完美的形体及其各部分的相互关系问题, 以此作为科学的艺术理论用来指导艺术创造, 来体现理想事物的完美结构. 著名画家达芬奇在《论绘画》一书中就相信:"美感完全建立在各部分之间神圣的比例关系上, 各特征必须同时作用, 才能产生使观众如醉如痴的和谐比例."在这一时期, 艺术家们自觉地被黄金分割的魅力所诱惑而使数学研究与艺术创作紧密地结合起来, 并对后来形式美学与实验美学产生了巨大影响.

19 世纪, 德国美学家蔡辛提出黄金分割原理且对黄金分割问题进行理论阐述, 并认为黄金分割是解开自然美和艺术美奥秘的关键. 他用数学比例方法研究美学, 启发了后人. 德国哲学家、美学家、心理学家费希纳进行了实验美学的尝试, 把黄金分割原理建立在广泛的心理学测试基础上, 将美学研究与自然科学研究结合在一起, 引起广泛的注意. 直到 20 世纪 50 年代, 实验美学的研究还十分活跃. 直到最近, 黄金分割原理仍然是一个充满了神奇之谜的科学美学问题.

菲波那契数列前面几个数是:1、1、2、3、5、8、13、21、34、55、89、144, 特点是除前两个数（数值为 1）之外, 每个数都是它前面两个数之和.

经研究发现, 相邻两个菲波那契数的比值, 随序号的增加而逐渐趋于黄金分割比, 即 $f(n)/f(n-1) \to 0.618\cdots$. 由于菲波那契数都是整数, 两个整数相除之商是有理数, 所以只是逐渐逼近黄金分割比这个无理数. 但是, 继续计算出后面更大的菲波那契数时, 就会发现, 相邻两数之比确实是非常接近黄金分割比的.

1. 人体中的黄金分割

0.618, 这个神奇的数字, 以严格的比例性、艺术性、和谐性, 蕴藏了丰富的美学价值. 为什么人们对这一比例本能地感到美? 其实这与人类的演化和人体正常发育密切相关. 人体结构中有许多比例关系接近 0.618. 人类最熟悉自己, 势必将人体美作为最高的审美标准, 由物及人, 由人及物, 推而广之, 凡是与人体相似的物体就喜欢它, 就觉得美. 于是黄金分割律作为一种重要形式美法则, 成为世代相传的审美经典规律! 人体结构中有 14 个"黄金点"（物体短段与长段之比值为 0.618）, 12 个"黄金矩形"（宽与长比值为 0.618 的长方形）和 2 个"黄金指数"（两物体间的比例关系为 0.618）.

黄金点:(1)肚脐:头顶—足底之分割点;(2)咽喉:头顶—肚脐之分割点;(3)(4)膝关节:肚脐—足底之分割点;(5)(6)肘关节:肩关节—中指尖之分割点;(7)(8)乳头:躯干乳头纵轴上之分割点;(9)眉间点:发际—额底间距上 1/3 与中下 2/3 之分割点;(10)鼻下点:发际—额底间距下 1/3 与上中 2/3 之分割点;(11)唇珠点:鼻底—额底间距上 1/3 与中下 2/3 之分割点;(12)颔唇沟正路点:鼻底—额底间距下 1/3 与上中 2/3 之分割点;(13)左口角点:口裂水平线左 1/3 与右 2/3 之分割点;(14)右口角点:口裂水平线右 1/3 与左 2/3 之分割点.

黄金矩形:(1)躯体轮廓:肩宽与臀宽的平均数为宽, 肩峰至臀底的高度为长;(2)面部轮

廓:眼水平线的面宽为宽,发际至额底间距为长;(3)鼻部轮廓:鼻翼为宽,鼻根至鼻底间距为长;(4)唇部轮廓:静止状态时上下唇峰间距为宽,口角间距为长;(5)(6)手部轮廓:手的横径为宽,五指并拢时取平均数为长;(7)～(12)上颌切牙、侧切牙、尖牙(左右各3个)轮廓:最大的近远中径为宽,齿龈径为长.

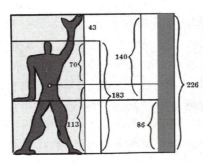
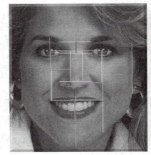
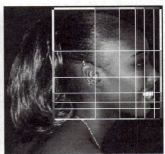

图1　人体中的黄金分割

在人体中有各种黄金指数:

(1) 反映鼻口关系的鼻唇指数:鼻翼宽与口角间距之比近似黄金数;

(2) 反映眼口关系的目唇指数:口角间距与两眼外眦间距之比近似黄金数.

2. 大自然中的黄金数

大自然中的许多美妙的东西都是按照黄金比构成的.

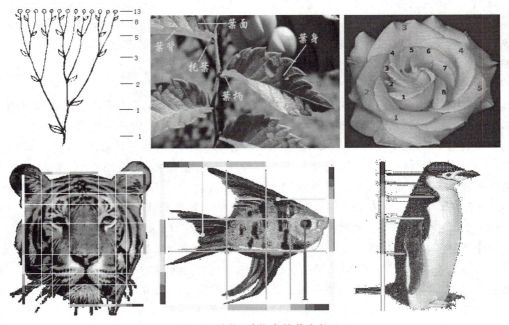

图2　植物、动物中的黄金数

植物叶片上下两层叶子之间相差137.5°,而360°－137.5°＝222.5°,137.5:222.5＝

222.5 : 360 = 0.618. 研究发现,这样便于光合作用.植物花瓣中也体现黄金比,花瓣数目大多为 3、5、8、13、21 等,比如,百合花、蝴蝶花、延龄草为 3 瓣;毛莨属植物、金凤花、飞燕草、野玫瑰为 5 瓣;血根草、翠雀花为 8 瓣;而金盏草、万寿菊则为 13 瓣,紫菀为 21 瓣.它们符合斐波那契数列规律.另外,向日葵果实排列(由内向外)也符合斐波那契数列.

动物学家也发现,不仅兔子繁殖遵从斐波那契数列规律,蜜蜂等动物也具有这一特点.

3. 艺术中的黄金分割

我们的国旗上就有五颗星,还有不少国家的国旗也用五角星.因为在五角星中所有线段之间的长度关系都符合黄金分割比.正五边形对角线连满后出现的所有三角形,都是黄金分割三角形.

由于五角星的顶角是 $36°$,得出黄金分割的数值为 $2\sin 18°$.

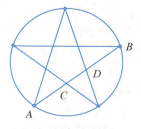

图 3　五角星中的黄金分割

图 4　艺术与设计中的黄金分割

黄金分割在造型艺术中具有美学价值,在工艺美术和日用品的长宽设计中,采用这一比值能够引起人们的美感,在实际生活中的应用也非常广泛.建筑物中某些线段的比就采用了黄金分割,舞台上的报幕员并不是站在舞台的正中央,以站在舞台长度的黄金分割点的位置最美观,声音传播的最好.就连植物界也有采用黄金分割,如果从一棵嫩枝的顶端向下看,就会看到叶子是按照黄金分割的规律排列着.在很多科学实验中,选取方案常用一种 0.618 法,即优选法,它可以合理地安排较少的试验次数,找到合理的配方和合适的工艺条件.

4. 非法传销"魅力"何在?

近年来,非法传销引起了人们广泛关注,其参与人数之多,波及范围之广,让国人大为震惊.它为何有如此"魅力"使人沉醉其中?

非法传销具有 2 个明显特征:一是传销的商品价格严重背离商品本身的实际价格,甚至根本没有任何使用价值和价值,服务项目纯属虚构;二是参加人员所得的收益并非来源于销售产品或服务所得的合理利润,而是他人加入时所缴纳的费用.与国外的"老鼠会""金字塔欺诈"如出一辙,实际上就是一种使组织者等少数人敛财,绝大多数加入者沦为受害者的欺诈活动.

下面,我们利用斐波那契数列,看看其运作的数学原理.有幼鼠一对,若第二个月它们成年,第三个月生下幼鼠一对,而所生的幼鼠亦在第二个月成年,第三个月生产另一对幼鼠,以后亦每月生产一对幼鼠.假定每生产一对幼鼠必为一雌一雄,且均无死亡,试问一年后共有成年与未成年老鼠多少对? 两年后呢? K 年后呢?

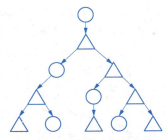

图5　老鼠生产繁殖图

将老鼠生产繁殖画成图,即构成金字塔结构,其中○表示幼鼠,△表示成年鼠.

一月份共有老鼠1对;2月份仍有1对.从3月份开始,每月的老鼠总数恰好等于前面2个月老鼠总数之和,即菲波那契数列.

可见1年后共有老鼠233对.若设

$$F_0 = 1, \ F_1 = 1, \ F_2 = 2, \ F_3 = 3, \ F_4 = 5, \ F_5 = 8, \ F_6 = 13, \cdots$$

则此数列有下面递推关系:

$$F_{n+2} = F_{n+1} + F_n, \ n = 0, 1, 2, 3, \cdots$$

由极限相关理论可得其通项为

$$F_n = \frac{1}{\sqrt{5}} \left[\left(\frac{1+\sqrt{5}}{2} \right)^{n+1} - \left(\frac{1-\sqrt{5}}{2} \right)^{n+1} \right] \approx 0.447(1.618^{n+1} - 0.618^{n+1}).$$

显然,k 年后,即 $n = 12k$ 时,成年与为成年老鼠总和为

$$F_n = F_{12k} \approx 0.447(1.618^{12k+1} - 0.618^{12k+1}), \ k = 0, 1, 2, 3, \cdots,$$

当 $k = 2$ 时,$F_n = F_{24} \approx 0.447(1.618^{25} - 0.618^{25}) \approx 74\,950$.

从上面数据,我们不难看出"老鼠"强盛的繁殖能力,也不难看出为什么传销具有这样大的"魅力"了.

第 3 章

导 数 与 微 分

微积分学是微分学和积分学的总称.

17世纪英国科学家牛顿和德国数学家莱布尼兹,在前人大量科学成果基础上创立了微积分.

微分学的核心概念是导数和微分.导数反映了函数相对于自变量变化而变化的快慢程度,即函数的变化率,使得人们能够用这一数学工具来描述事物变化的快慢及解决一系列与之相关的问题.因此,在科学、工程技术及经济等领域有着极其广泛的应用,微分则指当自变量有微小改变时,函数大体上改变了多少.

学习目标

1. 理解导数的概念及其几何意义,会用导数(变化率)描述一些简单的实际问题,了解微分的概念;

2. 熟练掌握基本初等函数的求导公式和四则运算法则;

3. 熟练掌握复合函数求导法,了解隐函数求导法、对数求导法;

4. 了解高阶导数的概念,掌握二阶导数的求法;

5. 了解可导、可微与连续之间的关系.

§3.1 导 数 概 念

17世纪生产力的蓬勃发展推动了自然科学和技术的发展,人们在生产实践中需要解决的一些数学问题,比如求曲线的切线、求变速直线运动的瞬时速度和求函数的最值这三类问题,解决的方法都用到了极限的思想,然后都归结为关于函数的变化率的问题,导致了导数的出现.

一、两个实际问题

1. 切线的斜率

切线的定义 设有平面上一条曲线 C 和 C 上一点 M,如图 $3-1-1$ 所示,在曲线 C 上

另找一个动点 N，做割线 MN，当动点 N 沿曲线 C 滑向定点 M 时，如果割线 MN 绕点 M 旋转而趋向极限位置 MT，则 MT 称为曲线 C 在点 M 的切线.

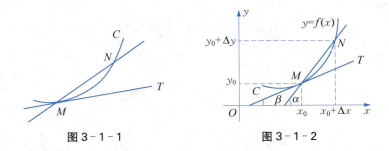

图 3-1-1　　　　　　　图 3-1-2

给出平面曲线 $C:y=f(x)$ 和 C 上一定点 $M(x_0，y_0)$，如图 3-1-2 所示，求曲线 C 在点 M 的切线方程，关键是求切线 MT 的斜率. 由于切线定义为割线的极限位置，自然切线的斜率为割线斜率的极限.

在曲线 C 上任取一动点 $N(x_0+\Delta x，y_0+\Delta y)$，其中，$y_0+\Delta y=f(x_0+\Delta x)$. 设割线 MN 斜率为 k_{MN}，则

$$k_{MN}=\tan\alpha=\frac{\Delta y}{\Delta x}=\frac{f(x_0+\Delta x)-f(x_0)}{\Delta x}.$$

令点 $N\xrightarrow{\text{沿曲线}C}M$，此时 $\Delta x\to 0$，割线 MN 趋向切线 MT，有 $\alpha\to\beta$，则切线斜率为

$$k_{MT}=\lim_{\Delta x\to 0}\frac{\Delta y}{\Delta x}=\lim_{\Delta x\to 0}\frac{f(x_0+\Delta x)-f(x_0)}{\Delta x}.$$

2. 变速直线运动的瞬时速度

设一物体做变速直线运动，位移函数为 $s=s(t)$，$t\in[0，T]$，求物体在时刻 t_0 时的瞬时速度 $v(t_0)$. 我们知道，匀速直线运动的平均速度为 $\bar v=\frac{\Delta s}{\Delta t}$，但不能用其直接求解变速直线运动的瞬时速度 $v(t_0)$. 而对于变速直线运动的物体，当运动时间间隔很小时，在时刻 t_0 的附近，虽然还是在做变速运动，但速度变化的幅度却很小，近似于不变. 可考虑用 t_0 时刻附近的平均速度做为瞬时速度 $v(t_0)$ 的近似值，且时间间隔越短，近似值就越趋向于瞬时速度，对其取极限就得到所求的瞬时速度.

为求 $v(t_0)$，可在 t_0 附近另取一时刻 $t_0+\Delta t$，此时时间间隔为 Δt，所走的路程为 $\Delta s=s(t_0+\Delta t)-s(t_0)$. 当 Δt 很短时，速度的变化很小，此时 $v(t_0)\approx\bar v=\frac{\Delta s}{\Delta t}=\frac{s(t_0+\Delta t)-s(t_0)}{\Delta t}$. 容易知道，$\Delta t$ 越接近于 0，这个近似的精确程度也就越高. 当 $\Delta t\to 0$ 时，若这个平均速度 $\bar v$ 的极限存在，就将这个极限定义为质点在时刻 t_0 的速度（瞬时速度），记为 $v(t_0)$，则有

$$v(t_0)=\lim_{\Delta t\to 0}\frac{\Delta s}{\Delta t}=\lim_{\Delta t\to 0}\frac{s(t_0+\Delta t)-s(t_0)}{\Delta t}.$$

以上两个实例中,切线的斜率是几何问题,变速直线运动的瞬时速度是物理问题,但最终都归结为讨论某个函数 $y = f(x)$ 同一形式的极限:

$$\lim_{\Delta x \to 0} \frac{f(x_0 + \Delta x) - f(x_0)}{\Delta x},$$

即函数的增量与自变量的改变量之比的极限. 这种极限的出现及应用非常广泛,如物理学中的电流强度、化学中的反应速度、生物种群的生长率等问题. 当撇开这些问题具体的实际背景,抓住它们在数量关系上的共性,就抽象出了导数的概念.

二、导数的定义

1. $f(x)$ 在点 x_0 处的导数的定义

定义 1 设函数 $y = f(x)$ 在 x_0 的某邻域内有定义,当自变量 x 在 x_0 处有增量(改变量) Δx,相应地,函数的增量(改变量)为 $\Delta y = f(x_0 + \Delta x) - f(x_0)$,若极限

$$\lim_{\Delta x \to 0} \frac{\Delta y}{\Delta x} = \lim_{\Delta x \to 0} \frac{f(x_0 + \Delta x) - f(x_0)}{\Delta x}$$

存在,则称函数 $y = f(x)$ 在点 x_0 处**可导**,此极限称为函数 $f(x)$ 在点 x_0 处的**导数**,记为

$$f'(x_0), \quad y'\big|_{x=x_0}, \quad \frac{\mathrm{d}y}{\mathrm{d}x}\bigg|_{x=x_0} \quad 或 \quad \frac{\mathrm{d}f(x)}{\mathrm{d}x}\bigg|_{x=x_0}.$$

定义中的极限式也有不同的表达形式,常见的有:

令 $\Delta x = h$,可写为 $f'(x_0) = \lim\limits_{h \to 0} \dfrac{f(x_0 + h) - f(x_0)}{h}$;

令 $x = x_0 + \Delta x$,可写为 $f'(x_0) = \lim\limits_{x \to x_0} \dfrac{f(x) - f(x_0)}{x - x_0}$.

若上述极限不存在,则称 $y = f(x)$ 在点 x_0 不可导;若 $\lim\limits_{\Delta x \to 0} \dfrac{f(x_0 + \Delta x) - f(x_0)}{\Delta x} = \infty$,尽管这时函数在点 x_0 不可导,但为了叙述的方便,也往往说函数 $y = f(x)$ 在点 x_0 处的导数为无穷大,记为 $f'(x_0) = \infty$.

由前面的实例结合导数的定义,可知函数 $y = f(x)$ 在点 (x_0, y_0) 的切线斜率是此函数在 $x = x_0$ 的导数 $f'(x_0)$;做变速直线运动的物体在 t_0 时刻的瞬时速度 $v(t_0)$,是位移函数 $s = s(t)$ 在时刻 t_0 的导数 $s'(t_0)$. 一般情况下,$f'(x_0)$ 表示 $y = f(x)$ 在 $x = x_0$ 点变化的快慢(**变化率**).

2*. 左导数和右导数

$f(x)$ 在点 x_0 处的导数是自变量趋向有限值的极限,对应于之前学习过的左、右极限的定义,可以给出下面的左、右导数的定义.

定义 2 若极限 $\lim\limits_{\Delta x \to 0^-} \dfrac{f(x_0 + \Delta x) - f(x_0)}{\Delta x}$ 存在,则称此极限为 $f(x)$ 在 x_0 的**左导数**,记作 $f'_-(x_0)$,即 $f'_-(x_0) = \lim\limits_{\Delta x \to 0^-} \dfrac{f(x_0 + \Delta x) - f(x_0)}{\Delta x}$.

类似地,若极限 $\lim\limits_{\Delta x \to 0^+} \dfrac{f(x_0 + \Delta x) - f(x_0)}{\Delta x}$ 存在,则称此极限为 $f(x)$ 在 x_0 的**右导数**,

记作 $f'_+(x_0)$,即 $f'_+(x_0) = \lim\limits_{\Delta x \to 0^+} \dfrac{f(x_0 + \Delta x) - f(x_0)}{\Delta x}$.

根据极限和左右极限的关系,自然有如下结论:

定理 1　函数 $f(x)$ 在点 x_0 处可导的充分必要条件是左导数 $f'_-(x_0)$ 和右导数 $f'_+(x_0)$ 都存在且相等.

判别分段函数在分段点处是否可导,通常要考虑分段点的左导数是否等于右导数.

3. 导函数

$y = f(x)$ 在区间 (a, b) 内如果每一点可导,则称函数 **$f(x)$ 在区间 (a, b) 内可导**.

$y = f(x)$ 在区间 $[a, b]$ 上,如果在对应的 (a, b) 内可导,且 $f'_+(a)$ 及 $f'_-(b)$ 都存在,则称函数 **$f(x)$ 在区间 $[a, b]$ 上可导**.

若函数 $f(x)$ 在区间 I 可导,则对每一点 $x \in I$,必有一个导数值与之对应,因而在区间 (a, b) 上确定了一个函数,称该函数为 $f(x)$ 的**导函数**,记作

$$y', \quad f'(x), \quad \frac{\mathrm{d}y}{\mathrm{d}x} \text{ 或 } \frac{\mathrm{d}f(x)}{\mathrm{d}x},$$

在不至于混淆的情况下,我们也把导函数简称为导数.

由函数的导函数的定义可知:

(1) 导函数 $y' = f'(x) = \lim\limits_{\Delta x \to 0} \dfrac{f(x + \Delta x) - f(x)}{\Delta x}$;

(2) $y = f(x)$ 在点 x_0 处的导数值 $f'(x_0)$,为它的导函数在该点处的函数值 $f'(x)\big|_{x = x_0}$,即

$$f'(x_0) = f'(x)\big|_{x = x_0}.$$

例 1　求 $y = x^4 + 5x$ 的导函数 y' 以及函数在 $x = 1$ 点的导数值 $y'\big|_{x=1}$.

解　由中学求导知识可知,

$$y' = 4x^3 + 5$$

即为所求的导函数,而函数在 $x = 1$ 点的导数值为

$$y'\big|_{x=1} = (4x^3 + 5)\big|_{x=1} = 4 \cdot 1^3 + 5 = 9.$$

三、利用导数的定义求导数举例

用导数定义,可以求某些基本初等函数的导数.

例 2　求 $y = c$(c 为常数)的导数 y'.

解　因为 $\Delta y = f(x + \Delta x) - f(x) = c - c = 0$,故

$$y' = \lim_{\Delta x \to 0} \frac{\Delta y}{\Delta x} = \lim_{\Delta x \to 0} \frac{0}{\Delta x} = 0 \text{ ,即 } c' = 0.$$

即**常数的导数为** 0.

例 3　求 $y = x^n$ 的导数 y'，其中 n 是自然数.

解　根据二项式定理，有

$$\Delta y = (x + \Delta x)^n - x^n = nx^{n-1}\Delta x + \frac{n(n-1)}{2!}x^{n-2}\Delta x^2 + \cdots + \Delta x^n,$$

$$\frac{\Delta y}{\Delta x} = nx^{n-1} + \frac{n(n-1)}{2!}x^{n-2}\Delta x + \cdots + \Delta x^{n-1},$$

所以，$y' = \lim\limits_{\Delta x \to 0}\dfrac{\Delta y}{\Delta x} = \lim\limits_{\Delta x \to 0}\left(nx^{n-1} + \dfrac{n(n-1)}{2!}x^{n-2}\Delta x + \cdots + \Delta x^{n-1}\right) = nx^{n-1}.$

更一般地，对于幂函数 $y = x^{\mu}$（μ 为常数），有 $(x^{\mu})' = \mu x^{\mu-1}$.

例 4　求 $y = \sin x$ 的导数 y'.

解　
$$\begin{aligned}
y' &= \lim_{\Delta x \to 0}\frac{\Delta y}{\Delta x} = \lim_{\Delta x \to 0}\frac{\sin(x + \Delta x) - \sin x}{\Delta x} \quad \text{（三角函数和差化积）}\\
&= \lim_{\Delta x \to 0}\frac{2\sin\dfrac{\Delta x}{2}\cos\left(x + \dfrac{\Delta x}{2}\right)}{\Delta x}\\
&= \lim_{\Delta x \to 0}\frac{\sin\dfrac{\Delta x}{2}}{\dfrac{\Delta x}{2}} \cdot \cos\left(x + \frac{\Delta x}{2}\right) \quad \text{（利用第一个重要极限）}\\
&= \cos x.
\end{aligned}$$

即 $(\sin x)' = \cos x$.

同理可得　$(\cos x)' = -\sin x$.

例 5　求 $y = a^x$ 的导数 y'，其中 $a > 0$，$a \neq 1$.

解　
$$\begin{aligned}
y' &= \lim_{\Delta x \to 0}\frac{\Delta y}{\Delta x} = \lim_{\Delta x \to 0}\frac{a^{x+\Delta x} - a^x}{\Delta x} = a^x \cdot \lim_{\Delta x \to 0}\frac{a^{\Delta x} - 1}{\Delta x} \quad \text{（等价无穷小替换）}\\
&= a^x \cdot \lim_{\Delta x \to 0}\frac{\Delta x \ln a}{\Delta x} = a^x \cdot \lim_{\Delta x \to 0}\ln a = a^x \ln a.
\end{aligned}$$

所以　$(a^x)' = a^x \ln a$.

特别地，当 $a = \mathrm{e}$ 时，因 $\ln \mathrm{e} = 1$，则有公式 $(\mathrm{e}^x)' = \mathrm{e}^x$.

例 6　求函数 $f(x) = \log_a x$ 的导数 y'，其中 $a > 0$，$a \neq 1$.

解　利用定义，令 $\Delta x = h$，则

$$\begin{aligned}
f'(x) &= \lim_{h \to 0}\frac{f(x+h) - f(x)}{h} = \lim_{h \to 0}\frac{\log_a(x+h) - \log_a x}{h}\\
&= \lim_{h \to 0}\frac{1}{h}\log_a\left(\frac{x+h}{x}\right) = \frac{1}{x}\lim_{h \to 0}\frac{x}{h}\log_a\left(1 + \frac{h}{x}\right)\\
&= \frac{1}{x}\lim_{h \to 0}\log_a\left(1 + \frac{h}{x}\right)^{\frac{x}{h}} \quad \text{（利用第二个重要极限）}\\
&= \frac{1}{x}\log_a \mathrm{e} = \frac{1}{x\ln a}.
\end{aligned}$$

即 $(\log_a x)' = \dfrac{1}{x \ln a}$.

特别地，当 $a = e$ 时，有 $(\ln x)' = \dfrac{1}{x}$.

以上的结果均可作为公式直接使用：

(1) $(c)' = 0(c \text{ 为常数})$;　　　　(2) $(x^a)' = ax^{a-1}(a \text{ 为实数})$;

(3) $(\log_a x)' = \dfrac{1}{x \ln a}$;　　　　(4) $(\ln x)' = \dfrac{1}{x}$;

(5) $(a^x)' = a^x \ln a$;　　　　　　(6) $(e^x)' = e^x$;

(7) $(\sin x)' = \cos x$;　　　　　　(8) $(\cos x)' = -\sin x$.

例如：(1) $x \neq 0$ 时，$(x^{-1})' = (-1) \cdot x^{-1-1} = -x^{-2}$;

(2) $(x^{100})' = 100x^{100-1} = 100x^{99}$;

(3) $x > 0$ 时，$(\sqrt{x})' = (x^{\frac{1}{2}})' = \dfrac{1}{2} x^{-\frac{1}{2}} = \dfrac{1}{2\sqrt{x}}$;

(4) $x > 0$ 时，$\left(\dfrac{\sqrt{x}}{\sqrt[3]{x}} \right)' = (x^{\frac{1}{2}-\frac{1}{3}})' = (x^{\frac{1}{6}})' = \dfrac{1}{6} x^{-\frac{5}{6}}$.

注意　对于可化简的幂函数求导，往往先化简，再利用幂函数的导数公式计算.

四、导数的几何意义

由切线问题可知，函数 $y = f(x)$ 在 x_0 处的导数 $f'(x_0)$ 的几何意义就是曲线 $y = f(x)$ 在点 $M(x_0, y_0)$ 处切线 MT 的斜率，如前图 3-1-2 所示. 根据导数的几何意义以及直线的点斜式方程，曲线 $y = f(x)$ 在**点** $M_0(x_0, y_0)$ **处的切线方程**为

$$y - y_0 = f'(x_0)(x - x_0).$$

过切点 $M_0(x_0, y_0)$ 且与切线垂直的直线称为曲线 $y = f(x)$ 在点 M_0 处的**法线**. 如果 $f'(x_0) \neq 0$，曲线 $y = f(x)$ **点** $M_0(x_0, y_0)$ **处的法线方程**为

$$y - y_0 = -\dfrac{1}{f'(x_0)}(x - x_0).$$

注意　如果 $f'(x_0) = 0$，点 $M_0(x_0, y_0)$ 处的切线方程为 $y = y_0$;法线方程为 $x = x_0$.

例 7　求函数 $f(x) = \sqrt{x}$ 在点 $(4, 2)$ 处的切线方程和法线方程.

解　因为 $f'(x) = (\sqrt{x})' = (x^{\frac{1}{2}})' = \dfrac{1}{2} x^{-\frac{1}{2}} = \dfrac{1}{2\sqrt{x}}$，所以切线的斜率为

$$k = f'(4) = \dfrac{1}{2\sqrt{x}} \bigg|_{x=4} = \dfrac{1}{4}.$$

所求切线方程为 $y - 2 = \dfrac{1}{4}(x - 4)$，即 $x - 4y + 4 = 0$;

所求法线方程为 $y-2=-4(x-4)$，即 $4x+y-18=0$.

五*、可导与连续的关系

定理 2　若函数 $f(x)$ 在点 x_0 可导，则函数 $f(x)$ 在点 x_0 连续.

证明　由于函数 $f(x)$ 在点 x_0 可导，故

$$\lim_{x \to x_0} \frac{f(x)-f(x_0)}{x-x_0}=f'(x_0),$$

有 $\displaystyle\lim_{x \to x_0}[f(x)-f(x_0)]=\lim_{x \to x_0} \frac{f(x)-f(x_0)}{x-x_0}(x-x_0)$

$$=\lim_{x \to x_0} \frac{f(x)-f(x_0)}{x-x_0} \cdot \lim_{x \to x_0}(x-x_0)$$

$$=f'(x_0) \cdot 0=0.$$

所以 $\displaystyle\lim_{x \to x_0} f(x)=f(x_0)$.

注意　该命题之逆命题不真，即函数在某点连续但不一定在该点可导.

例 8　讨论绝对值函数 $f(x)=|x|$ 在 $x=0$ 处的连续性和可导性.

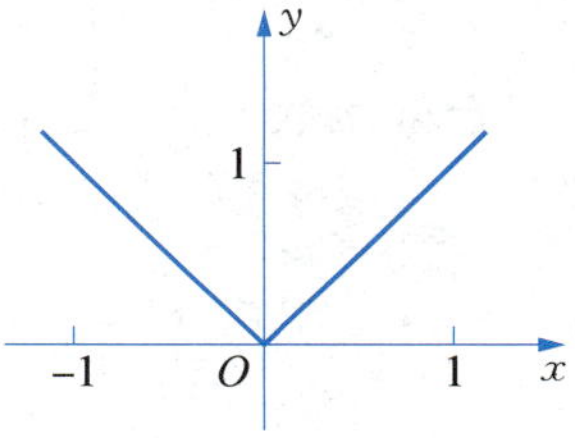

解　函数 $f(x)=|x|=\begin{cases} -x, & x<0 \\ x, & x \geqslant 0 \end{cases}$，如图 3 - 1 - 3 所示.

图 3 - 1 - 3

首先讨论连续性. 因为

$$\lim_{x \to 0^-} f(x)=\lim_{x \to 0^-}(-x)=0, \quad \lim_{x \to 0^+} f(x)=\lim_{x \to 0^+} x=0,$$

所以 $\displaystyle\lim_{x \to 0} f(x)=0$；又 $f(0)=0$，故 $\displaystyle\lim_{x \to 0} f(x)=f(0)$.（连续的定义）

因而函数 $f(x)$ 在 $x=0$ 处连续.

再讨论可导性. 因为

$$f'_-(0)=\lim_{\Delta x \to 0^-} \frac{\Delta y}{\Delta x}=\lim_{\Delta x \to 0^-} \frac{f(0+\Delta x)-f(0)}{\Delta x}=\lim_{\Delta x \to 0^-} \frac{f(\Delta x)-f(0)}{\Delta x}$$

$$=\lim_{\Delta x \to 0^-} \frac{-\Delta x-0}{\Delta x}=\lim_{\Delta x \to 0^-} \frac{-\Delta x}{\Delta x}=-1,$$

$$f'_+(0)=\lim_{\Delta x \to 0^+} \frac{\Delta y}{\Delta x}=\lim_{\Delta x \to 0^+} \frac{f(0+\Delta x)-f(0)}{\Delta x}=\lim_{\Delta x \to 0^+} \frac{f(\Delta x)-f(0)}{\Delta x}$$

$$=\lim_{\Delta x \to 0^+} \frac{\Delta x-0}{\Delta x}=\lim_{\Delta x \to 0^+} \frac{\Delta x}{\Delta x}=1,$$

有 $f'_-(0) \neq f'_+(0)$，根据定理 1，绝对值函数 $y=|x|$ 在 $x=0$ 处不可导.

由此可见：函数在某点连续是函数在该点可导的 **必要条件**，但 **不是充分条件**，故定理 2

的逆命题不真.

习题 3.1

1. 用定义求函数 $f(x) = 2x^2$ 在 $x = 1$ 处的导数 $f'(1)$.

2. 求函数 $y = \ln x$ 在点 $(1, 0)$ 处的切线方程和法线方程.

3. 求 $y = 2x^2 - 3$ 在点 $(1, -1)$ 处的切线方程和法线方程.

4. 求曲线 $y = e^x$ 在点 $(0, 1)$ 处的切线方程和法线方程.

5. 计算下列函数的导数:

(1) $y = x^{-6}$; (2) $y = \sqrt[3]{x^2}$; (3) $y = x^{-\frac{1}{2}}$; (4) $y = \sqrt[5]{x^2}$; (5) $y = \sin \frac{\pi}{6}$;

(6) $y = \cos \frac{\pi}{6}$; (7) $y = \ln e$; (8) $y = \dfrac{1}{x \cdot \sqrt{x}}$; (9) $y = \sqrt{x \sqrt{x}}$;

(10) $y = \sqrt[3]{x \cdot \sqrt[3]{x}}$; (11) $y = \dfrac{\sqrt{x}}{x \cdot \sqrt[3]{x}}$; (12) $y = \dfrac{x \cdot \sqrt{x}}{\sqrt[3]{x}}$.

6. 已知函数 $y = \dfrac{1}{\sqrt[3]{x^2}}$, 求 $y'|_{x=1}$.

§3.2 函数的求导法则

初等函数是由基本初等函数经过有限次四则运算和有限次复合运算构成的. 前面已给出了基本初等函数的部分求导公式,这一节主要介绍函数的四则运算求导法则、复合函数的求导法则,并补全基本初等函数的导数公式,利用这些法则和公式可以求出初等函数的导数.

一、函数的四则运算求导法则

定理 1 设函数 $u = u(x)$ 与函数 $v = v(x)$ 在点 x 处均可导,则它们的和、差、积、商(分母不为零)也在点 x 处可导,并且有:

(1) $[u(x) \pm v(x)]' = u'(x) \pm v'(x)$;

(2) $[u(x)v(x)]' = u'(x)v(x) + u(x)v'(x)$;

(3) $\left[\dfrac{u(x)}{v(x)}\right]' = \dfrac{u'(x)v(x) - u(x)v'(x)}{v^2(x)}$, $v(x) \neq 0$.

注意 (1) 法则(1)和法则(2)可以推广到有限多个函数的情形,例如:

$$(u + v - w)' = u' + v' - w';$$
$$[uvw]' = u'vw + uv'w + uvw'.$$

后一个式子是因为 $[uvw]' = (uv)'w + (uv)w' = u'vw + uv'w + uvw'$.

（2）c 为常数时，有 $(cu)' = cu'$. 这是因为 $(cu)' = c'u + cu' = cu'$.

（3）一般地，$(uv)' \neq u'v'$，$\left(\dfrac{u}{v}\right)' \neq \dfrac{u'}{v'}$，用乘法法则和除法法则求导数时尤其要注意这点.

例 1　求函数 $y = x^3 - 2x^2 + \sin x$ 的导数.

解　$y' = (x^3)' - (2x^2)' + (\sin x)' = 3x^2 - 4x + \cos x$.

例 2　求函数 $y = \log_2 x - \dfrac{1}{\sqrt[3]{x}} + \dfrac{2}{x} + \ln e$ 的导数.

解
$$y' = (\log_2 x)' - (x^{-\frac{1}{3}})' + (2x^{-1})' + (\ln e)'$$
$$= \frac{1}{x \ln 2} + \frac{1}{3} x^{-\frac{4}{3}} - 2x^{-2} + 0$$
$$= \frac{1}{x \ln 2} + \frac{1}{3x \cdot \sqrt[3]{x}} - \frac{2}{x^2}.$$

例 3　设函数 $f(x) = (1 + x^3)\left(5 - \dfrac{1}{x^2}\right)$，求 $f'(1)$、$f'(-1)$.

解
$$f'(x) = (1 + x^3)'\left(5 - \frac{1}{x^2}\right) + (1 + x^3)\left(5 - \frac{1}{x^2}\right)'$$
$$= 3x^2\left(5 - \frac{1}{x^2}\right) + (1 + x^3) \cdot \frac{2}{x^3} = 15x^2 + \frac{2}{x^3} - 1,$$

则 $f'(1) = 15 + 2 - 1 = 16$，$f'(-1) = 15 - 2 - 1 = 12$.

例 4　$f(x) = \tan x$，求 $f'(x)$.

解
$$f'(x) = (\tan x)' = \left(\frac{\sin x}{\cos x}\right)' = \frac{(\sin x)' \cos x - \sin x (\cos x)'}{\cos^2 x}$$
$$= \frac{\cos^2 x + \sin^2 x}{\cos^2 x} = \frac{1}{\cos^2 x} = \sec^2 x,$$

即 $(\tan x)' = \sec^2 x$.

同理有 $(\cot x)' = -\csc^2 x$，$(\sec x)' = \sec x \tan x$，$(\csc x)' = -\csc x \cot x$.

这就是正切函数、余切函数和正割函数、余割函数的求导公式.

二*、反函数的导数

定理 2　设函数 $x = f(y)$ 在某区间 I_y 内单调、可导且 $\varphi'(y) \neq 0$，则其反函数 $y = f(x)$ 在对应区间 I_x 内也可导，且 $f'(x) = \dfrac{1}{\varphi'(y)}$，或 $\dfrac{\mathrm{d}y}{\mathrm{d}x} = \dfrac{1}{\dfrac{\mathrm{d}x}{\mathrm{d}y}}$.

这个法则告诉我们：反函数的导数等于直接函数导数的倒数. 从而可以利用直接函数的导数，求出其反函数的导数.

例 5　求函数 $y = \arcsin x$ 的导数.

解 直接函数 $x = \sin y$ 在 $I_y = \left(-\dfrac{\pi}{2}, \dfrac{\pi}{2} \right)$ 内单调、可导,且 $(\sin y)' = \cos y > 0$,所以,在对应区间 $I_x = (-1, 1)$ 内有

$$(\arcsin x)' = \frac{1}{(\sin y)'} = \frac{1}{\cos y} = \frac{1}{\sqrt{1 - \sin^2 y}} = \frac{1}{\sqrt{1 - x^2}},$$

即 $(\arcsin x)' = \dfrac{1}{\sqrt{1 - x^2}}$.

同理可得 $(\arccos x)' = -\dfrac{1}{\sqrt{1 - x^2}}$,$(\arctan x)' = \dfrac{1}{1 + x^2}$,$(\operatorname{arccot} x)' = -\dfrac{1}{1 + x^2}$.

这就是反正弦函数、反余弦函数和反正切函数、反余切函数的求导公式.

三、基本求导公式表

上一节推导的 8 个基本初等函数的求导公式,再加上例 4、5 的 8 个求导公式,就得到了如下的基本求导公式表:

(1) $(c)' = 0$(c 为常数);

(2) $(x^{\mu})' = \mu x^{\mu-1}$($\mu$ 为实数);

(3) $(\log_a x)' = \dfrac{1}{x \ln a}$;

(4) $(\ln x)' = \dfrac{1}{x}$;

(5) $(a^x)' = a^x \ln a$;

(6) $(\mathrm{e}^x)' = \mathrm{e}^x$;

(7) $(\sin x)' = \cos x$;

(8) $(\cos x)' = -\sin x$;

(9) $(\tan x)' = \sec^2 x$;

(10) $(\cot x)' = -\csc^2 x$;

(11) $(\sec x)' = \sec x \tan x$;

(12) $(\csc x)' = -\csc x \cot x$;

(13) $(\arcsin x)' = \dfrac{1}{\sqrt{1 - x^2}}$;

(14) $(\arccos x)' = -\dfrac{1}{\sqrt{1 - x^2}}$;

(15) $(\arctan x)' = \dfrac{1}{1 + x^2}$;

(16) $(\operatorname{arccot} x)' = -\dfrac{1}{1 + x^2}$.

这些公式在后面的学习中经常引用,要求牢牢记住.

四、复合函数的求导法则

一般来说,对于复合函数的求导,要运用复合函数的求导法则.

复合函数的求导法则 若函数 $u = g(x)$ 在点 x 处可导,而 $y = f(u)$ 在点 $u = g(x)$ 处可导,则复合函数 $y = f[g(x)]$ 在点 x 处可导,且其导数为

$$\frac{\mathrm{d}y}{\mathrm{d}x} = f'(u) \cdot g'(x),\ \text{或}\ \frac{\mathrm{d}y}{\mathrm{d}x} = \frac{\mathrm{d}y}{\mathrm{d}u} \cdot \frac{\mathrm{d}u}{\mathrm{d}x}.$$

此法则可推广到多个中间变量的情形.以两个中间变量为例,设 $y = f\{\varphi[\psi(x)]\}$,它由 3 个可导函数 $y = f(u)$,$u = \varphi(v)$,$v = \psi(x)$ 复合而成,则复合函数 $y = f\{\varphi[\psi(x)]\}$ 的导数为

$$\frac{\mathrm{d}y}{\mathrm{d}x}=\frac{\mathrm{d}y}{\mathrm{d}u}\cdot\frac{\mathrm{d}u}{\mathrm{d}x}=\frac{\mathrm{d}y}{\mathrm{d}u}\cdot\frac{\mathrm{d}u}{\mathrm{d}v}\cdot\frac{\mathrm{d}v}{\mathrm{d}x},$$

其中, $\dfrac{\mathrm{d}u}{\mathrm{d}x}=\dfrac{\mathrm{d}u}{\mathrm{d}v}\cdot\dfrac{\mathrm{d}v}{\mathrm{d}x}$.

复合函数的求导法则又称为**链式法则**.

注意　复合函数的求导计算是本节的重点也是难点. 由这个法则可知, 复合函数 $y=f[g(x)]$ 的导数, 等于外层函数的导数 $f'(u)$ 乘以内层函数的导数 $g'(x)$, 最后需要将中间变量 u 换回 $g(x)$. 如果函数的复合关系不止一层, 对内层函数求导时要再次用法则.

在求导之前, 要先分清楚复合函数的复合关系, 根据法则由外到里, 逐层求导. 求导过程要注意不重不漏, 初学者求导时可先把中间变量写出来, 熟练以后可省略写出中间变量这一步, 直接把中间变量用内层函数替换出来.

例 1　求函数 $y=\ln\sin x$ 的导数 $\dfrac{\mathrm{d}y}{\mathrm{d}x}$.

解　设 $y=\ln u$, $u=\sin x$, 则

$$\frac{\mathrm{d}y}{\mathrm{d}x}=\frac{\mathrm{d}y}{\mathrm{d}u}\cdot\frac{\mathrm{d}u}{\mathrm{d}x}=\frac{1}{u}\cdot\cos x=\frac{\cos x}{\sin x}=\cot x.$$

例 2　求函数 $y=(x^2+1)^{10}$ 的导数 $\dfrac{\mathrm{d}y}{\mathrm{d}x}$.

解　设 $y=u^{10}$, $u=x^2+1$. 则

$$\frac{\mathrm{d}y}{\mathrm{d}x}=\frac{\mathrm{d}y}{\mathrm{d}u}\cdot\frac{\mathrm{d}u}{\mathrm{d}x}=10u^9\cdot 2x=10(x^2+1)^9\cdot 2x=20x(x^2+1)^9.$$

例 3　求函数 $y=\sin 2x$ 的导数 $\dfrac{\mathrm{d}y}{\mathrm{d}x}$.

解　$y=\sin 2x$ 是由 $y=\sin u$ 和 $u=2x$ 两个基本初等函数复合而成的, 故由复合函数的求导法则有

$$\frac{\mathrm{d}y}{\mathrm{d}x}=(\cos u)'(2x)'=\cos u\cdot 2=2\cos 2x.$$

例 4　求函数 $y=\cos^2 x$ 的导数 $\dfrac{\mathrm{d}y}{\mathrm{d}x}$.

解　$y=\cos^2 x$ 是由 $y=u^2$ 和 $u=\cos x$ 两个基本初等函数复合而成的, 所以

$$\frac{\mathrm{d}y}{\mathrm{d}x}=(u^2)'(\cos x)'=2u\cdot(-\sin x)=-2\cos x\cdot\sin x.$$

熟练以后可省略中间变量, 直接计算. 比如例 4, 不写出中间变量, 此例可写成下面的形式:

$$y'=(\cos^2 x)'=2\cos x(\cos x)'=-2\cos x\sin x=-\sin 2x.$$

例 5　求函数 $y=\arcsin\sqrt{x}$ 的导数 y'.

解　$y'=(\arcsin\sqrt{x})'=\dfrac{1}{\sqrt{1-(\sqrt{x})^2}}(\sqrt{x})'=\dfrac{1}{\sqrt{1-(\sqrt{x})^2}}\cdot\left(\dfrac{1}{2\sqrt{x}}\right)=\dfrac{1}{2\sqrt{x-x^2}}.$

例6 求函数 $y = \sqrt[3]{1-2x^2}$ 的导数 $\dfrac{dy}{dx}$.

解 $\dfrac{dy}{dx} = \left[(1-2x^2)^{\frac{1}{3}} \right]' = \dfrac{1}{3}(1-2x^2)^{-\frac{2}{3}} \cdot (1-2x^2)'$

$\qquad = \dfrac{1}{3}(1-2x^2)^{-\frac{2}{3}} \cdot (-4x) = \dfrac{-4x}{3 \cdot \sqrt[3]{(1-2x^2)^2}}$.

例7 求函数 $y = e^{-2x} \sin 3x$ 的导数 y'.

解 $y' = (e^{-2x} \sin 3x)' = (e^{-2x})' \sin 3x + e^{-2x} (\sin 3x)'$

$\qquad = -2e^{-2x} \cdot \sin 3x + e^{-2x} \cdot 3\cos 3x = e^{-2x}(-2\sin 3x + 3\cos 3x)$.

当复合函数是多个中间变量的情形时,尤其要注意复合函数的复合层次,由外及内,逐层求导,不重不漏.

例8 求函数 $y = \ln \cos(e^x)$ 的导数 $\dfrac{dy}{dx}$.

解 $\dfrac{dy}{dx} = \left[\ln \cos(e^x) \right]' = \dfrac{1}{\cos(e^x)} \left[\cos(e^x) \right]'$

$\qquad = \dfrac{1}{\cos(e^x)} \cdot \left[-\sin(e^x) \right] \cdot (e^x)' = -e^x \tan(e^x)$.

例9 求 $y = (x + \sin^2 x)^3$ 的导数 y'.

解 $y' = 3(x + \sin^2 x)^2 \cdot (x + \sin^2 x)' = 3(x + \sin^2 x)^2 \left[1 + 2\sin x \cdot (\sin x)' \right]$

$\qquad = 3(x + \sin^2 x)^2 \cdot (1 + 2\sin x \cos x) = 3(x + \sin^2 x)^2 \cdot (1 + \sin 2x)$.

例10 求函数 $y = \ln \dfrac{\sqrt{x^2+1}}{\sqrt[3]{x-2}}$ $(x > 2)$ 的导数.

解 因为 $y = \dfrac{1}{2}\ln(x^2+1) - \dfrac{1}{3}\ln(x-2)$,所以,

$$y' = \dfrac{1}{2} \cdot \dfrac{1}{x^2+1} \cdot (x^2+1)' - \dfrac{1}{3} \cdot \dfrac{1}{x-2} \cdot (x-2)'$$

$$= \dfrac{1}{2} \cdot \dfrac{1}{x^2+1} \cdot 2x - \dfrac{1}{3(x-2)} = \dfrac{x}{x^2+1} - \dfrac{1}{3(x-2)}.$$

习题 3.2

1. 求下列函数的导数:

(1) $y = e^x - 3\ln x + \sin 2$;　　(2) $y = 3\csc x - \log_a x + \sin \dfrac{\pi}{3}$;　　(3) $y = 2\sqrt{x} + \dfrac{1}{x} + 4\sqrt{3}$;

(4) $y = x^2(3 + \sqrt{x})$;　　(5) $y = \dfrac{x^3 + \sqrt{x} - 1}{x^3}$;　　(6) $y = (1 - \sqrt{x}) \cdot \left(1 + \dfrac{1}{\sqrt{x}} \right)$;

(7) $y = \tan x \cdot \ln x$;　　(8) $y = e^x \sec x$;　　(9) $y = \cot x \cdot \ln x$;　　(10) $y = \dfrac{\ln x}{x^2}$;

(11) $s = \dfrac{1 + \sin t}{1 + \cos t}$； (12) $y = \dfrac{1 - \ln t}{1 + \ln t}$.

2. 设 $f(x) = \tan x - \cot x$，求 $f'\left(\dfrac{\pi}{4}\right)$.

3. 设 $f(x) = x \ln x$，且 $f'(x_0) = 2$，求 $f(x_0)$ 的值.

4. 求下列函数的导数：

(1) $y = \cos(-2x)$； (2) $y = 3\sin(3x + 5)$； (3) $y = e^{5x-3}$； (4) $y = (3x^2 + 1)^{10}$；

(5) $y = \sec^2 x$； (6) $y = \sec x^2$； (7) $y = \sqrt{3x^2 - 1}$； (8) $y = \ln(x^3 - 2x + 6)$；

(9) $y = \arcsin \dfrac{x}{2}$； (10) $y = \arccos \dfrac{1}{x}$； (11) $y = \ln\sqrt{2x^2 + 1}$； (12) $y = e^{\arctan\sqrt{x}}$；

(13) $y = \sin 2t \cdot e^{3t}$； (14) $y = \cos 3t \cdot e^{2t}$； (15) $y = \dfrac{\sin 2x}{\cos 3x}$； (16) $y = \dfrac{\ln(2x + 2)}{1 + x}$；

(17) $y = x\sqrt{x^2 - 1}$； (18) $y = x \operatorname{arccot} \dfrac{1}{x}$.

5. 设 $y = \sin f(x)$，其中 $f(x)$ 是可导函数，求 y'.

§3.3 两种特殊函数的求导和高阶导数

一般情况下，函数的解析式是 $y = f(x)$，函数的这种表现形式叫做 **显函数**，比如 $y = -x - 1$、$y = e^{3+2x}$. 显函数所表现的函数关系直观，函数对应法则一目了然，可运用上一节的各种法则和基本求导公式直接求导. 但有，一些函数不表示为显函数的形式，求其导数需要用到不同的方法技巧. 下面介绍两种特殊表达的函数及其求导方法.

一、隐函数的导数

1. 隐函数求导法

若函数两个变量 y、x 之间的函数关系 $y = f(x)$ 隐藏在方程 $F(x, y) = 0$ 中，这样的函数关系叫做由方程 $F(x, y) = 0$ 所确定的 **隐函数**.

比如，$x + y + 1 = 0$，$x^2 + y^2 = 4$，$\sin x + xy - x = 0$，$xe^y + ye^x = 0$ 等方程各自确定了不同的隐函数.

方程所确定的隐函数有时候可以求出来. 如 $x + y + 1 = 0$，通过解方程就确定了显函数 $y = -x - 1$. 像这样把隐函数找出来写成显函数的形式，称为隐函数的 **显化**. 隐函数显化后，可直接计算导数. 然而，由于方程的复杂性，隐函数的显化往往很困难，甚至不能显化，这时如何求它的导数？

设 $y = f(x)$ 是方程 $F(x, y) = 0$ 所确定的隐函数（$f(x)$ 未知），把它代入方程，有

$$F[x, f(x)] = 0$$

成立. 上式是关于变量 x 的等式，可以左右两边对 x 求导. 左边求导后是一个包含了 $f'(x)$

（即 y'）的式子，把 $f'(x)$ 即 y' 求解出来即可.

特别注意　隐函数的求导方法是在方程两边对 x 求导，求导时必须注意 y 是 x 的函数 $f(x)$. 因而方程的左边 $F[x, f(x)]$ 可能是关于 x 的复合函数，所以求导时需要用到复合函数的求导法则.

例 1　求由方程 $xy + \ln y = 1$ 所确定的隐函数的导数 y'.

解　在方程两边同时对自变量 x 求导，得

$$(xy)' + (\ln y)' = 0, \quad y + xy' + \frac{1}{y}y' = 0.$$

求解关于 y' 的方程可得 $y' = \dfrac{-y}{x + \dfrac{1}{y}}$，即 $y' = -\dfrac{y^2}{xy + 1}$.

例 2　求由方程 $y^5 + 2y - x - 3x^7 = 0$ 所确定的隐函数的导数 y'.

解　在方程两边同时对自变量 x 求导，得

$$(y^5)' + (2y)' - (x)' - (3x^7)' = 0,$$
$$5y^4 y' + 2y' - 1 - 21x^6 = 0,$$

解出 y'，有 $y' = \dfrac{1 + 21x^6}{5y^4 + 2}$.

利用复合函数的求导法则求隐函数的导数，得到的结果中尽管含有 y，但也可计算具体点的导数.

例 2 中，若求 $x = 0$ 处的导数 $y'|_{x=0}$，可把 $x = 0$ 代入题设方程，求出对应 $y = 0$，再代入所得到的导数式，可得 $y'|_{x=0} = \dfrac{1}{2}$.

2*. 对数求导法

形如 $y = u(x)^{v(x)}$ 的函数称为幂指函数，比如 $y = x^{\sin x}$，这类函数的特点是函数的底数和指数均含有变量 x，这种函数采用通常的求导法则去求导会比较麻烦，但用对数求导法会比较简便.

对数求导法是利用对数函数的特性，先在函数两边取对数（经常取自然对数），将显函数隐化，再利用隐函数的求导方法求解.

例 3　求 $y = x^{\sin x} \ (x > 0)$ 的导数.

解　先在幂指函数两边取自然对数，得

$$\ln y = \sin x \ln x.$$

利用隐函数的求导法，上式两边同时对 x 求导，注意到 y 是 x 的函数，有

$$\frac{1}{y}y' = \cos x \ln x + (\sin x)\frac{1}{x}.$$

由此可解出 $y' = y\left(\cos x \ln x + \dfrac{\sin x}{x}\right) = x^{\sin x}\left(\cos x \ln x + \dfrac{\sin x}{x}\right)$.

例 4 设 $(\cos y)^x = (\sin x)^y$，求 y'.

解 在题设等式两边取对数 $x\ln\cos y = y\ln\sin x$，等式两边对 x 求导，得

$$\ln\cos y - x\,\frac{\sin y}{\cos y}\cdot y' = y'\ln\sin x + y\cdot\frac{\cos x}{\sin x}.$$

解得 $y' = \dfrac{\ln\cos y - y\cot x}{x\tan y + \ln\sin x}$.

另外，对于多个因式的积与商的函数，比如 $y = \dfrac{(x+1)\sqrt[3]{x-1}}{(x+4)^2\mathrm{e}^x}$ 这一类的函数，如果直接用商的求导法则去求导数，计算往往会比较繁杂，而采用对数求导法计算会简便很多.

例 5 设 $y = \dfrac{(1-5x)\sqrt[3]{x-1}}{(2x+3)^2\mathrm{e}^x}$，求 y'.

解 先在等式两边取对数

$$\ln|y| = \ln|1-5x| + \frac{1}{3}\ln|x-1| - 2\ln|2x+3| - x.$$

上式两边对 x 求导，得

$$\frac{y'}{y} = \frac{1}{1-5x}\cdot(1-5x)' + \frac{1}{3(x-1)}\cdot(x-1)' - \frac{2}{2x+3}\cdot(2x+3)' - 1$$

$$= \frac{1}{1-5x}\cdot(-5) + \frac{1}{3(x-1)} - \frac{2}{2x+3}\cdot2 - 1.$$

解得

$$y' = \frac{(1-5x)\sqrt[3]{x-1}}{(2x+3)^2\mathrm{e}^x}\left[\frac{-5}{1-5x} + \frac{1}{3(x-1)} - \frac{4}{2x+3} - 1\right].$$

注意 本例中关于对数函数的求导用到了如下结果：$(\ln|x|)' = \begin{cases}(\ln x)', & x>0\\ [\ln(-x)]', & x<0\end{cases} = \dfrac{1}{x}$.

例 6 设 $y = \dfrac{(x+1)\sqrt[3]{x-1}}{(x+4)^2\mathrm{e}^x}\ (x>1)$，求 y'.

解 等式两边取对数得

$$\ln y = \ln(x+1) + \frac{1}{3}\ln(x-1) - 2\ln(x+4) - x.$$

上式两边对 x 求导得 $\dfrac{y'}{y} = \dfrac{1}{x+1} + \dfrac{1}{3(x-1)} - \dfrac{2}{x+4} - 1$，所以，

$$y' = \frac{(x+1)\sqrt[3]{x-1}}{(x+4)^2\mathrm{e}^x}\left[\frac{1}{x+1} + \frac{1}{3(x-1)} - \frac{2}{x+4} - 1\right].$$

二、由参数方程所确定的函数的导数

对于参数方程 $\begin{cases}x = \varphi(t)\\ y = \psi(t)\end{cases}$，通过参数 t，确定了 y 与 x 之间的函数关系，则称此函数关

系所表示的函数为**参数方程所确定的函数**,或者称为**参数式函数**.

例如 $\begin{cases} x=2t \\ y=t+1 \end{cases}$,由 $x=2t \Rightarrow t=\dfrac{x}{2}$,将其代入 $y=t+1$(即消去参数),得到 y 与 x 的显函数关系 $y=\dfrac{x}{2}+1$.

像这样,把参数方程的参数 t 消去,得到关于 y 与 x 之间的函数 $y=f(x)$,称为参数式函数的**显化**. 可以应用显函数的求导方法求导数. 然而,参数方程的消参往往不容易甚至消不去,求这类函数的导数,可利用下面的方法来直接求导.

设参数方程 $\begin{cases} x=\varphi(t) \\ y=\psi(t) \end{cases}$,其中,$x=\varphi(t)$ 具有单调连续的反函数 $t=\varphi^{-1}(x)$,则变量 y 与 x 构成复合函数关系 $y=\psi(\varphi^{-1}(x))$ 且

$$\frac{\mathrm{d}y}{\mathrm{d}x}=\frac{\dfrac{\mathrm{d}y}{\mathrm{d}t}}{\dfrac{\mathrm{d}x}{\mathrm{d}t}}=\frac{\psi'(t)}{\varphi'(t)}.$$

上式告诉我们,参数方程所确定的函数,其导数可直接利用参数方程来计算,并不需要把参数方程消参显化后再求导.

例 7 求由参数方程 $\begin{cases} x=\arctan t \\ y=\ln(1+t^2) \end{cases}$ 所确定的函数的导数 $\dfrac{\mathrm{d}y}{\mathrm{d}x}$.

解 $\dfrac{\mathrm{d}y}{\mathrm{d}x}=\dfrac{\dfrac{\mathrm{d}y}{\mathrm{d}t}}{\dfrac{\mathrm{d}x}{\mathrm{d}t}}=\dfrac{\dfrac{2t}{1+t^2}}{\dfrac{1}{1+t^2}}=2t.$

例 8 已知椭圆的参数方程为 $\begin{cases} x=a\cos t \\ y=b\sin t \end{cases}$,求椭圆在 $t=\dfrac{\pi}{4}$ 相应的点处的切线方程.

解 当 $t=\dfrac{\pi}{4}$ 时,曲线在点 M_0 的切线斜率为

$$\frac{\mathrm{d}y}{\mathrm{d}x}\bigg|_{t=\frac{\pi}{4}}=\frac{(b\sin t)'}{(a\cos t)'}\bigg|_{t=\frac{\pi}{4}}=\frac{b\cos t}{-a\sin t}\bigg|_{t=\frac{\pi}{4}}=-\frac{b}{a}.$$

椭圆上的相应点 M_0 的坐标是

$$x_0=a\cos\frac{\pi}{4}=\frac{\sqrt{2}}{2}a,\ y_0=b\sin\frac{\pi}{4}=\frac{\sqrt{2}}{2}b.$$

代入点斜式方程,即得椭圆在点 M_0 处的切线方程

$$y-\frac{\sqrt{2}}{2}b=-\frac{b}{a}\left(x-\frac{\sqrt{2}}{2}a\right).$$

可以看到,虽然求得的导数结果中还包含参数 t,但并不影响导数的应用.

三、高阶导数

我们知道,对 $y=x^3$ 求导,得 $y'=3x^2$,而函数 $y'=3x^2$ 可以继续求导,$(y')'=(3x^2)'$ $=6x$,而 $6x$ 是 $y=x^3$ 连续求导两次的结果,叫做二阶导数.

一般地,函数 $y=f(x)$ 的导函数 $y'=f'(x)$ 仍然是 x 的函数,若它可以求导,把 $y'=$ $f'(x)$ 的导数叫做函数 $y=f(x)$ 的二阶导数,记为

$$y'', \quad f''(x), \quad \frac{\mathrm{d}^2 y}{\mathrm{d}x^2}, \quad \frac{\mathrm{d}^2 f(x)}{\mathrm{d}x^2}.$$

这里的符号,有

$$y''=(y')', \quad f''(x)=[f'(x)]', \quad \frac{\mathrm{d}^2 y}{\mathrm{d}x^2}=\frac{\mathrm{d}\left(\frac{\mathrm{d}y}{\mathrm{d}x}\right)}{\mathrm{d}x}, \quad \frac{\mathrm{d}^2 f}{\mathrm{d}x^2}=\frac{\mathrm{d}\left(\frac{\mathrm{d}f(x)}{\mathrm{d}x}\right)}{\mathrm{d}x}.$$

类似地,函数 $y=f(x)$ 的二阶导数的导数叫做 $y=f(x)$ 的三阶导数,记为

$$y''', \quad f'''(x), \quad \frac{\mathrm{d}^3 y}{\mathrm{d}x^3}, \quad \frac{\mathrm{d}^3 f(x)}{\mathrm{d}x^3}.$$

一般地,函数 $y=f(x)$ 的 $(n-1)$ 阶导数的导数叫做 $y=f(x)$ 的 n 阶导数,记为

$$y^{(n)}, \quad f^{(n)}(x), \quad \frac{\mathrm{d}^n y}{\mathrm{d}x^n}, \quad \frac{\mathrm{d}^n f(x)}{\mathrm{d}x^n}.$$

我们把二阶及二阶以上的导数统称为高阶导数. 相应地,把 $y=f(x)$ 的导数 y' 叫做函数 $y=f(x)$ 的一阶导数.

例 9　设 $y=2x^3-5x^2+3$,求函数的二阶导数 y''.

解　$y'=6x^2-10x$,$y''=12x-10$.

例 10　设 $y=\mathrm{e}^{-t}\cos t$,求函数的二阶导数 y''.

解　$y'=-\mathrm{e}^{-t}\cos t-\mathrm{e}^{-t}\sin t=-\mathrm{e}^{-t}(\cos t+\sin t)$,

$$y''=\mathrm{e}^{-t}(\cos t+\sin t)-\mathrm{e}^{-t}(-\sin t+\cos t)=\mathrm{e}^{-t}(2\sin t)=2\mathrm{e}^{-t}\sin t.$$

例 11　设 $f(x)=\mathrm{e}^{-2x+1}$,求函数在 $x=0$ 上的三阶导数值 $f'''(0)$.

解　$f'(x)=-2\mathrm{e}^{-2x+1}$,$f''(x)=4\mathrm{e}^{-2x+1}$,$f'''(x)=-8\mathrm{e}^{-2x+1}$,故 $f'''(0)=-8\mathrm{e}$.

例 12　求 $y=\sin x$ 的 n 阶导数.

解　$y'=\cos x=\sin\left(x+\dfrac{\pi}{2}\right)$,

$$y''=\cos\left(x+\frac{\pi}{2}\right)=\sin\left(x+\frac{\pi}{2}+\frac{\pi}{2}\right)=\sin\left(x+2\cdot\frac{\pi}{2}\right),$$

$$y'''=\cos\left(x+2\cdot\frac{\pi}{2}\right)=\sin\left(x+3\cdot\frac{\pi}{2}\right).$$

一般地可得:$y^{(n)}=\sin\left(x+n\cdot\dfrac{\pi}{2}\right)$,即 $(\sin x)^{(n)}=\sin\left(x+n\cdot\dfrac{\pi}{2}\right)$.

一般求函数的 n 阶导数,可先从一阶往上求函数几个不同阶的高阶导数,找出规律后写出函数的 n 阶导数.

习题 3.3

1. 求由下列方程确定的隐函数的导数 $\dfrac{\mathrm{d}y}{\mathrm{d}x}$:

(1) $x^2+y=\mathrm{e}^y$; (2) $\mathrm{e}^{x+y}=xy$; (3) $(x+y)^2=5ax$; (4) $x^2-xy+y^2=1$;

(5) $y^2-2xy+9=0$; (6) $y\mathrm{e}^x+\sin(xy)=0$.

2. 求由方程 $xy-\mathrm{e}^x+\mathrm{e}^y=0$ 所确定的隐函数的导数 $\dfrac{\mathrm{d}y}{\mathrm{d}x}$, $\dfrac{\mathrm{d}y}{\mathrm{d}x}\Big|_{x=0}$.

3. 利用对数求导法求下列函数的导数:

(1) $y=x^{\frac{1}{x}}$, $x>0$; (2) $y=(x+1)^x$; (3) $y=\dfrac{\sqrt{x+2}\,(3-x)^2}{(x+1)^2}$.

4. 求下列由参数方程所确定的函数的导数:

(1) $\begin{cases} x=t^2 \\ y=2t^3 \end{cases}$; (2) $\begin{cases} x=2\mathrm{e}^t \\ y=\mathrm{e}^{-t} \end{cases}$; (3) $\begin{cases} x=a\cos^3\theta \\ y=a\sin^3\theta \end{cases}$.

5. 求下列函数的二阶导数:

(1) $y=2x^2+\ln x$; (2) $y=\sqrt{x}\,(x^2+5x+2\sqrt{x})$; (3) $y=\tan x$; (4) $y=\csc x$;

(5) $y=x\sin x$; (6) $y=\cot 2x$; (7) $y=\mathrm{e}^{x^3-1}$; (8) $y=\sqrt{1-x^2}$.

6. $y=\ln(1+x^2)$,求 $y''(2)$.

7. 设 $y=x^2\ln x$,求 $y'''(2)$.

§3.4 函 数 的 微 分

一、微分的定义

在实际应用中,往往需要求出函数 $y=f(x)$ 的绝对改变量 $\Delta y=f(x+\Delta x)-f(x)$,但 Δy 的精确值不容易求出甚至不能计算,能否找到一种简单的方法求出一个精度满意的近似值?函数的微分就是这样的一种方法.

先看例子正方形金属薄片受热后面积的改变量. 设此薄片的边长为 x ,则面积 A 是 x 的函数 $A=x^2$. 如图 $3-4-1$ 所示,正方形金属薄片受温度变化影响时,其边长 x 由 x_0 变到 $x_0+\Delta x$,面积的改变量为

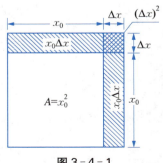

图 $3-4-1$

$$\Delta A = (x_0 + \Delta x)^2 - x_0^2 = 2x_0\Delta x + (\Delta x)^2.$$

上式可以看到,面积的增加量 ΔA 可分解为两部分:一部分是 $2x_0\Delta x$,即图中带斜线的两个矩形面积之和;另一部分是 $(\Delta x)^2$,即图中带斜方格的小正方形的面积. 当 $|\Delta x|$ 非常小时,$2x_0\Delta x$ 比 $(\Delta x)^2$ 要大得多,占了 ΔA 的主要部分;而 $(\Delta x)^2$ 是次要部分,是比 Δx 高阶的无穷小. 这是因为

$$\lim_{\Delta x \to 0} \frac{(\Delta x)^2}{\Delta x} = \lim_{\Delta x \to 0} \Delta x = 0.$$

再看函数 $y = x^3$. 计算 $\Delta y = (x_0 + \Delta x)^3 - x_0^3 = 3x_0^2\Delta x + 3x_0\Delta x^2 + (\Delta x)^3$,同样也有 $3x_0^2\Delta x$ 是主要部分,$3x_0\Delta x^2 + (\Delta x)^3$ 也是比 Δx 高阶的无穷小.

这两个函数增量的共同特点是:增量能表示为一大一小的两部分,大的一部分是线性函数(改变量的主要部分),小的那一部分是高阶无穷小.

具备这样特点的函数有很多,具有普遍性,对此我们给出下面的定义:

定义　设函数 $y = f(x)$ 在 x_0 的某个邻域内有定义,当自变量在 x_0 处取得增量 Δx 时,如果函数的增量 $\Delta y = f(x_0 + \Delta x) - f(x_0)$ 可以表示为 $\Delta y = A\Delta x + o(\Delta x)$,其中,$A$ 是与 x_0 有关而与 Δx 无关的常数,$o(\Delta x)$ 是比 Δx 高阶的无穷小量,则称函数 $y = f(x)$ 在点 x_0 处**可微**,$A\Delta x$ 称为函数 $y = f(x)$ 在点 x_0 处的**微分**,记作 $\mathrm{d}y\big|_{x=x_0}$,即 $\mathrm{d}y\big|_{x=x_0} = A\Delta x$.

回应本节开头提出的问题,可把 $\Delta y = A\Delta x + o(\Delta x)$ 中的主要部分看作 Δy 的近似值.

二、可微的条件

什么函数才是可微的呢? 我们有如下结论:

定理　函数 $y = f(x)$ 在点 x_0 处可微的充要条件是函数 $y = f(x)$ 在点 x_0 处可导,且 $A = f'(x_0)$.

根据定理结论 $A = f'(x_0)$,函数 $y = f(x)$ 在 x_0 处的微分就记为

$$\mathrm{d}y\big|_{x=x_0} = f'(x_0)\Delta x.$$

由微分定义和定理可知,当 $|\Delta x|$ 非常小时,可用微分 $\mathrm{d}y$ 做 Δy 的近似值:$\Delta y \approx \mathrm{d}y$.

例 1　求函数 $y = x$ 的微分 $\mathrm{d}y$.

解　$\mathrm{d}y = \mathrm{d}x = (x)'\Delta x = \Delta x.$

上面的等式 $\mathrm{d}x = \Delta x$ 表明,自变量 x 的增量 Δx 就是自变量的微分 $\mathrm{d}x$,即 $\Delta x = \mathrm{d}x$,于是,函数 $y = f(x)$ 的微分又可记作

$$\mathrm{d}y = f'(x)\mathrm{d}x.$$

从而有

$$\frac{\mathrm{d}y}{\mathrm{d}x} = f'(x),$$

即函数的导数等于函数的微分 $\mathrm{d}y$ 与自变量的微分 $\mathrm{d}x$ 之商. 因此导数也叫做**微商**.

例 2　分别求函数 $y = x^2$ 在 $x = 1$,$\Delta x = 0.01$ 时的增量 Δy 与微分 $\mathrm{d}y$.

解 函数 $y=x^2$ 在 $x=1$ 处的增量为 $\Delta y=(1+0.01)^2-1^2=0.0201$；函数 $y=x^2$ 在 $x=1$ 处的微分为 $\mathrm{d}y=(x^2)'\big|_{x=1}\Delta x=2\times0.01=0.02$. 把微分 $\mathrm{d}y$ 看作 Δy 的近似值，误差为 $|\Delta x^2|=0.0001$.

如果函数 $y=f(x)$ 在区间 I 内每一点都可微，称函数 $f(x)$ 是 I 内的可微函数，函数 $f(x)$ 在 I 内任意一点 x 处的微分就称为函数的微分，记作 $\mathrm{d}y$，即

$$\mathrm{d}y=f'(x)\mathrm{d}x.$$

例 3 求函数 $y=\sin 2x$ 的微分 $\mathrm{d}y$.

解 因为 $y'=2\cos 2x$，所以 $\mathrm{d}y=y'\mathrm{d}x=2\cos 2x\,\mathrm{d}x$.

例 4 求函数 $y=\dfrac{\ln x}{x}$ 在点 $x=1$ 的微分 $\mathrm{d}y\big|_{x=1}$.

解 因为 $y'=\dfrac{1-\ln x}{x^2}$，$y'\big|_{x=1}=\dfrac{1-\ln x}{x^2}\bigg|_{x=1}=1$，故

$$\mathrm{d}y\big|_{x=1}=y'(1)\mathrm{d}x=\mathrm{d}x.$$

例 5 求函数 $y=x^3\mathrm{e}^{2x}$ 的微分.

解 因为

$$y'=(x^3\mathrm{e}^{2x})'=3x^2\mathrm{e}^{2x}+2x^3\mathrm{e}^{2x}=x^2\mathrm{e}^{2x}(3+2x),$$

所以，$\mathrm{d}y=y'\mathrm{d}x=x^2\mathrm{e}^{2x}(3+2x)\mathrm{d}x$.

例 6 将适当的函数填入括号内，使得等号两边相等.

(1) $x^4\mathrm{d}x=\mathrm{d}(\qquad)$；　　　　　　(2) $x^\mu\mathrm{d}x=\mathrm{d}(\qquad)$；

(3) $\cos 2x\,\mathrm{d}x=\mathrm{d}(\qquad)$；　　　　(4) $\mathrm{e}^{3u}\mathrm{d}u=\mathrm{d}(\qquad)$.

解 (1) 因为 $\left(\dfrac{x^5}{5}\right)'=x^4$，故 $\mathrm{d}\left(\dfrac{x^5}{5}\right)=x^4\mathrm{d}x$. 一般地，有

$$x^4\mathrm{d}x=\mathrm{d}\left(\frac{x^5}{5}+C\right)\ (C\text{ 为任意常数}).$$

(2) 因为 $\left(\dfrac{x^{\mu+1}}{\mu+1}\right)'=x^\mu$，故 $\mathrm{d}\left(\dfrac{x^{\mu+1}}{\mu+1}\right)=x^\mu\mathrm{d}x$. 一般地，有

$$x^\mu\mathrm{d}x=\mathrm{d}\left(\frac{x^{\mu+1}}{\mu+1}+C\right)\ (C\text{ 为任意常数}).$$

(3) 因为 $(\sin 2x)'=2\cos 2x$，故 $\left(\dfrac{1}{2}\sin 2x\right)'=\cos 2x$，$\cos 2x\,\mathrm{d}x=\mathrm{d}\left(\dfrac{1}{2}\sin 2x\right)$. 一般地，有

$$\cos 2x\,\mathrm{d}x=\mathrm{d}\left(\frac{1}{2}\sin 2x+C\right)\ (C\text{ 为任意常数}).$$

(4) 因为 $(\mathrm{e}^{3u})'=3\mathrm{e}^{3u}$，$\left(\dfrac{1}{3}\mathrm{e}^{3u}\right)'=\mathrm{e}^{3u}$，故 $\mathrm{e}^{3u}\mathrm{d}u=\mathrm{d}\left(\dfrac{1}{3}\mathrm{e}^{3u}\right)$，一般地，有

$$e^{3u}\,du = d\left(\frac{1}{3}e^{3u} + C\right) \quad (C \text{ 为任意常数}).$$

微分的定义 $dy = y'dx$，反过来有 $y'dx = dy$，后式从左到右这一过程称为**凑微分**. 在后面关于积分学的学习中，我们会用到这种计算，需要熟练掌握.

三、微分公式与微分法则

从函数微分的定义式

$$dy = f'(x)\,dx,$$

计算函数的微分，先计算函数的导数，再乘以自变量的微分即可. 结合基本初等函数的求导公式和求导法则，可得到基本初等函数相应的微分公式和微分法则，汇总如下：

1. 基本初等函数的微分公式

(1) $dc = 0$ （c 为常数）；

(2) $d(x^{\mu}) = \mu x^{\mu-1}dx$ （μ 为任意常数）；

(3) $d(\sin x) = \cos x\,dx$；

(4) $d(\cos x) = -\sin x\,dx$；

(5) $d(\tan x) = \sec^2 x\,dx$；

(6) $d(\cot x) = -\csc^2 x\,dx$；

(7) $d(\sec x) = \sec x \tan x\,dx$；

(8) $d(\csc x) = -\csc x \cot x\,dx$；

(9) $d(a^x) = a^x \ln a\,dx$；

(10) $d(e^x) = e^x\,dx$；

(11) $d(\log_a x) = \dfrac{1}{x \ln a}dx$；

(12) $d(\ln x) = \dfrac{1}{x}dx$；

(13) $d(\arcsin x) = \dfrac{1}{\sqrt{1-x^2}}dx$；

(14) $d(\arccos x) = -\dfrac{1}{\sqrt{1-x^2}}dx$；

(15) $d(\arctan x) = \dfrac{1}{1+x^2}dx$；

(16) $d(\operatorname{arccot} x) = -\dfrac{1}{1+x^2}dx$.

2. 微分的四则运算法则

(1) $d(u \pm v) = du \pm dv$；

(2) $d(cu) = c\,du$ （c 为常数）；

(3) $d(uv) = v\,du + u\,dv$；

(4) $d\left(\dfrac{u}{v}\right) = \dfrac{v\,du - u\,dv}{v^2}$ $(v \neq 0)$.

3. 复合函数的微分法则

设 $y = f(u)$ 及 $u = \varphi(x)$ 都可导，则复合函数 $y = f[\varphi(x)]$ 的微分为

$$dy = f'(u)\varphi'(x)\,dx.$$

由于 $\varphi'(x)dx = du$，所以复合函数 $y = f[\varphi(x)]$ 的微分公式可以写成

$$dy = f'(u)\,du.$$

由此可见，无论 u 是自变量还是中间变量的可微函数，微分形式 $dy = f'(u)du$ 保持不变. 这一性质称为**微分形式不变性**. 应用此性质可方便地求复合函数的微分.

例 7　利用微分形式不变性求函数 $y = \ln(3x^2 + 2)$ 的微分 dy.

解　设 $u = 3x^2 + 2$，则 $y = \ln u$，于是由微分形式不变性有

$$\mathrm{d}y = (\ln u)' \mathrm{d}u = \frac{1}{u}\mathrm{d}u = \frac{1}{3x^2 + 2}\mathrm{d}(3x^2 + 2) = \frac{6x}{3x^2 + 2}\mathrm{d}x.$$

注意 利用微分形式不变性求微分，熟练之后可不用写出 u. 如列 7，可写成如下形式：

$$\mathrm{d}y = \frac{1}{3x^2 + 2}\mathrm{d}(3x^2 + 2) = \frac{6x}{3x^2 + 2}\mathrm{d}x.$$

习题 3.4

1. 求函数 $f(x) = x^3 + 1$ 当 $x = 2$ 且 $\Delta x = 0.01$ 时的 Δy 与 $\mathrm{d}y$.

2. 求下列函数的微分：

(1) $y = x^3 - 3x^2 + 1$;　(2) $y = \sqrt{x}\,[x^2 + 2\sqrt[3]{x}]$;　(3) $y = \sqrt{2x^2 + 1}$;

(4) $y = \sqrt{1 - x^2}$;　(5) $y = \arctan\dfrac{x}{2}$;　(6) $y = \arctan(\mathrm{e}^x)$;　(7) $y = \mathrm{e}^{3x^2 - 1}$;

(8) $y = (\mathrm{e}^x + \mathrm{e}^{-x})^2$;　(9) $y = x\cos(3x - 1)$;　(10) $y = x^2\ln x$.

3. 填空：

(1) $\dfrac{1}{1 + x^2}\mathrm{d}x = \mathrm{d}(\quad)$;　(2) $\sec^2 x\,\mathrm{d}x = \mathrm{d}(\quad)$;　(3) $x^8\mathrm{d}x = \mathrm{d}(\quad)$;

(4) $\dfrac{1}{\sqrt{x}}\mathrm{d}x = \mathrm{d}(\quad)$;　(5) $\cos 5x\,\mathrm{d}x = \mathrm{d}(\quad)$;　(6) $\sin 3x\,\mathrm{d}x = \mathrm{d}(\quad)$;

(7) $\mathrm{e}^{-2x}\mathrm{d}x = \mathrm{d}(\quad)$;　(8) $x^{-1}\mathrm{d}x = \mathrm{d}(\quad)$.

课外阅读　极限思想的产生与发展

1. 极限思想的产生

与一切科学的思想方法一样，极限思想也是社会实践的产物. 刘徽的割圆术就是建立在直观基础上的一种原始的极限思想的应用；古希腊人的穷竭法也蕴含了极限思想，但由于希腊人"对无限的恐惧"，他们避免明显地"取极限"，而是借助间接证法——归谬法来完成有关的证明.

到了 16 世纪，荷兰数学家斯泰文在考察三角形重心的过程中改进了古希腊人的穷竭法，他借助几何直观，大胆地运用极限思想思考问题，放弃了归谬法的证明. 如此，他就在无意中"指出了把极限方法发展成为一个实用概念的方向".

2. 极限思想的发展

极限思想的进一步发展与微积分的建立紧密相联系. 16 世纪的欧洲处于资本主义萌芽时期，生产力得到极大的发展，生产和技术中大量的问题用初等数学的方法已无法解决，要求数学突破只研究常量的传统范围，而提供能够描述和研究运动、变化过程的新工具. 这是促进极限发展、建立微积分的社会背景.

起初牛顿和莱布尼兹以无穷小概念为基础建立微积分.后来因遇到逻辑困难,晚期都不同程度地接受了极限思想.牛顿用路程的改变量与时间的改变量之比表示运动物体的平均速度,让无限趋近于零,求极限得到物体的瞬时速度,并由此引出导数概念和微分学理论.他意识到极限概念的重要性,试图以极限概念作为微积分的基础.他说:"两个量和量之比,如果在有限时间内不断趋于相等,且在这一时间终止前互相靠近,使得其差小于任意给定的差,则最终就成为相等."但牛顿的极限观念是建立在几何直观上的,因而他无法得出极限的严格表述.牛顿所运用的极限概念,只是接近于下列直观性的语言描述:"如果当 n 无限增大时,无限地接近于常数 A,那么就说以 A 为极限."人们容易接受这种描述性语言.现代一些初等的微积分读物中还经常采用这种定义.但是,这种定义没有定量地给出两个"无限过程"之间的联系,不能作为科学论证的逻辑基础.

正因为当时缺乏严格的极限定义,微积分理论才受到人们的怀疑与攻击,例如,在瞬时速度概念中,究竟是否等于零? 如果是零,怎么能用它去做除法呢? 如果不是零,又怎么能把包含着它的那些项去掉呢? 这就是数学史上所说的无穷小悖论.英国哲学家、大主教贝克莱对微积分的攻击最为激烈,他说微积分的推导是"分明的诡辩".

贝克莱之所以激烈地攻击微积分,一方面是为宗教服务,另一方面也由于当时的微积分缺乏牢固的理论基础,连牛顿自己也无法摆脱极限概念中的混乱.这个事实表明,弄清极限概念,建立严格的微积分理论基础,不但是数学本身所需要的,而且有着认识论上的重大意义.

3. 极限思想的完善

极限思想的完善与微积分的严格化密切联系.在很长一段时间里,许多人尝试解决微积分理论基础的问题,但都未能如愿.这是因为数学的研究对象已从常量扩展到变量,而人们对变量数学特有的规律还不十分清楚,对变量数学和常量数学的区别和联系还缺乏了解,对有限和无限的对立统一关系还不明确.人们使用习惯了的处理常量数学的传统思想方法,就不能适应变量数学的新需要,仅用旧的概念说明不了这种"零"与"非零"相互转化的辩证关系.

到了 18 世纪,罗宾斯、达朗贝尔与罗依里埃等人先后明确地表示必须将极限作为微积分的基础概念,并且都对极限作出了各自的定义.其中,达朗贝尔的定义是:"一个量是另一个量的极限,假如第二个量比任意给定的值更为接近第一个量."它接近于极限的正确定义.然而,这些人的定义都无法摆脱对几何直观的依赖.事情也只能如此,因为 19 世纪以前的算术和几何概念大部分都是建立在几何量的概念上的.

首先用极限概念给出导数正确定义的是捷克数学家波尔查诺,他把函数 $f(x)$ 的导数定义为差商 $\dfrac{\Delta y}{\Delta x}$ 的极限 $f'(x)$,并强调指出,$f'(x)$ 不是两个零的商.波尔查诺的思想是有价值的,但他仍未说清楚极限的本质.

到了 19 世纪,法国数学家柯西在前人工作的基础上,比较完整地阐述了极限概念及其理论.他在《分析教程》中指出:"当一个变量逐次所取的值无限趋于一个定值,最终使变量的值和该定值之差要多小就多小,这个定值就叫做所有其他值的极限值.特别地,当一个变量的数值(绝对值)无限地减小使之收敛到极限 0,就说这个变量成为无穷小."

柯西把无穷小视为以 0 为极限的变量,这就澄清了无穷小"似零非零"的模糊认识. 即在变化过程中,它的值可以是非零,但它变化的趋向是零,可以无限地接近零.

柯西试图消除极限概念中的几何直观,作出极限的明确定义,然后去完成牛顿的愿望. 但柯西的叙述中还存在描述性的词语,如"无限趋近""要多小就多小"等,因此还保留着几何和物理的直观痕迹,没有达到彻底严密化的程度.

为了排除极限概念中的直观痕迹,维尔斯特拉斯提出了极限的静态的定义,给微积分提供了严格的理论基础. 所谓 $\lim\limits_{n\to\infty} f(x)=A$ 就是指:"如果对任何 $\varepsilon>0$,总存在自然数 N,使得当 $n>N$ 时,不等式 $|f(x)-A|<\varepsilon$ 恒成立."

这个定义借助不等式,通过 ε 和 N 之间的关系,定量地、具体地刻画了两个"无限过程"之间的联系. 因此,这样的定义是严格的,可以作为科学论证的基础,至今仍在数学分析书籍中使用. 在该定义中,涉及的仅仅是数及其大小关系,此外只是给定、存在、任取等词语,已经摆脱了"趋近"一词,不再求助运动的直观.

4. 极限思想的思维功能

极限思想揭示了变量与常量、无限与有限的对立统一关系,是唯物辩证法的对立统一规律在数学领域中的应用. 借助极限思想,人们可以从有限认识无限,从直线形认识曲线形,从不变认识变,从量变认识质变,从近似认识精确.

极限思想反映了近似与精确的对立统一关系,在一定条件下也可相互转化,这种转化是数学应用于实际计算的重要方法. 数学分析中的部分和圆内接正多边形面积、矩形的面积、平均速度,分别相应无穷级数和、圆面积、曲边梯形的面积、瞬时速度的近似值,取极限后就可得到相应的精确值. 这都是借助于极限的思想方法,从近似达到精确.

第 4 章

导 数 的 应 用

本章将首先简单了解微分学的几个中值定理,它们是微分学应用的理论基础. 然后,再着重介绍如何利用导数来研究函数的极限,函数的各种形态,如单调性、极值与最值、曲线的凹凸性与拐点等问题.

学习目标

1. 理解函数极值的概念,掌握利用导数求极值的方法,学会解一些简单一元函数的最值应用问题;

2. 掌握利用一阶导数判断函数的单调性的方法;

3. 掌握用二阶导数判断函数图形的凹凸性及拐点的方法;

4. 掌握用洛必达法则求未定式的极限的方法.

§4.1* 中 值 定 理

下面的几个定理揭示了函数在某区间上的整体性质与函数在该区间内某一点的导数之间的关系,称为微分中值定理. 在此,仅对这几个中值定理做出几何的直观说明. 微分中值定理包括罗尔(Rolle)定理、拉格朗日(Lagrange)定理和柯西(Cauchy)定理.

一、罗尔定理

定理 1(罗尔定理) 若函数 $f(x)$ 满足:

(1) 在闭区间 $[a, b]$ 上连续,

(2) 在开区间 (a, b) 内可导,

(3) 在区间端点函数值相等,即 $f(a) = f(b)$,则在开区间 (a, b) 内至少存在一点 ξ,使得 $f'(\xi) = 0$.

从几何图形上看是很明显的,如图 4-1-1 所示,$[a, b]$ 上的一条连续曲线 $y = f(x)$,除去两端点外,曲线上每一点都存在非垂直的切线,且闭区间 $[a, b]$ 的两个端点的

函数值相等，即 $f(a) = f(b)$，则曲线上至少有一个点，在该点处的切线平行于 x 轴.

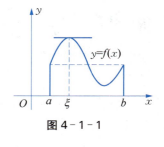

图 4-1-1

罗尔定理可看成**导函数的零点定理**.

例1 不求函数 $f(x) = (x-1)(x-2)(x-3)(x-4)$ 的导数，判别方程 $f'(x) = 0$ 有几个实根，并指出它们所在的区间.

解 因为 $f(x)$ 在 $(-\infty, +\infty)$ 内有连续的导数，且

$$f(1) = f(2) = f(3) = f(4) = 0,$$

从而 $f(x)$ 在区间 $[1, 2]$、$[2, 3]$、$[3, 4]$ 上均满足罗尔中值定理的 3 个条件，因此，存在 $\xi_1 \in (1, 2)$、$\xi_2 \in (2, 3)$、$\xi_3 \in (3, 4)$ 使得

$$f'(\xi_1) = 0, \quad f'(\xi_2) = 0, \quad f'(\xi_3) = 0.$$

可见，$f'(x) = 0$ 至少有 3 个实根. 又因为 $f'(x) = 0$ 为三次方程，故至多有 3 个实根. 于是方程 $f'(x) = 0$ 恰有 3 个实根，分别位于区间 $(1, 2)$，$(2, 3)$，$(3, 4)$ 内.

罗尔定理中的条件 $f(a) = f(b)$ 很特殊，一般的函数不满足这个条件，因此在大多数场合罗尔定理不能直接应用，由此经常会去掉这个条件，这就得到了下面的**拉格朗日定理**.

二、拉格朗日定理

定理2（拉格朗日定理） 设函数 $f(x)$ 满足：

(1) 在闭区间 $[a, b]$ 上连续，

(2) 在开区间 (a, b) 内可导，则至少存在一点 $\xi \in (a, b)$，使得

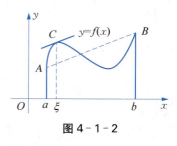

图 4-1-2

$$f'(\xi) = \frac{f(b) - f(a)}{b - a}.$$

如图 4-1-2 所示，定理的几何意义是：如果连续曲线弧 $y = f(x)$ 除端点外处处具有不垂直于 x 轴的切线，那么在曲线上至少有一点 C，使曲线在 C 点的切线平行于弦 AB.

注意 (1) 通常称 $f'(\xi) = \dfrac{f(b) - f(a)}{b - a}$ 为**拉格朗日中值公式**，也可以写作

$$f(b) - f(a) = f'(\xi)(b - a) \quad \text{或} \quad f(a) - f(b) = f'(\xi)(a - b).$$

(2) 在拉格朗日中值定理中，如果还有 $f(a) = f(b)$，则拉格朗日中值定理就成了罗尔定理，因此拉格朗日中值定理是罗尔定理的推广，是微分学中最重要的基本定理.

拉格朗日中值定理还可以用来证明一些我们用初等数学知识比较难于证明的不等式.

例2 证明不等式 $\ln(1+x) - \ln x > \dfrac{1}{1+x}$，$x > 0$.

证明 设 $f(x) = \ln x$，$x > 0$，则 $f'(x) = \dfrac{1}{x}$. $f(x)$ 在 $[x, 1-x]$ 上满足拉格朗日中值定理的条件，因此有

$$f(1+x) - f(x) = f'(\xi)[(1+x) - x], \xi \in (x, 1+x),$$

即
$$\ln(1+x) - \ln x = \frac{1}{\xi}, \xi \in (x, 1+x).$$

又因 $0 < x < \xi < 1+x$，故 $\frac{1}{\xi} > \frac{1}{1+x}$，从而

$$\ln(1+x) - \ln x > \frac{1}{1+x}, x > 0.$$

推论　若 $f'(x) \equiv 0, x \in I$，则 $f(x)$ 在 I 上恒等于常数.

拉格朗日中值定理还可以推广到两个函数的情形，就有了柯西中值定理.

三、柯西中值定理

定理 3(柯西中值定理)　若 $f(x)$、$g(x)$ 满足：

(1) 在闭区间 $[a, b]$ 上连续，

(2) 在开区间 (a, b) 内可导，且 $g'(x) \neq 0$，则至少存在一点 $\xi \in (a, b)$，使得

$$\frac{f(b) - f(a)}{g(b) - g(a)} = \frac{f'(\xi)}{g'(\xi)}.$$

当 $g(x) = x$ 时，柯西中值定理实际就是拉格朗日中值定理.

习题*4.1

1. 曲线 $y = x^2$ 上哪一点的切线与连接曲线上的点 $(1, 1)$ 和点 $(3, 9)$ 的割线平行？

2. 证明：当 $x > 1$ 时，$e^x > ex$.

3. 证明方程 $x^5 - 5x + 1 = 0$ 有且仅有一个小于 1 的正实根.

§4.2　洛必达法则

在前面计算分式函数 $\frac{f(x)}{g(x)}$ 的极限时，常常会碰到 $f(x)$ 与 $g(x)$ 同时趋向于零或同时趋向于无穷大的情形，而此时 $\frac{f(x)}{g(x)}$ 的极限可能存在，也可能不存在，通常把这种极限称为**未定式**，并分别记为 $\frac{0}{0}$ 或 $\frac{\infty}{\infty}$ 型. 如 $\lim\limits_{x \to 0} \frac{1 - \cos x}{x^2}$、$\lim\limits_{x \to 0} \frac{x^3}{\sin 3x}$、$\lim\limits_{x \to \infty} \frac{x^4 - x + 5}{3x^4 + x^3 - 3}$ 等都是未定式.

在第一章中，我们曾求解过 $\frac{0}{0}$ 或 $\frac{\infty}{\infty}$ 这两种未定式的极限. 当时是通过适当的变形，转化为可利用极限运算法则或重要极限的形式，而变形的方法，需视具体问题而定. 本节将给出

一种利用导数来求 $\dfrac{0}{0}$ 或 $\dfrac{\infty}{\infty}$ 未定式极限的方法——洛必达法则. 而其他的未定式,如 $0 \cdot \infty$、$\infty - \infty$ 型,也可以通过转化为 $\dfrac{0}{0}$ 或 $\dfrac{\infty}{\infty}$ 型,再运用洛必达法则求极限.

一、$\dfrac{0}{0}$ 型未定式的极限

定理 1(洛必达法则一) 如果函数 $f(x)$ 与 $g(x)$ 在 x_0 的某去心邻域内有定义,且满足:

(1) $\lim\limits_{x \to x_0} f(x) = \lim\limits_{x \to x_0} g(x) = 0$,

(2) $f'(x)$ 和 $g'(x)$ 都存在,且 $g'(x) \neq 0$,

(3) $\lim\limits_{x \to x_0} \dfrac{f'(x)}{g'(x)} = A$（$A$ 也可为 ∞）,

则有
$$\lim_{x \to x_0} \frac{f(x)}{g(x)} = \lim_{x \to x_0} \frac{f'(x)}{g'(x)} = A.$$

此定理的意义是:当满足定理的条件时,$\dfrac{0}{0}$ 型未定式 $\dfrac{f(x)}{g(x)}$ 的极限可以转化为导数之比 $\dfrac{f'(x)}{g'(x)}$ 的极限. 这种在一定条件下,通过分子分母分别求导数,再求极限来确定未定式极限的方法称为洛必达法则,它为求极限化难为易提供了可能的新途径.

注意 定理 1 是对 $x \to x_0$ 时的 $\dfrac{0}{0}$ 型未定式给出的,对于 $x \to x_0^+(x_0^-)$,$x \to \infty$（$\pm\infty$）时的 $\dfrac{0}{0}$ 型未定式也有同样的结论.

例 1 求下列各极限:

(1) $\lim\limits_{x \to 0} \dfrac{\tan x}{x}$;　　　　(2) $\lim\limits_{x \to 0} \dfrac{1 - \cos x}{x^2}$;　　　　(3) $\lim\limits_{x \to +\infty} \dfrac{\dfrac{\pi}{2} - \arctan x}{\dfrac{1}{x}}$;

(4) $\lim\limits_{x \to 0} \dfrac{\sin kx}{x}(k \neq 0)$;　　(5) $\lim\limits_{x \to 1} \dfrac{x^3 - 3x + 2}{x^3 - x^2 - x + 1}$;　　(6) $\lim\limits_{x \to 0} \dfrac{e^x - e^{-x} - 2x}{x - \sin x}$.

解 (1) 原式 $= \lim\limits_{x \to 0} \dfrac{(\tan x)'}{(x)'} = \lim\limits_{x \to 0} \dfrac{\sec^2 x}{1} = 1$.

(2) 原式 $= \lim\limits_{x \to 0} \dfrac{(1 - \cos x)'}{(x^2)'} = \lim\limits_{x \to 0} \dfrac{\sin x}{2x} = \dfrac{1}{2} \lim\limits_{x \to 0} \dfrac{\sin x}{x} = \dfrac{1}{2}$.

(3) 原式 $= \lim\limits_{x \to +\infty} \dfrac{\left(\dfrac{\pi}{2} - \arctan x\right)'}{\left(\dfrac{1}{x}\right)'} = \lim\limits_{x \to +\infty} \dfrac{-\dfrac{1}{1 + x^2}}{-\dfrac{1}{x^2}} = \lim\limits_{x \to +\infty} \dfrac{x^2}{1 + x^2} = 1$.

(4) 原式 $= \lim\limits_{x \to 0} \dfrac{(\sin kx)'}{(x)'} = \lim\limits_{x \to 0} \dfrac{k \cos kx}{1} = k$.

(5) 原式 $=\lim\limits_{x\to 1}\dfrac{3x^2-3}{3x^2-2x-1}=\lim\limits_{x\to 1}\dfrac{6x}{6x-2}=\dfrac{3}{2}.$

(6) 原式 $=\lim\limits_{x\to 0}\dfrac{e^x+e^{-x}-2}{1-\cos x}=\lim\limits_{x\to 0}\dfrac{e^x-e^{-x}}{\sin x}=\lim\limits_{x\to 0}\dfrac{e^x+e^{-x}}{\cos x}=2.$

注意　在利用洛必达法则求极限时,若 $\lim\limits_{x\to x_0}\dfrac{f'(x)}{g'(x)}$ 仍为 $\dfrac{0}{0}$ 型未定式,且函数 $f'(x)$ 与 $g'(x)$ 满足定理 1 的条件,则可继续使用该法则.

例 2　求 $\lim\limits_{x\to 1}\dfrac{x^5-5x+4}{x^3-2x^2+x}.$

解　$\lim\limits_{x\to 1}\dfrac{x^5-5x+4}{x^3-2x^2+x}=\lim\limits_{x\to 1}\dfrac{5x^4-5}{3x^2-4x+1}=\lim\limits_{x\to 1}\dfrac{20x^3}{6x-4}=10.$

注意　上式中的 $\lim\limits_{x\to 1}\dfrac{20x}{6x-4}$ 已不是未定式,就不能对它应用洛必达法则,否则,将导致错误的结果.

二、$\dfrac{\infty}{\infty}$ 型未定式的极限

定理 2(洛必达法则二)　如果函数 $f(x)$ 与 $g(x)$ 在 x_0 的某去心邻域内有定义,且满足:

(1) $\lim\limits_{x\to x_0}f(x)=\lim\limits_{x\to x_0}g(x)=\infty$,

(2) $f'(x)$ 和 $g'(x)$ 都存在,且 $g'(x)\neq 0$,

(3) $\lim\limits_{x\to x_0}\dfrac{f'(x)}{g'(x)}=A$($A$ 也可为 ∞),

则有

$$\lim\limits_{x\to x_0}\dfrac{f(x)}{g(x)}=\lim\limits_{x\to x_0}\dfrac{f'(x)}{g'(x)}=A.$$

注意　定理 2 的结论对于 $x\to x_0^+(x_0^-)$,$x\to\infty(\pm\infty)$ 时的 $\dfrac{\infty}{\infty}$ 型未定式同样成立.

例 3　求下列各极限:

(1) $\lim\limits_{x\to +\infty}\dfrac{\ln x}{x^n}$; 　　　(2) $\lim\limits_{x\to 0^+}\dfrac{\ln\tan x}{\ln x}$; 　　　(3) $\lim\limits_{x\to +\infty}\dfrac{x^n}{e^{\lambda x}}.$

解　(1) 原式 $=\lim\limits_{x\to +\infty}\dfrac{\dfrac{1}{x}}{nx^{n-1}}=\lim\limits_{x\to +\infty}\dfrac{1}{nx^n}=0.$

(2) 原式 $=\lim\limits_{x\to 0^+}\dfrac{(\ln\tan x)'}{(\ln x)'}=\lim\limits_{x\to 0^+}\dfrac{\dfrac{1}{\tan x}\cdot\sec^2 x}{\dfrac{1}{x}}$

$=\lim\limits_{x\to 0^+}\dfrac{x}{\sin x\cos x}=\lim\limits_{x\to 0^+}\dfrac{x}{\sin x}\cdot\lim\limits_{x\to 0^+}\dfrac{1}{\cos x}=1.$

(3) 反复应用洛必达法则 n 次,得

$$原式 = \lim_{x \to +\infty} \frac{nx^{n-1}}{\lambda \, e^{\lambda x}} = \lim_{x \to +\infty} \frac{n(n-1)x^{n-2}}{\lambda^2 e^{\lambda x}} = \cdots = \lim_{x \to +\infty} \frac{n!}{\lambda^n e^{\lambda x}} = 0.$$

例 4　求 $\lim\limits_{x \to \infty} \dfrac{\cot \dfrac{1}{x}}{x^2}$.

解　这是一个 $\dfrac{\infty}{\infty}$ 型的未定式, 于是应用洛必达法则:

$$\lim_{x \to \infty} \frac{\cot \dfrac{1}{x}}{x^2} = \lim_{x \to \infty} \frac{\left(\cot \dfrac{1}{x}\right)'}{(x^2)'} = \lim_{x \to \infty} \frac{\left(-\csc^2 \dfrac{1}{x}\right)\left(-\dfrac{1}{x^2}\right)}{2x}$$

$$= \lim_{x \to \infty} \frac{1}{2x} \left(\frac{\dfrac{1}{x}}{\sin \dfrac{1}{x}}\right)^2 = \lim_{x \to \infty} \frac{1}{2x} \cdot \lim_{x \to \infty} \left(\frac{\dfrac{1}{x}}{\sin \dfrac{1}{x}}\right)^2 = 0 \cdot 1 = 0.$$

例 5　求 $\lim\limits_{x \to 0} \dfrac{\tan x - x}{x^2 \sin x}$.

解　这是一个 $\dfrac{0}{0}$ 型的未定式, 如果直接使用洛必达法则, 那么分母的求导会较繁, 所以先用等价无穷小代换, 运算会简便得多,

$$\lim_{x \to 0} \frac{\tan x - x}{x^2 \sin x} = \lim_{x \to 0} \frac{\tan x - x}{x^3} = \lim_{x \to 0} \frac{\sec^2 x - 1}{3x^2} = \lim_{x \to 0} \frac{\tan^2 x}{3x^2} = \lim_{x \to 0} \frac{x^2}{3x^2} = \frac{1}{3}.$$

例 6　求 $\lim\limits_{x \to \infty} \dfrac{x + \sin x}{x}$.

解　使用洛必达法则,

$$\lim_{x \to \infty} \frac{(x + \sin x)'}{(x)'} = \lim_{x \to \infty} \frac{1 + \cos x}{1}.$$

由于 $\cos x$ 为周期函数, 上式右边的极限不存在, 也不为 ∞, 并不能由此得出原极限不存在. 实际上此题不满足定理 2 的条件 (3), 因此不能用洛必达法则, 正确的解法是:

$$\lim_{x \to \infty} \frac{x + \sin x}{x} = \lim_{x \to \infty} \frac{1 + \dfrac{\sin x}{x}}{1} = 1.$$

可看到原极限是存在的.

使用**洛必达法则**求未定式极限时, 必须**注意**:

(1) 每次使用法则时, 必须先检验是否属于 $\dfrac{0}{0}$ 或 $\dfrac{\infty}{\infty}$ 型未定式.

(2) 洛必达法则是求未定式极限的一种有效方法, 是对以前求极限方法的补充, 因此还要注意与其他求极限的方法结合使用. 比如, 若有可约去的公因子, 可以先行约去; 若是含有非零常数的乘积, 可以先提出去再求极限; 把等价无穷小的替代或两个重要极限结合使用, 这些都可以使运算更加简便.

（3）$\lim \dfrac{f'(x)}{g'(x)}$ 存在（也可为 ∞），只是 $\lim \dfrac{f(x)}{g(x)}$ 存在的充分条件而不是必要条件，即如果 $\lim \dfrac{f'(x)}{g'(x)}$ 不存在（也不为 ∞），是不能断定 $\lim \dfrac{f(x)}{g(x)}$ 不存在的，这时还需用其他方法来判别这个极限是否存在.

三*、其他类型的未定式

除了 $\dfrac{0}{0}$ 型和 $\dfrac{\infty}{\infty}$ 型外，未定式的极限还有其他一些情形，这里简单介绍 $0 \cdot \infty$、$\infty - \infty$ 这两种未定式.

1. $0 \cdot \infty$ 型（乘积的未定式）

$0 \cdot \infty$ 型可将乘积转化为除法的形式，即转化为 $\dfrac{0}{0}$ 或 $\dfrac{\infty}{\infty}$ 的未定式来计算.

例 7　求极限 $\lim\limits_{x \to 0^+} x \ln x$.

解　$\lim\limits_{x \to 0^+} x \ln x = \lim\limits_{x \to 0^+} \dfrac{\ln x}{\dfrac{1}{x}} = \lim\limits_{x \to 0^+} \dfrac{\dfrac{1}{x}}{-\dfrac{1}{x^2}} = \lim\limits_{x \to 0^+} (-x) = 0$.

例 8　求 $\lim\limits_{x \to +\infty} x^{-2} e^x$.

解　$\lim\limits_{x \to +\infty} x^{-2} e^x = \lim\limits_{x \to +\infty} \dfrac{e^x}{x^2} = \lim\limits_{x \to +\infty} \dfrac{e^x}{2x} = \lim\limits_{x \to +\infty} \dfrac{e^x}{2} = +\infty$.

2. $\infty - \infty$ 型（差的未定式）

$\infty - \infty$ 型经过通分、有理化等手段也可化为 $\dfrac{0}{0}$ 或 $\dfrac{\infty}{\infty}$ 型.

例 9　$\lim\limits_{x \to 1} \left(\dfrac{1}{\ln x} - \dfrac{1}{x-1} \right)$.

解　$\lim\limits_{x \to 1} \left(\dfrac{1}{\ln x} - \dfrac{1}{x-1} \right) = \lim\limits_{x \to 1} \dfrac{x-1-\ln x}{(x-1)\ln x} = \lim\limits_{x \to 1} \dfrac{1 - \dfrac{1}{x}}{\ln x + \dfrac{x-1}{x}} = \lim\limits_{x \to 1} \dfrac{\dfrac{1}{x^2}}{\dfrac{1}{x} + \dfrac{1}{x^2}} = \dfrac{1}{2}$.

例 10　求 $\lim\limits_{x \to 0} \left(\dfrac{1}{\sin x} - \dfrac{1}{x} \right)$.

解　$\lim\limits_{x \to 0} \left(\dfrac{1}{\sin x} - \dfrac{1}{x} \right) = \lim\limits_{x \to 0} \dfrac{x - \sin x}{x \cdot \sin x} = \lim\limits_{x \to 0} \dfrac{x - \sin x}{x^2} = \lim\limits_{x \to 0} \dfrac{1 - \cos x}{2x} = \lim\limits_{x \to 0} \dfrac{\sin x}{2} = 0$.

习题 4.2

1. 利用洛必达法则求极限.

（1）$\lim\limits_{x \to \pi} \dfrac{\sin 3x}{\tan 5x}$；　　（2）$\lim\limits_{x \to a} \dfrac{\sin x - \sin a}{x - a}$；　　（3）$\lim\limits_{x \to 0} \dfrac{e^x - e^{-x}}{x}$；　　（4）$\lim\limits_{x \to 0} \dfrac{e^x + e^{-x} - 2}{1 - \cos x}$；

(5) $\lim\limits_{x \to 1} \dfrac{x-1}{\ln x}$；　(6) $\lim\limits_{x \to 0} \dfrac{\ln(1+x)}{x}$；　(7) $\lim\limits_{x \to 0} \dfrac{\ln \cos x}{x^2}$；　(8) $\lim\limits_{x \to +\infty} \dfrac{\ln x}{\sqrt{x}}$；

(9) $\lim\limits_{x \to 0} \dfrac{\tan x - x}{x - \sin x}$；　(10) $\lim\limits_{x \to a} \dfrac{x^m - a^m}{x^n - a^n}$；　(11) $\lim\limits_{x \to +\infty} \dfrac{x + \ln x}{x \ln x}$；

(12) $\lim\limits_{x \to \frac{\pi}{4}} \dfrac{\sin x - \cos x}{1 - \tan x}$；　(13)* $\lim\limits_{x \to 0} x^2 e^{\frac{1}{x^2}}$；　(14)* $\lim\limits_{x \to 0} x^4 e^{\frac{1}{x^4}}$；　(15)* $\lim\limits_{x \to 0} x \cot 2x$；

(16)* $\lim\limits_{x \to \infty} x(e^{\frac{1}{x}} - 1)$；　(17)* $\lim\limits_{x \to 1}\left(\dfrac{x}{x-1} - \dfrac{1}{\ln x}\right)$；　(18)* $\lim\limits_{x \to 0}\left(\dfrac{1}{x} - \dfrac{1}{e^x - 1}\right)$；

(19)* $\lim\limits_{x \to 1}\left(\dfrac{2}{x^2 - 1} - \dfrac{1}{x - 1}\right)$；　(20)* $\lim\limits_{x \to \frac{\pi}{2}}(\sec x - \tan x)$.

2*. 求极限，并讨论洛必达法则是否可直接应用.

(1) $\lim\limits_{x \to \infty} \dfrac{x + \sin x}{2x + \cos x}$；　(2) $\lim\limits_{x \to 0} \dfrac{x^2 \sin \dfrac{1}{x}}{\ln(1+x)}$；　(3) $\lim\limits_{x \to 0} \dfrac{x^2 \sin \dfrac{1}{x}}{\sin x}$.

§4.3　函数的单调性与凹凸性

一、函数的单调性

　　以前在学习初等数学时，已经介绍过函数在区间上单调的概念，并掌握了用定义判断函数在区间上单调的方法. 利用导数知识来研究了函数的单调性，有如下的定理：

　　定理 1　设函数 $y = f(x)$ 在 $[a, b]$ 上连续，在开区间 (a, b) 内可导.

　　(1) 如果在 (a, b) 内，$f'(x) > 0$，那么函数 $y = f(x)$ 在 $[a, b]$ 上单调增加；

　　(2) 如果在 (a, b) 内，$f'(x) < 0$，那么函数 $y = f(x)$ 在 $[a, b]$ 上单调减少.

　　关于函数单调性的判别法，特别提出几点**注意**：

　　(1) 定理 1 中的区间 $[a, b]$ 若改为其他区间，其定理结论同样成立.

　　(2) 有的可导函数在区间内的个别点，导数为零，而在区间其他部分恒为正或恒为负，则函数 $f(x)$ 在该区间上仍是单调增加或单调减少. 例如，幂函数 $y = x^3$ 的导数 $y' = 3x^2$，当 $x = 0$ 时，$y' = 0$，但它在 $(-\infty, +\infty)$ 单调增加.

　　例 1　判定函数 $y = f(x) = e^x - ex + 1$ 的单调性.

　　解　函数 $f(x) = e^x - ex + 1$ 的定义域为 $(-\infty, +\infty)$，求导数得 $f'(x) = e^x - e$，令 $f'(x) = e^x - e = 0$，得到 $x = 1$.

　　当 $x > 1$ 时，$e^x > e$ 因而 $f'(x) > 0$；而当 $x < 1$ 时，$e^x < e$，因而 $f'(x) < 0$.

　　因为 $f(x)$ 在 $(-\infty, +\infty)$ 连续可导，所以根据上面的讨论可知函数的单调性，可以列出下表：

x	$(-\infty, 1)$	1	$(1, +\infty)$
$f'(x)$	$-$	0	$+$
$f(x)$	↘		↗

（表中↗表示单调增加，↘表示单调减少）

注意　例 1 中导数等于零的点 $x=1$ 为单调区间的分界点.通常把使得导数 $f'(x)=0$ 的点称为函数 $f(x)$ 的**驻点**.

例 2　讨论函数 $y=\sqrt[3]{x^2}$ 的单调性.

解　函数的定义域为 $(-\infty, +\infty)$.当 $x \neq 0$ 时，函数的导数为 $y'=\dfrac{2}{3\sqrt[3]{x}}$ ，函数在 $x=0$ 处不可导.因为 $x<0$ 时，$y'<0$，所以函数 $y=\sqrt[3]{x^2}$ 在 $(-\infty, 0]$ 上单调减少；因为 $x>0$ 时，$y'>0$，所以函数 $y=\sqrt[3]{x^2}$ 在 $[0, +\infty)$ 上单调增加.函数 $y=\sqrt[3]{x^2}$ 的图像如图 4-3-1 所示.

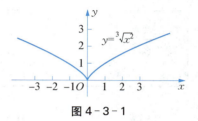

图 4-3-1

注意　例 2 中导数不存在的点 $x=0$ 为单调区间的分界点.通常把使得导数 $f'(x)$ 不存在的点称为 $f(x)$ 的**不可导点**.

由例 1 和例 2 不难看出，判定函数的单调性可按如下**步骤**进行：

（1）确定函数的定义区间，并求导数 $f'(x)$；

（2）找出定义区间内所有驻点和不可导点，并按从小到大的顺序排列；

（3）用上述点划分定义区间，判定 $f'(x)$ 在每个部分区间内的符号.在某个部分区间内，如果 $f'(x)>0$，那么函数在该区间内是单调增加的；如果 $f'(x)<0$，那么函数在该区间内是单调减少的.

例 3　确定函数 $f(x)=x^3-\dfrac{9}{2}x^2+6x+1$ 的单调区间.

解　（1）$f(x)$ 定义域为 $(-\infty, +\infty)$，

$$f'(x)=3x^2-9x+6=3(x^2-3x+2)=3(x-1)(x-2).$$

（2）故 $f(x)$ 在定义区间内无不可导点.令 $f'(x)=0$，得驻点 $x_1=1$，$x_2=2$，从而把定义域 $(-\infty, +\infty)$ 分成 3 个开区间：$(-\infty, 1)$，$(1, 2)$，$(2, +\infty)$.

（3）具体见下表：

x	$(-\infty, 1)$	1	$(1, 2)$	2	$(2, +\infty)$
$f'(x)$	$+$	0	$-$	0	$+$
$f(x)$	↗		↘		↗

函数 $f(x)=x^3-\dfrac{9}{2}x^2+6x+1$ 在 $(-\infty, 1)$ 及 $(2, +\infty)$ 内是单调增加的，在 $(1, 2)$

内是单调减少的.

注意　对初等函数 $f(x)$ 而言,不可导点即为使 $f'(x)$ 无定义的点,例 3 中 $f'(x)=3x^2-9x+6$,不存在无定义的点,故 $f(x)$ 无不可导点.

例 4　求函数 $f(x)=\dfrac{x^3}{(x-1)^2}$ 的单调区间.

解　(1) 函数的定义域为 $(-\infty,1)\bigcup(1,+\infty)$.

(2) $f'(x)=\dfrac{x^2(x-3)}{(x-1)^3}$, $x\neq 1$. 令 $f'(x)=0$,得驻点 $x_1=0$, $x_2=3$.

(3) 用这两个点将定义域划分成如下区间,列表判断:

x	$(-\infty,0)$	0	$(0,1)$	1	$(1,3)$	3	$(3,+\infty)$
$f'(x)$	+	0	+		−	0	+
$f(x)$	↗		↗		↘		↗

函数 $f(x)=\dfrac{x^3}{(x-1)^2}$ 在 $(-\infty,0)$、$(0,1)$ 和 $(3,+\infty)$ 上单调增加,在 $(1,3)$ 上单调减少.

二、函数的凹凸性

在研究函数图像的变化状况时,曲线的上升和下降还不能完全反映图像的变化. 图 4-3-2 所示函数的图像在区间内始终是上升的,但却有不同的弯曲状况,L_1 是向下弯曲的凸弧,L_2 向上弯曲的是凹弧,L_3 既有凸弧,也有凹弧,即它们的凹凸性是不同的.

定义 1　设函数 $f(x)$ 在区间 I 上连续,如果对任意两点 x_1、$x_2\in I$,恒有

$$f\left(\frac{x_1+x_2}{2}\right)<\frac{f(x_1)+f(x_2)}{2},$$

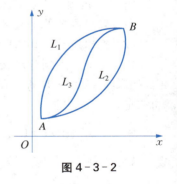

图 4-3-2

那么称 $f(x)$ 在 I 上的图形是凹的,如图 4-3-3(a)所示.

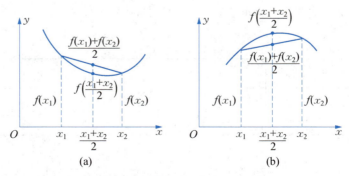

(a)　　　　(b)

图 4-3-3

如果对任意两点 x_1、$x_2 \in I$，恒有

$$f\left(\frac{x_1 + x_2}{2}\right) > \frac{f(x_1) + f(x_2)}{2},$$

那么称 $f(x)$ 在 I 上的图形是凸的，如图 $4-3-3$(b)所示.

从图 $4-3-4$ 中还可观察到，区间 I 上的曲线 $y=f(x)$ 作切线，若曲线在区间 I 上是凹的，则曲线总是在切线上方；若曲线在区间 I 上是凸的，则曲线总是在切线下方.

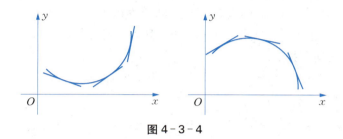

图 $4-3-4$

更进一步，由图 $4-3-4$ 还可以看到：

(1) 当曲线是凹时，切线的斜率随着 x 的增大而增大，即函数 $f'(x)$ 单调增加；

(2) 当曲线是凸时，切线的斜率随着 x 的增大而减小，即函数 $f'(x)$ 单调减少.

依据前面单调性的判别法，对于函数 $f'(x)$ 的单调性，可以用 $f''(x)$ 的符号来判别. 故曲线 $y=f(x)$ 的凹凸性与 $f''(x)$ 的符号有关. 于是给出如下的关于曲线凹凸性的判定定理：

定理 2　设函数 $f(x)$ 在区间 (a,b) 内具有二阶导数，如果对于任意 $x \in (a,b)$，有

(1) $f''(x) > 0$，则曲线 $f(x)$ 在区间 (a,b) 内是凹的；

(2) $f''(x) < 0$，则曲线 $f(x)$ 在区间 (a,b) 内是凸的.

例 5　判定曲线 $y = x^4$ 的凹凸性.

解　函数 $y = x^4$ 定义域为 $(-\infty, +\infty)$，

$$y' = 4x^3, \quad y'' = 12x^2.$$

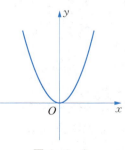

令 $y'' = 0$，得 $x = 0$，它把区间 $(-\infty, +\infty)$ 分成 $(-\infty, 0)$ 和 $(0, +\infty)$ 两个区间.

当 $x \in (-\infty, 0)$ 时，$y'' > 0$，曲线是凹的；当 $x \in (0, +\infty)$ 时，$y'' > 0$，曲线还是凹的. 这里点 $(0,0)$ 并未改变曲线的凹凸性，其图形如图 $4-3-5$ 所示.

图 $4-3-5$

例 6　判定曲线 $y = x^3$ 的凹凸性.

解　函数 $y = x^3$ 定义域为 $(-\infty, +\infty)$，

$$y' = 3x^2, \quad y'' = 6x.$$

令 $y'' = 0$，得 $x = 0$，它把区间 $(-\infty, +\infty)$ 分成 $(-\infty, 0)$ 和 $(0, +\infty)$ 两个区间.

当 $x \in (-\infty, 0)$ 时，$y'' < 0$，曲线是凸的；当 $x \in (0, +\infty)$ 时，$y'' > 0$，曲线是凹的. 这里点 $(0,0)$ 是曲线凹与凸的分界点，其图形如图 $4-3-6$ 所示.

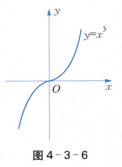

曲线的凹与凸的分界点称为 **曲线的拐点**. 拐点既然是凹与凸的分界点,那么在拐点的左、右邻近,$f''(x)$ 必然异号. 因而,如果在拐点处有 $f''(x)=0$ 或 $f''(x)$ 不存在,则与单调分界点的情形类似,使 $f''(x)=0$ 的点或 $f''(x)$ 不存在的点只是可能的拐点. 究竟是否为拐点,还要根据 $f''(x)$ 在该点的左、右邻近是否异号来确定. 于是,我们归纳出曲线的凹凸区间与拐点的一般 **步骤**:

(1) 确定 $f(x)$ 的定义域,并求出 $f''(x)$;

(2) 求出所有使 $f''(x)=0$ 的点和 $f''(x)$ 不存在的点;

(3) 用这些点将定义域分成若干部分区间,列表判定 $f''(x)$ 的符号,从而确定凹凸区间和拐点.

图 4-3-6

例 7 求函数 $f(x)=x^4-4x^3-2x+5$ 的凹凸区间及拐点.

解 (1) 函数的定义域为 $(-\infty,+\infty)$,

$$f'(x)=4x^3-12x^2-2, \quad f''(x)=12x^2-24x=12x(x-2).$$

(2) 令 $f''(x)=0$,得 $x_1=0$,$x_2=2$,没有使得 $f''(x)$ 不存在的点.

(3) 列表如下:

x	$(-\infty,0)$	0	$(0,2)$	2	$(2,+\infty)$
$f''(x)$	$+$	0	$-$	0	$+$
$f(x)$	$\smile$	拐点$(0,5)$	$\frown$	拐点$(2,-15)$	$\smile$

(4) 由表可知,函数 $f(x)$ 在 $(-\infty,0)$ 与 $(2,+\infty)$ 是凹的,在 $(0,2)$ 是凸的,曲线 $f(x)$ 的拐点为 $(0,5)$ 和 $(2,-15)$.

例 8 求函数 $f(x)=(x-5)\sqrt[3]{x^2}$ 的凹凸区间与拐点.

解 (1) 函数的定义域为 $(-\infty,+\infty)$,$f(x)=(x-5)\sqrt[3]{x^2}=x^{\frac{5}{3}}-5x^{\frac{2}{3}}$,

$$f'(x)=\frac{5}{3}x^{\frac{2}{3}}-\frac{10}{3}x^{-\frac{1}{3}}, \quad f''(x)=\frac{10}{9}x^{-\frac{1}{3}}+\frac{10}{9}x^{-\frac{4}{3}}=\frac{10(x+1)}{9x^{\frac{4}{3}}}.$$

(2) 令 $f''(x)=0$ 得 $x=-1$,而 $x=0$ 时,$f''(x)$ 不存在.

(3) 列表如下:

x	$(-\infty,-1)$	-1	$(-1,0)$	0	$(0,+\infty)$
$f''(x)$	$-$	0	$+$	不存在	$+$
$f(x)$	$\frown$	拐点$(-1,-6)$	$\smile$	非拐点	$\smile$

(4) 所以 $f(x)$ 在区间 $(-\infty,-1)$ 是凸的,在区间 $(-1,0)$ 和 $(0,+\infty)$ 是凹的,$(-1,-6)$ 是拐点.

习题 4.3

1. 讨论下列函数的单调性:

(1) $y = x^3 + x$;　　(2) $y = \dfrac{1}{x}$, $x > 0$;　　(3) $y = \sqrt{2x - x^2}$, $0 < x < 1$.

2. 求下列函数的单调区间:

(1) $y = 2x^3 - 6x^2 - 18x - 7$;　　(2) $y = x^4 - 2x^2 + 3$;　　(3) $y = 3x^2 + 6x + 5$;

(4) $y = \dfrac{1}{3}x^3 - x^2 - 3x + 1$;　　(5) $y = 2x^2 - \ln x$;　　(6) $y = e^x - x - 1$;

(7) $y = 2x + \dfrac{8}{x}$, $x > 0$;　　(8) $y = \dfrac{2}{3}x - \sqrt[3]{x^2}$;　　(9) $y = x - \ln(1 + x)$;

(10) $y = \arctan x - x$;　　(11) $y = \dfrac{x^2}{1 + x}$;　　(12) $y = (x + 2)^2 (x - 1)^4$.

3. 求下列函数的凹凸区间与拐点:

(1) $y = x^3 - 3x^2 + 3x - 5$;　　(2) $y = x^3 - 6x^2$;　　(3) $y = x^4 - 2x^3 + 1$;

(4) $y = x^4 - 4x^3 - 18x^2 + 1$;　　(5) $y = 2 + (x - 4)^{\frac{1}{3}}$;　　(6) $y = (x - 2)^{\frac{5}{3}}$;

(7) $y = x + x^{\frac{5}{3}}$;　　(8) $y = x e^{-x}$;　　(9) $y = x \arctan x$;　　(10) $y = x + \dfrac{1}{x}$, $x > 0$.

4. a 及 b 为何值时,点 $(1,3)$ 为曲线 $y = ax^3 + bx^2$ 的拐点.

§4.4　函数的极值

一、函数极值的概念

定义　设函数 $f(x)$ 在点 x_0 的某邻域内有定义,如果对该邻域内的任意点 x ($x \neq x_0$), $f(x) < f(x_0)$ 均成立,则称 $f(x_0)$ 是函数 $f(x)$ 的一个**极大值**,点 x_0 叫做函数 $f(x)$ 的一个**极大值点**;如果对该邻域内的任意点 x ($x \neq x_0$), $f(x) > f(x_0)$ 均成立,则称 $f(x_0)$ 是函数 $f(x)$ 的一个**极小值**,点 x_0 叫做函数 $f(x)$ 的一个**极小值点**. 函数的极大值与极小值统称为**极值**. 函数的极大值点与极小值点统称为函数的**极值点**.

例如,在图 4-4-1 中, $f(c_1)$、$f(c_4)$ 是函数的极大值, c_1、c_4 是函数的极大点; $f(c_2)$、$f(c_5)$ 是函数的极小值, c_2、c_5 是函数的极小点.

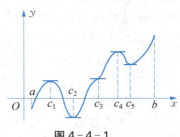

图 4-4-1

关于函数的极值,作几点**说明**:

(1) 极值是指函数值,而极值点是指自变量的值,两者

不能混淆.

(2) 函数的极值是局部性的,它只是与极值点近旁的所有点的函数值相比为较大或较小,这并不意味着它在函数的整个定义区间上是最大或最小.因此函数的极大值不一定比极小值大,如图 $4-4-1$ 中的极大值 $f(c_1)$ 就比极小值 $f(c_5)$ 小.

(3) 函数的极值点只能在开区间 (a,b) 内取得,而函数的最大值点和最小值点可能出现在区间内部,也可能在区间的端点处取得.

二、函数极值的判定和求法

由图 $4-4-1$ 可以看出,在可导函数取得极值处,曲线的切线是水平的,即可导函数的极值点必为导数为零的点(驻点);反过来,曲线上有水平切线的地方,即在函数的驻点处,函数却不一定取得极值.例如在点 c_3 处,曲线虽有水平切线,即 $f'(c_3)=0$,但 $f(c_3)$ 并不是极值.

定理 1(极值存在的必要条件) 设函数 $f(x)$ 在 x_0 点处可导,且在 x_0 点处取得极值,则必有 $f'(x_0)=0$.

关于这个定理需要注意:

(1) $f'(x)=0$ 只是 $f(x)$ 在点 x_0 处取得极值的必要条件,而不是充分条件.例如,函数 $f(x)=x^3$,在 $x=0$ 处 $f'(x)$ 为零,但显然在该点并不取得极值,如图 $4-4-2(a)$ 所示.

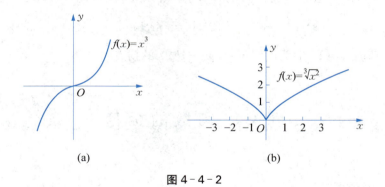

图 $4-4-2$

(2) 此外,函数在它的导数不存在(但连续)的点处也可能取得极值.例如,$f(x)=\sqrt[3]{x^2}$,在 $x=0$ 处都取得极小值 0,但在 $x=0$ 处 $f'(x)$ 不存在(不可导点),如图 $4-4-2(b)$ 所示.

因此,连续函数中,驻点与导数不存在的点都可能是函数的极值点,通常把函数在定义域中的驻点和导数不存在的点称为可能极值点,如何判断可能极值点是否为极值点,有如下判断极值的两个充分条件.

如图 $4-4-3(a)$ 所示,函数 $f(x)$ 在点 x_0 的左侧 $f'(x)>0$,函数 $f(x)$ 单调增加;在点 x_0 的右侧 $f'(x)<0$,函数 $f(x)$ 单调减少,因此函数 $f(x)$ 在 x_0 处取得极大值;对于函数在 x_0 点取得极小值的情形,可结合图 $4-4-3(b)$ 类似地讨论.

定理 2(第一充分条件) 设函数 $f(x)$ 在点 x_0 的某一邻域内连续且可导(也可以 $f'(x_0)$ 不存在),当 x 由小增大经过 x_0 点时,若:

(1) $f'(x)$ 的符号由正变负,则 x_0 是极大值点;

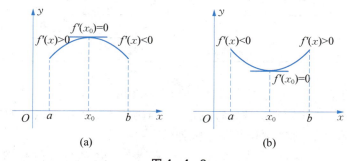

图 4-4-3

（2）$f'(x)$ 的符号由负变正，则 x_0 是极小值点；

（3）如果在 x_0 的两侧近旁，$f'(x)$ 的符号相同，则 x_0 不是极值点.

根据上面定理 1 和定理 2，把必要条件和充分条件结合起来，得到求函数极值点和极值的**步骤**如下：

（1）确定函数 $f(x)$ 的定义域，并求出 $f'(x)$；

（2）求出定义域内所有可能极值点，即驻点和不可导点，并把这两种点由小到大排列；

（3）用上述可能极值点划分函数的定义域，判断 $f'(x)$ 在各区间的符号，确定函数的极值点；

（4）求出各极值点处的函数值，即得函数 $f(x)$ 的全部极值.

例 1　求出函数 $f(x)=x^3-3x^2-9x+5$ 的极值.

解　（1）函数的定义域为 $(-\infty,+\infty)$，且
$$f'(x)=3x^2-6x-9=3(x+1)(x-3).$$

（2）令 $f'(x)=0$，得驻点 $x_1=-1$，$x_2=3$.

（3）列表讨论如下：

x	$(-\infty,-1)$	-1	$(-1,3)$	3	$(3,+\infty)$
$f'(x)$	$+$	0	$-$	0	$+$
$f(x)$	↗	极大值	↘	极小值	↗

所以，极大值 $f(-1)=10$，极小值 $f(3)=-22$.

例 2　求函数 $f(x)=(x-4)\sqrt[3]{(x+1)^2}$ 的极值.

解　（1）函数 $f(x)$ 在 $(-\infty,+\infty)$ 内连续，除 $x=-1$ 外处处可导，且 $f'(x)=\dfrac{5(x-1)}{3\sqrt[3]{x+1}}$.

（2）令 $f'(x)=0$，得驻点 $x=1$；$x=-1$ 为 $f(x)$ 的不可导点.

（3）列表讨论如下：

x	$(-\infty, -1)$	-1	$(-1, 1)$	1	$(1, +\infty)$
$f'(x)$	$+$	不存在	$-$	0	$+$
$f(x)$	↗	极大值	↘	极小值	↗

(4) 极大值为 $f(-1)=0$,极小值为 $f(1)=-3\sqrt[3]{4}$.

除了利用一阶导数来判别函数的极值以外,当函数 $f(x)$ 在驻点处的二阶导数存在且不为零时,也可用下面定理来对驻点进行判别.

定理 3*（第二充分条件） 设函数 $f(x)$ 在点 x_0 处具有二阶导数且 $f'(x_0)=0$,$f''(x_0)\neq 0$,那么:

(1) 若 $f''(x_0)<0$,则 $f(x)$ 在 x_0 处取极大值;

(2) 若 $f''(x_0)>0$,则 $f(x)$ 在 x_0 处取极小值;

例 3* 求函数 $f(x)=\dfrac{1}{3}x^3-x$ 的极值.

解 $f(x)$ 的定义域为 $(-\infty, +\infty)$. $f'(x)=x^2-1$,令 $f'(x)=0$,得 $x=\pm 1$,$f''(x)=2x$.

由于 $f'(-1)=0$,且 $f''(-1)=-2<0$,故 $f(x)$ 在 $x=-1$ 处取得极大值,极大值为 $f(-1)=\dfrac{2}{3}$;由于 $f'(1)=0$,且 $f''(1)=2>0$,故 $f(x)$ 在 $x=1$ 处取得极小值,极小值为 $f(1)=-\dfrac{2}{3}$.

例 4* 求函数 $f(x)=-x^4+2x^2+12$ 的极值点和极值.

解 函数的定义域为 $(-\infty, +\infty)$,且

$$f'(x)=-4x^3+4x=-4x(x+1)(x-1),\quad f''(x)=-4(3x^2-1).$$

令 $f'(x)=0$,得驻点 $x_1=-1$,$x_2=0$,$x_3=1$. 又因为

$$f''(-1)=-8<0,\quad f''(0)=4>0,\quad f''(1)=-8<0,$$

所以函数 $f(x)$ 的极大值点为 $x_1=-1$,$x_3=1$,极小值点为 $x_2=0$. 函数 $f(x)$ 的极大值是 $f(-1)=f(1)=13$,极小值是 $f(0)=12$.

习题 4.4

1. 求下列函数的极值:

(1) $y=2x^2-8x+3$; (2) $y=x^2+2x-4$; (3) $y=2x^3-3x^2$;

(4) $y=x^3-3x^2-9x-5$; (5) $y=2x^2-x^4$; (6) $y=2x^3-6x^2-18x+7$;

(7) $y=x-\ln(x+1)$; (8) $y=x^2e^{-x}$; (9) $y=3-2(x+1)^{\frac{1}{3}}$;

(10) $y=3-\sqrt[3]{(x-2)^2}$; (11) $f(x)=\dfrac{2}{3}x-(x-1)^{\frac{2}{3}}+\dfrac{1}{3}$.

2. 试问 a 为何值时,函数 $f(x) = a\sin x + \dfrac{1}{3}\sin 3x$ 在 $x = \dfrac{\pi}{3}$ 处取得极值,并求出此极值.

§4.5 函数的最大值与最小值

中学阶段介绍了一些简单函数的最值的求法,如对 $y = x^2 - 2x + 2$ 可利用不等式、配方等来求二次函数的最值:$y = x^2 - 2x + 2 = (x-1)^2 + 1 \geqslant 1$,可知其最小值为 1. 显然这些方法对一些特殊的函数来说是可行的,但对一般函数而言它就无能为力了. 因此有必要寻求一种对一般函数都适合的求最值的方法.

实际应用中,比如工农业生产、工程技术实践和各种经济分析中,往往会遇到在一定条件下,怎样使产品最多、用料最省、成本最低、利润最大等问题. 这类问题在数学上可归结为求某个函数(称为目标函数)的最大值或最小值问题. 求函数最大、最小值的问题统称为最值问题.

一、闭区间上连续函数的最值

若函数 $f(x)$ 在 $[a,b]$ 上连续,则由闭区间上连续函数的最值定理可知,$f(x)$ 在 $[a,b]$ 上一定存在最大、最小值,但定理并未告诉最值究竟在何处.

若函数 $f(x)$ 在闭区间 $[a,b]$ 上连续,可知一定存在 ξ_1、$\xi_2 \in [a,b]$,对于任意 $x \in [a,b]$,均有 $m = f(\xi_1) \leqslant f(x) \leqslant f(\xi_2) = M$.

(1) 如果 m、M 在区间的端点取得,则必为 $f(a)$ 或 $f(b)$;

(2) 如果 m、M 在区间的内部取得,即存在 $\xi_1 \in (a,b)$ 或 $\xi_2 \in (a,b)$,使得 $m = f(\xi_1)$ 或 $M = f(\xi_2)$,则此时的 ξ_1 或 ξ_2 一定 $f(x)$ 是极值点(注意到:极值点产生于驻点或不可导点).

通过以上分析,可得闭区间 $[a,b]$ 上求连续函数的最大值、最小值的一般步骤:

(1) 求出函数 $f(x)$ 在开区间 (a,b) 内所有的驻点及不可导点;

(2) 计算以上各点以及区间端点的函数值,比较大小,可得函数最大值及最小值.

例 1 求函数 $f(x) = x^4 - 8x^2 + 4$ 在闭区间 $[-1,3]$ 上的最大值和最小值.

解 函数 $f(x)$ 在 $[-1,3]$ 上连续,因此在 $[-1,3]$ 上一定存在最大值和最小值.

$$f'(x) = 4x^3 - 16x = 4x(x+2)(x-2).$$

令 $f'(x) = 0$,得 $f(x)$ 在 $(-1,3)$ 内的驻点 $x_1 = 0$,$x_2 = 2$. 由于

$$f(-1) = -3,\ f(0) = 4,\ f(2) = -12,\ f(3) = 13,$$

比较可得,$f(x)$ 在 $[-1,3]$ 上的最大值为 $f(3) = 13$,最小值为 $f(2) = -12$.

例 2 求 $y = 2x^3 + 3x^2 - 12x + 14$ 在 $[-3,4]$ 上的最大值与最小值.

解 $f'(x) = 6(x+2)(x-1)$,解方程 $f'(x) = 0$,得 $x_1 = -2$,$x_2 = 1$. 计算可得

$$f(-3)=23;\ f(-2)=34;\ f(1)=7;\ f(4)=142.$$

比较得最大值为 $f(4)=142$，最小值为 $f(1)=7$.

二、最值理论的应用

在实际问题中，往往根据问题的实际意义就可判断可导函数 $f(x)$ 在区间内有最大值还是最小值，尤其当区间内只有唯一驻点 x_0 时，则可以不必讨论 x_0 是否为极值点，就可直接判定 $f(x_0)$ 就是所求的最大值或最小值. 该结论通常称之为**实际最值原理**.

例3 某种产品固定成本为 3 万元，每生产一百件产品，成本增加 2 万元. 其总收入 R（单位：万元）是产量 q（单位：百件）的函数：$R=5q-0.5q^2$. 求达到最大利润时的产量.

解 由题意，可得成本函数为 $C(q)=3+2q$，于是，利润函数为

$$L(q)=R(q)-C(q)=-3+3q-0.5q^2.$$

则 $L'(q)=3-q$，令 $L'(q)=0$，得 $q=3$（百件），所以当 $q=3$（百件）时，函数取得极大值，因为是唯一的极值点，所以就是最大值点. 即产量为 300 件时取得最大利润.

例4 如图 4-5-1 所示，在具有电压 E 和内部电阻 R_i 的直流电源上，加上负载电阻 R. 试求(1)当供给电阻 R 的电功率为 P 时，如何选择电阻 R 才能获得最大 P；(2) P 的最大值 P_{max}.

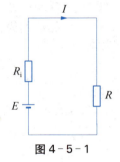

图 4-5-1

解 (1) 电路的电流为 $I=\dfrac{E}{R_i+R}$，所以，

$$P=I^2\cdot R=\frac{E^2R}{(R_i+R)^2}.$$

视 R 为自变量，求导数得

$$\frac{\mathrm{d}P}{\mathrm{d}R}=E^2\frac{R'(R_i+R)^2-R[(R_i+R)^2]'}{[(R_i+R)^2]^2}=E^2\frac{(R_i+R)^2-2R(R_i+R)}{(R_i+R)^4}$$

$$=E^2\frac{R_i+R-2R}{(R_i+R)^3}=E^2\frac{R_i-R}{(R_i+R)^3}.$$

令 $\dfrac{\mathrm{d}P}{\mathrm{d}R}=0$，得 $R=R_i$（驻点）. 根据问题的实际意义可知，当 $R=R_i$ 时，P 取得最大值.

(2) $P_{max}=P\mid_{R=R_i}=\dfrac{E^2R_i}{(R_i+R)^2}=\dfrac{E^2}{4R_i}$.

习题 4.5

1. 求下列函数在给定区间上的最大值和最小值：
   (1) $y=x-2\sqrt{x}$，$[0,9]$； (2) $y=x^2-4x+6$，$[-3,10]$；
   (3) $y=2x^3-3x^2$，$[-1,3]$； (4) $y=2x^3+3x^2-12x+14$，$[-3,4]$；

(5) $y = \dfrac{x-1}{x+1}$, $[0, 4]$;　(6) $y = \ln(x^2+1)$, $[-1, 2]$.

2. 设某厂每天生产某种产品 q 单位时的总成本函数为 $C(q) = 0.5q^2 - 36q + 9\,800$,问每天生产多少单位的产品时,其平均成本最低?

3. 某个体户以每条 10 元的价格购进一批牛仔裤,设此牛仔裤的需求函数为 $Q = 40 - p$,问该个体户将销售价定为多少时,才能获得最大利润?

<h2 align="center">课外阅读　微积分的建立</h2>

由于函数概念的产生和运用的加深,也由于科学技术发展的需要,一门新的数学分支就继解析几何之后产生了,这就是微积分学.微积分在数学发展中的地位是十分重要的.

从微积分成为一门学科来说,是在 17 世纪,但是,微分和积分的思想在古代就已经产生了.

公元前 3 世纪,古希腊的阿基米德在研究解决抛物弓形的面积、球和球冠面积、螺线下面积和旋转双曲体的体积的问题中,就隐含着近代积分学的思想.

到了 17 世纪,有许多科学问题需要解决,这些问题也就成了促使微积分产生的因素.归结起来,大约有 4 种主要类型的问题:第一类是研究运动的时候直接出现的,也就是求即时速度的问题;第二类问题是求曲线的切线的问题;第三类问题是求函数的最大值和最小值问题;第四类问题是求曲线长、曲线围成的面积、曲面围成的体积、物体的重心、一个体积相当大的物体作用于另一物体上的引力.

17 世纪的许多著名的数学家、天文学家、物理学家都为解决上述几类问题作了大量的研究工作,如法国的费尔马、笛卡儿、罗伯瓦、笛沙格;英国的巴罗、瓦里士;德国的开普勒;意大利的卡瓦列利等人,都提出许多很有建树的理论,为微积分的创立做出了贡献.

17 世纪下半叶,在前人工作的基础上,英国大科学家牛顿和德国数学家莱布尼兹分别在自己的国度里独自研究和完成了微积分的创立工作,虽然这只是十分初步的工作.他们的最大功绩是把两个貌似毫不相关的问题联系在一起,一个是切线问题(微分学的中心问题),一个是求积问题(积分学的中心问题).

牛顿和莱布尼兹建立微积分的出发点是直观的无穷小量,因此这门学科早期也称为无穷小分析,这正是现在数学中分析学这一大分支名称的来源.牛顿着重于从运动学来考虑,莱布尼兹却侧重于几何学.

牛顿在 1671 年写了《流数法和无穷级数》,直到 1736 年才出版.在这本书里,变量是由点、线、面的连续运动产生的,否定了以前自己认为的变量是无穷小元素的静止集合.他把连续变量叫做流动量,把这些流动量的导数叫做流数.牛顿在流数术中所提出的中心问题是:已知连续运动的路径,求给定时刻的速度(微分法);已知运动的速度求给定时间内经过的路程(积分法).

德国的莱布尼兹是一个博学多才的学者,1684 年,他发表了现在世界上认为是最早的微积分文献,这篇文章有一个很长而且很古怪的名字《一种求极大极小和切线的新方法,它也适用于分式和无理量,以及这种新方法的奇妙类型的计算》.就是这样说理也颇含糊的文章,却有划时代的意义,已含有现代的微分符号和基本微分法则.1686 年,莱布尼兹发表了第一篇积分学的文献.他是历史上最伟大的符号学者之一,他所创设的微积分符号,远远优于牛顿的符号,这对微积分的发展有极大的影响.现在我们使用的微积分通用符号就是当时莱布尼兹精心选用的.

微积分学的创立,极大地推动了数学的发展,过去很多初等数学束手无策的问题,运用微积分,往往迎刃而解,显示出微积分学的非凡威力.

一门科学的创立决不是某一个人的业绩,必定是经过多少人的努力后,在积累了大量成果的基础上,最后由某个人或几个人总结完成的.微积分也是这样.

不幸的事,由于人们在欣赏微积分的宏伟功效之余,在提出谁是这门学科的创立者的时候,竟然引起了一场轩然大波,造成了欧洲大陆的数学家和英国数学家的长期对立.英国数学在一个时期里闭关锁国,囿于民族偏见,过于拘泥在牛顿的流数术中停步不前,因而数学发展整整落后了一百年.

其实,牛顿和莱布尼兹分别研究,在大体上相近的时间里独立完成的.比较特殊的是,牛顿创立微积分要比莱布尼兹早 10 年左右,但是正式公开发表微积分这一理论,莱布尼兹却要比牛顿发表早 3 年.他们的研究各有长处,也都各有短处.那时候,由于民族偏见,关于发明优先权的争论竟从 1699 年始延续了一百多年.

应该指出,和历史上任何一项重大理论都要经历一段时间一样,牛顿和莱布尼兹的工作也都是很不完善的.他们在无穷和无穷小量这个问题上,说法不一,十分含糊.牛顿的无穷小量,有时候是零,有时候不是零而是有限的小量;莱布尼兹的也不能自圆其说.这些基础方面的缺陷,最终导致了第二次数学危机.

直到 19 世纪初,法国科学学院的科学家以柯西为首,认真研究微积分的理论,建立了极限理论,后来又经过德国数学家维尔斯特拉斯进一步的严格化,使极限理论成了微积分的坚实基础,才使微积分进一步的发展开来.

任何新兴的、具有无量前途的科学成就都吸引着广大的科学工作者.在微积分的历史上也闪烁着一些明星:瑞士的雅科布·贝努利和他的兄弟约翰·贝努利、欧拉,法国的拉格朗日、科西……

欧氏几何也好,上古和中世纪的代数学也好,都是一种常量数学,微积分才是真正的变量数学,是数学中的大革命.微积分是高等数学的主要分支,不只局限在解决力学中的变速问题,它驰骋在近代和现代科学技术园地里,建立了数不清的丰功伟绩.

微积分的产生和发展被誉为近代技术文明产生的关键事件之一.微积分的建立,无论是对数学还是对其他科学以至于技术的发展都产生了巨大的影响,充分显示了人类的数学知识对于人的认识发展和改造世界的能力的巨大促进作用.

第 5 章

不 定 积 分

可以看到,学习过的数学运算都是一对又一对的互逆运算,比如加法与减法、乘法与除法,乘方与开方、指数与对数、三角与反三角.而前面已经学习的导数(或微分)的运算,同样也要考虑其逆运算问题:已知一个函数的导数(或微分),如何求这个函数?

在实际应用中也有相同的问题,如物理学中,已知的质点做变速直线运动,其速度为 $v(t)$,要求质点运动路程的函数 $S(t)$;经济学中,已知某产品的边际成本 $C'(q)$,要求该产品的成本函数 $C(q)$.

以上问题都是求导数(或微分)运算的逆运算问题.本章将从导数(或微分)运算的逆运算出发,首先引出原函数的概念,进而引出不定积分的概念,然后介绍不定积分的性质、积分公式及积分方法.

学习目标
1. 了解原函数、不定积分的概念以及不定积分的几何表示;
2. 掌握基本积分公式、不定积分的性质;
3. 掌握直接积分法、换元法、分部积分法求不定积分的方法.

§5.1 不定积分的概念与性质

一、原函数的概念

引例 已知曲线 $y = F(x)$ 在任一点 x 处的切线斜率为 $2x$,且曲线通过点 $(1, 2)$,求此曲线的方程.

分析 从导数的几何意义可知,切线的斜率 $k = F'(x) = 2x$,又因为 $(x^2 + C)' = 2x$,所以 $F(x) = x^2 + C$. 这里 C 为任意常数,满足这个斜率条件的曲线有无数多条,又因所求曲线过 $(1, 2)$ 点,即 $2 = 1^2 + C$,故 $C = 1$,因而,所求曲线方程为 $y = x^2 + 1$.

如图 5-1-1 所示,满足切线的斜率 $k=2x$ 的曲线是一族,有无穷多条,但是过指定的点的曲线只有一条.

定义 1　如果在区间 I 上,可导函数 $F(x)$ 的导函数为 $f(x)$,即对 $\forall x \in I$,都有

$$F'(x)=f(x), \text{或} \mathrm{d}F(x)=f(x)\mathrm{d}x,$$

则函数 $F(x)$ 称为 $f(x)$ 在区间 I 上的一个**原函数**.

注意　如果函数 $f(x)$ 有原函数 $F(x)$,则有无穷多个原函数,且其中任意两个原函数相差一个常数,因而 **$f(x)$ 全体原函数** 可表示为 $F(x)+C$,其中 C 为任意常数.

定理 1　区间 I 上的连续函数一定具有原函数.

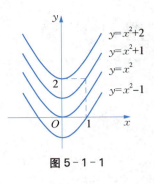

图 5-1-1

二、不定积分的概念

定义 2　若在区间 I 上,$F'(x)=f(x)$ 或 $\mathrm{d}F(x)=f(x)\mathrm{d}x$,则把函数 $f(x)$ 的全体原函数称为 $f(x)$ 在区间 I 上的**不定积分**,记作 $\int f(x)\mathrm{d}x$,即有

$$\int f(x)\mathrm{d}x=F(x)+C.$$

这里,$\int$ 是**积分符号**,x 是**积分变量**,$f(x)$ 称为**被积函数**,$f(x)\mathrm{d}x$ 称为**被积表达式**,C 是一个任意的常数,称为**积分常数**.

注意　(1) 不定积分与原函数是两个密切相关的概念,不定积分是全体原函数的集合.

(2) 不定积分定义给出了求不定积分的基本方法:求出 $f(x)$ 的一个原函数 $F(x)$,则 $\int f(x)\mathrm{d}x=F(x)+C$.

(3) 函数 $f(x)$ 的全体原函数的图形称为 $f(x)$ 的一族积分曲线.

再来看前面的引例,与之前有所不同,在此可以采用不定积分的运算符号来书写:

引例　已知曲线 $y=F(x)$ 在任一点 x 处的切线斜率为 $2x$,且曲线通过点 $(1,2)$,求此曲线的方程.

解　根据题意知 $F'(x)=2x$,即 $F(x)$ 是 $2x$ 的一个原函数,所以,

$$F(x)=\int 2x\,\mathrm{d}x=x^2+C$$

要在一族积分曲线中选出通过点 $(1,2)$ 的那条曲线. 因为曲线通过点 $(1,2)$ 得 $2=1^2+C \Rightarrow C=1$.

故所求曲线方程为 $y=x^2+1$.

例 1　若 $F(x)$ 的导函数是 $\sin x$,求 $F(x)$.

解　因为 $F'(x)=\sin x$,而 $\int \sin x\,\mathrm{d}x=-\cos x+C$,所以 $F(x)=-\cos x+C$.

例 2　求解下列不定积分:

(1) $\displaystyle\int x^3 \mathrm{d}x$；　(2) $\displaystyle\int x^{-3} \mathrm{d}x$；　(3) $\displaystyle\int \frac{1}{\sqrt{1-x^2}} \mathrm{d}x$.

解　(1) 因为 $\left(\dfrac{x^4}{4}\right)' = x^3$，所以 $\dfrac{x^4}{4}$ 是 x^3 的一个原函数，因而 $\displaystyle\int x^3 \mathrm{d}x = \dfrac{x^4}{4} + C$（$C$ 为任意常数）.

(2) 因为 $\left(\dfrac{-x^{-2}}{2}\right)' = x^{-3}$，所以 $\dfrac{-x^{-2}}{2}$ 是 x^{-3} 的一个原函数，因而 $\displaystyle\int x^{-3} \mathrm{d}x = \dfrac{-x^{-2}}{2} + C$.

(3) 因为 $(\arcsin x)' = \dfrac{1}{\sqrt{1-x^2}}$，故 $\arcsin x$ 是 $\dfrac{1}{\sqrt{1-x^2}}$ 的一个原函数，因而

$$\int \frac{1}{\sqrt{1-x^2}} \mathrm{d}x = \arcsin x + C.$$

例 3　检验下列不定积分的正确性：

(1) $\displaystyle\int x\cos x \,\mathrm{d}x = x\sin x + C$；　(2) $\displaystyle\int x\cos x \,\mathrm{d}x = x\sin x + \cos x + C$；

解　(1) 错误. 因为对等式的右端求导，其导函数不是被积函数：

$$(x\sin x + C)' = x\cos x + \sin x + 0 \neq x\cos x.$$

(2) 正确. 因为

$$(x\sin x + \cos x + C)' = x\cos x + \sin x - \sin x + 0 = x\cos x.$$

三、不定积分的运算性质

不定积分运算是导数（或微分）运算的逆运算，由此可以得到下面的性质：

性质 1*　导数（或微分）运算与不定积分运算是互逆的关系，即

$$(1)\ \left[\int f(x)\mathrm{d}x\right]' = f(x)，或 \ \mathrm{d}\left[\int f(x)\mathrm{d}x\right] = f(x)\mathrm{d}x；$$

$$(2)\ \int F'(x)\mathrm{d}x = F(x) + C，或 \int \mathrm{d}F(x) = F(x) + C.$$

例 4　问 $\dfrac{\mathrm{d}}{\mathrm{d}x}\left(\displaystyle\int f(x)\mathrm{d}x\right)$ 与 $\displaystyle\int f'(x)\mathrm{d}x$ 是否相等？

解　不相等. 设 $F'(x) = f(x)$，则

$$\frac{\mathrm{d}}{\mathrm{d}x}\left(\int f(x)\mathrm{d}x\right) = \frac{\mathrm{d}}{\mathrm{d}x}[F(x) + C] = F'(x) + 0 = f(x).$$

而由不定积分定义 $\displaystyle\int f'(x)\mathrm{d}x = f(x) + C$，所以 $\dfrac{\mathrm{d}}{\mathrm{d}x}\left(\displaystyle\int f(x)\mathrm{d}x\right) \neq \displaystyle\int f'(x)\mathrm{d}x$.

对应于导数（或微分）运算的关于和差及常数乘以函数的运算法则，可以得到如下的两条不定积分的运算法则：

性质 2　两个函数代数和的不定积分，等于两个函数不定积分的代数和，即

$$\int[f(x)\pm g(x)]\,\mathrm{d}x=\int f(x)\mathrm{d}x\pm\int g(x)\mathrm{d}x.$$

证明　因为 $\left[\int f(x)\mathrm{d}x\pm\int g(x)\mathrm{d}x\right]'=\left[\int f(x)\mathrm{d}x\right]'\pm\left[\int g(x)\mathrm{d}x\right]'=f(x)\pm g(x)$，所以，

$$\int[f(x)\pm g(x)]\,\mathrm{d}x=\int f(x)\mathrm{d}x\pm\int g(x)\mathrm{d}x.$$

注意　此性质可以推广到有限多个函数的代数和的情形.

性质3　非零常数乘以一个函数的不定积分，该常数可以提到积分符号的前面，即

$$\int kf(x)\mathrm{d}x=k\int f(x)\mathrm{d}x,\ k\neq0.$$

证明　因为 $\left[k\int f(x)\mathrm{d}x\right]'=k\left[\int f(x)\mathrm{d}x\right]'=kf(x)$，所以，

$$\int kf(x)\mathrm{d}x=k\int f(x)\mathrm{d}x.$$

特别提醒　关于不定积分的运算性质，以下两个式子是**不成立**的：

$$\int[f(x)\cdot g(x)]\mathrm{d}x=\int f(x)\mathrm{d}x\cdot\int g(x)\mathrm{d}x,$$

$$\int\left[\frac{f(x)}{g(x)}\right]\mathrm{d}x=\frac{\int f(x)\mathrm{d}x}{\int g(x)\mathrm{d}x}.$$

即函数积（商）的不定积分并不等于它们不定积分的积（商）. 请思考为什么.

四、不定积分的基本公式

由前面的叙述可知，导数（或微分）运算与积分运算互为逆运算，因此，由基本的导数（或微分）公式，可以得到相应的基本积分公式：

(1) $\int k\,\mathrm{d}x=kx+C$；　(2) $\int x^a\mathrm{d}x=\dfrac{1}{\alpha+1}x^{\alpha+1}+C,\ \alpha\neq-1$；

(3) $\int\dfrac{1}{x}\mathrm{d}x=\ln|x|+C$；　(4) $\int a^x\mathrm{d}x=\dfrac{a^x}{\ln a}+C$，特别当 $a=\mathrm{e}$ 时，$\int\mathrm{e}^x\mathrm{d}x=\mathrm{e}^x+C$；

(5) $\int\cos x\,\mathrm{d}x=\sin x+C$；　(6) $\int\sin x\,\mathrm{d}x=-\cos x+C$；

(7) $\int\sec^2x\,\mathrm{d}x=\int\dfrac{1}{\cos^2x}\mathrm{d}x=\tan x+C$；　(8) $\int\csc^2x\,\mathrm{d}x=\int\dfrac{1}{\sin^2x}\mathrm{d}x=-\cot x+C$；

(9) $\int\dfrac{\mathrm{d}x}{\sqrt{1-x^2}}=\arcsin x+C$；　(10) $\int\dfrac{\mathrm{d}x}{1+x^2}=\arctan x+C$.

以上公式都可以利用导数与不定积分的互逆关系来验证.

例 5　验证公式 $\int \dfrac{1}{x}\mathrm{d}x = \ln|x| + C$.

解　当 $x > 0$ 时,有 $(\ln x)' = \dfrac{1}{x}$,当 $x < 0$ 时,有

$$[\ln(-x)]' = \frac{1}{-x}(-x)' = \frac{1}{-x}(-1) = \frac{1}{x}.$$

而 $\ln|x| = \begin{cases} \ln x, & x > 0 \\ \ln(-x), & x < 0 \end{cases}$. 综上所述,$\int \dfrac{1}{x}\mathrm{d}x = \ln|x| + C$.

例 6　验证公式 $\int x^{\alpha}\mathrm{d}x = \dfrac{1}{\alpha+1}x^{\alpha+1} + C,\ \alpha \neq -1$.

解　因为 $\left(\dfrac{1}{\alpha+1}x^{\alpha+1}\right)' = \dfrac{1}{\alpha+1} \cdot (\alpha+1)x^{\alpha} = x^{\alpha}$,所以

$$\int x^{\alpha}\mathrm{d}x = \frac{1}{\alpha+1}x^{\alpha+1} + C,\ \alpha \neq -1.$$

特别强调　这里的指数 α 是不等于 -1 的任意实数.

五、直接积分法求函数的不定积分

利用不定积分的运算性质和基本积分表,对被积函数进行恒等变形,将被积函数转化为基本积分公式表中的某些函数的组合,然后求出不定积分的方法,就是直接积分法.

例 7　求不定积分 $\int \dfrac{1}{x\sqrt{x}}\mathrm{d}x$.

解　$\displaystyle\int \frac{1}{x\sqrt{x}}\mathrm{d}x = \int x^{-\frac{3}{2}}\mathrm{d}x = \frac{1}{-\frac{3}{2}+1}x^{-\frac{3}{2}+1} + C = -2x^{-\frac{1}{2}} + C.$

例 8　求不定积分 $\int 2^{x}\mathrm{e}^{x}\mathrm{d}x$.

解　$\displaystyle\int 2^{x}\mathrm{e}^{x}\mathrm{d}x = \int (2\mathrm{e})^{x}\mathrm{d}x = \frac{(2\mathrm{e})^{x}}{\ln(2\mathrm{e})} + C = \frac{2^{x}\mathrm{e}^{x}}{1+\ln 2} + C.$

例 9　求不定积分 $\int \left(3x^{2} - \dfrac{x}{2} + \dfrac{2}{x}\right)\mathrm{d}x$.

解　$\displaystyle\int \left(3x^{2} - \frac{x}{2} + \frac{2}{x}\right)\mathrm{d}x = \int 3x^{2}\mathrm{d}x - \int \frac{x}{2}\mathrm{d}x + \int \frac{2}{x}\mathrm{d}x = 3\int x^{2}\mathrm{d}x - \frac{1}{2}\int x\,\mathrm{d}x + 2\int \frac{1}{x}\mathrm{d}x$

$$= (x^{3} + C_1) - \left(\frac{x^{2}}{4} + C_2\right) + (2\ln|x| + C_3)$$

$$= x^{3} - \frac{x^{2}}{4} + 2\ln|x| + C,\ (C = C_1 - C_2 + C_3).$$

注意　此题中被积函数是三个函数和差,在利用不定积分性质之后,拆成了 3 项,分别求不定积分,有 3 个积分常数. 因为任意常数与任意常数的和差还是任意常数. 因此,无论有限项不定积分的和差中,有限项为多少项,在求出不定积分后只需要加一个积分常数 C.

例 10　求 $\int (2^x - 3\sin x)\,\mathrm{d}x$.

解　$\int (2^x - 3\sin x)\,\mathrm{d}x = \int 2^x\,\mathrm{d}x - \int 3\sin x\,\mathrm{d}x$

$$= \int 2^x\,\mathrm{d}x - 3\int \sin x\,\mathrm{d}x = \frac{2^x}{\ln 2} + 3\cos x + C.$$

注意　不定积分的结果是否正确,是可以验证的.验证的方法就是,把所得的结果求导数,考察是否等于被积函数即可.如例 10 中,因为有

$$\left(\frac{2^x}{\ln 2} + 3\cos x + C \right)' = \left(\frac{2^x}{\ln 2} \right)' + (3\cos x)' + (C)' = 2^x - 3\sin x.$$

所以求解结果正确.

有些不定积分初看不能直接使用基本公式,但被积函数经过适当的恒等变形,可以利用基本积分公式及不定积分的运算性质来计算不定积分.

例 11　求不定积分 $\int \dfrac{\sqrt{1+x^2}}{\sqrt{1-x^4}}\,\mathrm{d}x$.

解　$\int \dfrac{\sqrt{1+x^2}}{\sqrt{1-x^4}}\,\mathrm{d}x = \int \dfrac{\sqrt{1+x^2}}{\sqrt{1-x^2}\sqrt{1+x^2}}\,\mathrm{d}x = \int \dfrac{1}{\sqrt{1-x^2}}\,\mathrm{d}x = \arcsin x + C.$

例 12　求不定积分 $\int \dfrac{x^4}{1+x^2}\,\mathrm{d}x$.

解　$\int \dfrac{x^4}{1+x^2}\,\mathrm{d}x = \int \dfrac{x^4-1+1}{1+x^2}\,\mathrm{d}x = \int \left[\dfrac{(x^2+1)(x^2-1)}{1+x^2} + \dfrac{1}{1+x^2} \right]\mathrm{d}x$

$$= \int \left(x^2 - 1 + \dfrac{1}{1+x^2} \right)\,\mathrm{d}x$$

$$= \int x^2\,\mathrm{d}x - \int 1\,\mathrm{d}x + \int \dfrac{1}{1+x^2}\,\mathrm{d}x = \dfrac{x^3}{3} - x + \arctan x + C.$$

例 13　求不定积分 $\int \tan^2 x\,\mathrm{d}x$.

解　$\int \tan^2 x\,\mathrm{d}x = \int (\sec^2 x - 1)\,\mathrm{d}x = \int \sec^2 x\,\mathrm{d}x - \int \mathrm{d}x = \tan x - x + C.$

例 14　求不定积分 $\int \sin^2 \dfrac{x}{2}\,\mathrm{d}x$.

解　$\int \sin^2 \dfrac{x}{2}\,\mathrm{d}x = \int \dfrac{1}{2}(1 - \cos x)\,\mathrm{d}x = \dfrac{1}{2}\int (1 - \cos x)\,\mathrm{d}x$

$$= \dfrac{1}{2}\left[\int \mathrm{d}x - \int \cos x\,\mathrm{d}x \right] = \dfrac{1}{2}(x - \sin x) + C.$$

例 15　求不定积分 $\int \dfrac{1}{\sin^2 x \cos^2 x}\,\mathrm{d}x$.

解　$\int \dfrac{1}{\sin^2 x \cos^2 x}\,\mathrm{d}x = \int \dfrac{\sin^2 x + \cos^2 x}{\sin^2 x \cos^2 x}\,\mathrm{d}x$

$$=\int \frac{1}{\cos^2 x}\mathrm{d}x+\int \frac{1}{\sin^2 x}\mathrm{d}x=\tan x-\cot x+C.$$

例 16　求 $\int \sqrt[3]{x}\,(x+2)(x-2)\mathrm{d}x$.

解　因为被积函数 $\sqrt[3]{x}\,(x+2)(x-2)=\sqrt[3]{x}\,(x^2-4)=x^{\frac{7}{3}}-4x^{\frac{1}{3}}$，所以有

$$\int \sqrt[3]{x}\,(x+2)(x-2)\mathrm{d}x=\int (x^{\frac{7}{3}}-4x^{\frac{1}{3}})\mathrm{d}x=\int x^{\frac{7}{3}}\mathrm{d}x-\int 4x^{\frac{1}{3}}\mathrm{d}x$$

$$=\frac{3}{10}x^{\frac{10}{3}}-3x^{\frac{4}{3}}+C.$$

经济分析往往涉及已知边际函数，来求经济函数(原函数)的问题，有些是可以用不定积分来完成的.

作为导数(或微分)的逆运算，若对已知的边际函数 $F'(x)$ 求不定积分，则可求得原经济函数 $F(x)=\int F'(x)\mathrm{d}x+C$，其中的积分常数 C 可由实际问题的具体条件确定.

例 17　某产品的边际收益是销量 q 的函数为 $R'(q)=10-\dfrac{2}{5}q$. 求销量 $q=30$ 时的边际收益及总收益.

解　因为边际收益函数为 $R'(q)=10-\dfrac{2}{5}q$，总收益函数为

$$R(q)=\int R'(q)\mathrm{d}q=\int \left(10-\frac{2q}{5}\right)\mathrm{d}q=10q-\frac{q^2}{5}+C.$$

当 $q=0$ 时，总收益 $R(0)=0$，故积分常数 $C=0$，所以总收益函数为 $R(q)=10q-\dfrac{q^2}{5}$.

当 $q=30$ 时，边际收益为 $R'(30)=-2$，总收益为 $R(30)=120$.

例 18　某煤炭公司的固定成本为 100 万元，该煤炭公司产煤 q 吨时的边际成本为 $C'(q)=-450+2q$，求：

(1) 该煤炭公司的总成本函数 $C(q)$；　(2) 当产量 $q=1\,000$ 吨时的总成本.

解　(1) 由边际成本为 $C'(q)=-450+2q$，可得总成本函数

$$C(q)=\int C'(q)\mathrm{d}q=\int (-450+2q)\mathrm{d}q=-450q+q^2+C.$$

又因为，固定成本为 100 万元，即 $C(0)=1\,000\,000=C$，所以，

$$C(q)=-450q+q^2+1\,000\,000.$$

(2) 当 $q=1\,000$ 吨时，将 $q=1\,000$ 代入 $C(q)=-450q+q^2+1\,000\,000$ 可得

$$C(1\,000)=1\,550\,000.$$

即，当 $q=1\,000$ 吨时，总成本为 155 万元.

例 19　生产某产品的边际成本函数为 $C'(x) = 3x^2 - 14x + 100$，固定成本 $C(0) =$ 10 000，求出生产 x 个产品的总成本函数.

解　当产量为 0 时的成本就是固定成本，即 $C(0) = 10\,000$，所以总成本函数

$$C(x) = C(0) + \int C'(x)\mathrm{d}x = 10\,000 + \int (3x^2 - 14x + 100)\mathrm{d}x$$
$$= 10\,000 + x^3 - 7x^2 + 100x.$$

习题 5.1

1. 填空题：

(1) $\int \left(5 + 3x^8 - \dfrac{2}{x}\right)\mathrm{d}x = $ ＿＿＿＿＿＿＿＿＿＿；

(2) $\int (6^x - \mathrm{e}^x)\mathrm{d}x = $ ＿＿＿＿＿＿＿＿＿＿；

(3) $\int \left(\dfrac{2}{3}\cos x + 4\sin x\right)\mathrm{d}x = $ ＿＿＿＿＿＿＿＿＿＿；

(4) $\int (3\sec^2 x + 2\csc^2 x)\mathrm{d}x = $ ＿＿＿＿＿＿＿＿＿＿；

(5) $\int \left(\dfrac{2}{\sqrt{1 - x^2}} - \dfrac{5}{1 + x^2}\right)\mathrm{d}x = $ ＿＿＿＿＿＿＿＿＿＿．

2. 求下列不定积分：

(1) $\int \sqrt[3]{x^2}\,\mathrm{d}x$；　　(2) $\int \dfrac{1}{\sqrt{x}}\mathrm{d}x$；　　(3) $\int \dfrac{1}{x^2}\mathrm{d}x$；

(4) $\int (3x^3 - 4x + 2x^{-1} - 5)\mathrm{d}x$；　　(5) $\int \left(5x^4 + x^2 - \dfrac{2}{x} + 3\right)\mathrm{d}x$；

(6) $\int \sqrt[3]{x}\,(x + 1)\mathrm{d}x$；　　(7) $\int \dfrac{1 + \sqrt{x}}{\sqrt[3]{x}}\mathrm{d}x$；　　(8) $\int \dfrac{x^2 - 1}{x^2 + 1}\mathrm{d}x$；　　(9) $\int \dfrac{x^4 + 1}{x^2 + 1}\mathrm{d}x$；

(10) $\int \dfrac{\cos 2x}{\sin^2 x \cos^2 x}\mathrm{d}x$；　　(11) $\int (5^x - 3\cos x)\mathrm{d}x$；　　(12) $\int \dfrac{3x^2 + 1}{x^2(x^2 + 1)}\mathrm{d}x$；

(13) $\int \dfrac{1 - \mathrm{e}^{2x}}{1 + \mathrm{e}^x}\mathrm{d}x$；　　(14) $\int \dfrac{2 \cdot 3^x - 5 \cdot 6^x}{3^x}\mathrm{d}x$；　　(15) $\int \dfrac{\cos 2x}{\cos x - \sin x}\mathrm{d}x$．

3. 求过已知点 $(2, 5)$，且其切线的斜率始终为 $3x^2$ 的曲线方程.

4. 某产品的边际收益是销量 q 的函数为 $R'(q) = 100 - 0.2q$. 求销量 $q = 50$ 时的边际收益及总收益.

5. 某公司的固定成本为 200 万元，该公司产量为 q 吨时的边际成本为 $C'(q) = -500 + 2q$，求：
   (1) 该公司的总成本函数 $C(q)$；　　(2) 当产量 $q = 2\,000$ 吨时的总成本.

§5.2 不定积分的换元积分法

能用直接积分法计算的不定积分是很有限的,比如看起来比较简单的 $\tan x$ 与 $\cot x$ 这样的基本初等函数的不定积分,就不能用直接积分法求得.因此,还需要寻求其他的积分方法.这一节,将介绍不定积分的最基本也是最重要的方法——换元积分法,简称换元法.

一、第一类换元积分法

引例 求 $\int \cos 3x\,\mathrm{d}x$.

分析 因为被积函数 $\cos 3x$ 是复合函数,不能直接套用公式 $\int \cos x\,\mathrm{d}x = \sin x + C$,而该积分却与此公式相关.为了套用这个公式,不妨先改变公式中的字母: $\int \cos u\,\mathrm{d}u = \sin u + C$,于是把所求的积分作下列变形,再作计算:

$$\int \cos 3x\,\mathrm{d}x = \int \cos 3x \cdot \frac{1}{3}\mathrm{d}(3x) \xrightarrow[\mathrm{d}x=\frac{1}{3}\mathrm{d}(3x)]{\text{令}\,u=3x} \frac{1}{3}\int \cos u\,\mathrm{d}u = \frac{1}{3}\sin u + C$$

$$\xrightarrow[\text{回代}]{u=3x} \frac{1}{3}\sin 3x + C.$$

验证 因为 $\left(\frac{1}{3}\sin 3x + C\right)' = \cos 3x$,所以 $\frac{1}{3}\sin 3x + C$ 确实是 $\sin 3x$ 的原函数,这说明上面的方法是正确的.

这里,引入新的中间变量 $u=3x$,从而把原来的积分化为新的积分变量为 u 的积分,再用基本积分公式求解,即利用 $\int \cos x\,\mathrm{d}x = \sin x + C$,推广得 $\int \cos u\,\mathrm{d}u = \sin u + C$,再回代 $u=3x$ 而得其积分结果的.

可以看到,更一般的情形,设有积分恒等式 $\int f(x)\,\mathrm{d}x = F(x) + C$ 成立,那么当 u 是 x 的任何一个可导函数 $u=\varphi(x)$ 时,积分等式 $\int f(u)\,\mathrm{d}u = F(u) + C$ 仍然成立.

这个结论表明:在基本积分公式中,自变量 x 换成任一可导函数 $u=\varphi(x)$ 时,公式仍成立: $\int f[\varphi(x)]\mathrm{d}\varphi(x) = F[\varphi(x)] + C$,这种求积分的方法就是第一类换元积分法.

定理 1(第一类换元法) 设 $f(u)$ 具有原函数 $F(u)$, $u=\varphi(x)$ 可导,则有

$$\int f[\varphi(x)] \cdot \varphi'(x)\,\mathrm{d}x = \int f[\varphi(x)]\,\mathrm{d}\varphi(x) \xrightarrow{\text{令}\,u=\varphi(x)} \int f(u)\,\mathrm{d}u$$

$$=F(u)+C \xrightarrow{\text{回代}} F[\varphi(x)]+C.$$

例 1　求 $\int 5\mathrm{e}^{5x}\,\mathrm{d}x$.

解　$\int 5\mathrm{e}^{5x}\,\mathrm{d}x = \int \mathrm{e}^{5x}\cdot(5x)'\,\mathrm{d}x = \int \mathrm{e}^{5x}\,\mathrm{d}(5x) \xrightarrow[\text{换元}]{\text{令}\,u=5x} \int \mathrm{e}^u\,\mathrm{d}u = \mathrm{e}^u + C$，最后，将变量 u $=5x$ 回代，即得 $\int 5\mathrm{e}^{5x}\,\mathrm{d}x = \mathrm{e}^{5x}+C$.

根据引例和例 1，可以小结一下第一换元法求不定积分的步骤：

（1）将被积函数中的简单因子凑成复合函数中间变量的微分；

（2）引入中间变量作换元；

（3）利用基本积分公式计算不定积分；

（4）中间变量还原.

显然最重要的是第一步——凑微分，所以第一类换元积分法通常也称为凑微分法.

例 2　求不定积分 $\int \dfrac{1}{3+2x}\,\mathrm{d}x$.

解　$\int \dfrac{1}{3+2x}\,\mathrm{d}x = \dfrac{1}{2}\int \dfrac{1}{3+2x}\cdot(3+2x)'\,\mathrm{d}x = \dfrac{1}{2}\int \dfrac{1}{3+2x}\,\mathrm{d}(3+2x)$

$$\xrightarrow{3+2x=u} \dfrac{1}{2}\int \dfrac{1}{u}\,\mathrm{d}u = \dfrac{1}{2}\ln|u|+C \xrightarrow{u=3+2x} \dfrac{1}{2}\ln|3+2x|+C.$$

注意　一般情形：$\int f(ax+b)\,\mathrm{d}x \xrightarrow{ax+b=u} \dfrac{1}{a}\int f(u)\,\mathrm{d}u.$

例 3　求不定积分 $\int (2x+1)^{10}\,\mathrm{d}x$.

解　利用凑微分公式 $\mathrm{d}x = \dfrac{1}{a}\mathrm{d}(ax+b)$，所以，

$$\int (2x+1)^{10}\,\mathrm{d}x = \dfrac{1}{2}\int (2x+1)^{10}(2x+1)'\,\mathrm{d}x = \dfrac{1}{2}\int (2x+1)^{10}\,\mathrm{d}(2x+1)$$

$$\xrightarrow[\text{换元}]{2x+1=u} \dfrac{1}{2}\int u^{10}\,\mathrm{d}u = \dfrac{1}{2}\cdot\dfrac{u^{11}}{11}+C \xrightarrow[\text{回代}]{u=2x+1} \dfrac{1}{22}(2x+1)^{11}+C.$$

例 4　求不定积分 $\int (3x-4)^{99}\,\mathrm{d}x$.

解　被积函数 $(3x-4)^{99}$ 是复合函数，中间变量 $u=3x-4$，$(3x-4)'=3$，所凑微分是 $\mathrm{d}x = \dfrac{1}{3}\mathrm{d}(3x-4)$，所以，

$$\int (3x-4)^{99}\,\mathrm{d}x = \dfrac{1}{3}\int (3x-4)^{99}\,\mathrm{d}(3x-4) \xrightarrow[\text{换元}]{\text{令}\,u=3x-4} \dfrac{1}{3}\int u^{99}\,\mathrm{d}u$$

$$=\dfrac{1}{3}\cdot\dfrac{u^{100}}{100}+C \xrightarrow[\text{回代}]{u=3x-4} \dfrac{1}{300}(3x-4)^{100}+C.$$

例 5　求 $\int \sin(2x+1)\,\mathrm{d}x$.

解 被积函数 $\sin(2x+1)$ 是复合函数,中间变量为 $u=2x+1$,$(2x+1)'=2$,所凑微分是 $\mathrm{d}x=\dfrac{1}{2}\mathrm{d}(2x+1)$. 因此,

$$\int \sin(2x+1)\mathrm{d}x = \frac{1}{2}\int \sin(2x+1)\mathrm{d}(2x+1)$$

$$\xlongequal[\text{换元}]{\text{令}\,u=2x+1} \frac{1}{2}\int \sin u\,\mathrm{d}u = \frac{-1}{2}\cos u + C$$

$$\xlongequal[\text{回代}]{u=2x+1} \frac{-1}{2}\cos(2x+1)+C.$$

当运算比较熟练后,设定中间变量 $\varphi(x)=u$ 和回代过程 $u=\varphi(x)$ 可以省略,将 $\varphi(x)$ 当作 u 积分就行了.

例 6 求 $\displaystyle\int \mathrm{e}^{-3x+1}\mathrm{d}x$.

解 $\displaystyle\int \mathrm{e}^{-3x+1}\mathrm{d}x = -\frac{1}{3}\int \mathrm{e}^{-3x+1}\mathrm{d}(-3x+1) = -\frac{1}{3}\mathrm{e}^{-3x+1}+C.$

例 7 求 $\displaystyle\int \frac{\mathrm{d}x}{\sqrt[5]{1+2x}}$.

解 $\displaystyle\int \frac{\mathrm{d}x}{\sqrt[5]{1+2x}} = \frac{1}{2}\int (1+2x)^{-\frac{1}{5}}\mathrm{d}(1+2x)$

$$= \frac{1}{2}\cdot\frac{5}{4}(1+2x)^{\frac{4}{5}}+C = \frac{5}{8}\sqrt[5]{(1+2x)^4}+C.$$

例 8 求 $\displaystyle\int \frac{1}{a^2+x^2}\mathrm{d}x$.

解 将函数变形,$\dfrac{1}{a^2+x^2}=\dfrac{1}{a^2}\cdot\dfrac{1}{1+\left(\dfrac{x}{a}\right)^2}$,由 $\mathrm{d}x=a\,\mathrm{d}\left(\dfrac{x}{a}\right)$,所以得到

$$\int \frac{1}{a^2+x^2}\mathrm{d}x = \frac{1}{a}\int \frac{1}{1+\left(\dfrac{x}{a}\right)^2}\mathrm{d}\left(\frac{x}{a}\right) = \frac{1}{a}\arctan\frac{x}{a}+C.$$

例 9 求 $\displaystyle\int \frac{1}{\sqrt{a^2-x^2}}\mathrm{d}x$,$a>0$.

解 $\displaystyle\int \frac{1}{\sqrt{a^2-x^2}}\mathrm{d}x = \int \frac{1}{a\sqrt{1-\left(\dfrac{x}{a}\right)^2}}\mathrm{d}x = \int \frac{1}{\sqrt{1-\left(\dfrac{x}{a}\right)^2}}\mathrm{d}\left(\frac{x}{a}\right) = \arcsin\frac{x}{a}+C$

注意 例 1～例 9 中用到的凑微分就是 $\mathrm{d}x=\dfrac{1}{a}\mathrm{d}(ax+b)$.

例 10 求 $\displaystyle\int \frac{x}{a^2+x^2}\mathrm{d}x$.

解　$\dfrac{1}{a^2+x^2}$ 为复合函数，$u=a^2+x^2$ 是中间变量，而 $(a^2+x^2)'=2x$，所凑微分是

$x\,\mathrm{d}x=\dfrac{1}{2}\mathrm{d}(a^2+x^2)$，所以，

$$\int \frac{x}{a^2+x^2}\mathrm{d}x=\frac{1}{2}\int \frac{1}{a^2+x^2}\cdot(a^2+x^2)'\mathrm{d}x=\frac{1}{2}\int \frac{1}{a^2+x^2}\mathrm{d}(a^2+x^2)$$

$$=\frac{1}{2}\int \frac{1}{u}\mathrm{d}u=\frac{1}{2}\ln|u|+C=\frac{1}{2}\ln(a^2+x^2)+C.$$

对第一类换元法熟悉后，整个过程可简化为两步完成.

例 11　求 $\displaystyle\int x\,\mathrm{e}^{x^2}\mathrm{d}x$.

解　$\displaystyle\int x\,\mathrm{e}^{x^2}\mathrm{d}x=\frac{1}{2}\int \mathrm{e}^{x^2}\mathrm{d}x^2=\frac{1}{2}\mathrm{e}^{x^2}+C.$

例 12　求 $\displaystyle\int x\sqrt{1-x^2}\,\mathrm{d}x$.

解　$\sqrt{1-x^2}$ 为复合函数，$u=1-x^2$ 是中间变量，而 $(1-x^2)'=-2x$，所凑微分是

$x\,\mathrm{d}x=\dfrac{-1}{2}\mathrm{d}(1-x^2)$，所以，

$$\int x\sqrt{1-x^2}\,\mathrm{d}x=-\frac{1}{2}\int \sqrt{1-x^2}\,\mathrm{d}(1-x^2)=-\frac{1}{3}(1-x^2)^{\frac{3}{2}}+C.$$

注意　例 10～例 12 用到的凑微分就是 $x\,\mathrm{d}x=\dfrac{1}{2a}\mathrm{d}(ax^2+b)$.

例 13　求 $\displaystyle\int \tan x\,\mathrm{d}x$.

解　$\displaystyle\int \tan x\,\mathrm{d}x=\int \frac{\sin x\,\mathrm{d}x}{\cos x}=\int \frac{-\mathrm{d}\cos x}{\cos x}=-\ln|\cos x|+C.$

同理，可以推得 $\displaystyle\int \cot x\,\mathrm{d}x=\ln|\sin x|+C.$

例 14　求 $\displaystyle\int \sin 2x\,\mathrm{d}x$.

解法一　原式 $=\dfrac{1}{2}\displaystyle\int \sin 2x\,\mathrm{d}(2x)=-\dfrac{1}{2}\cos 2x+C_1$；

解法二　原式 $=2\displaystyle\int \sin x\cos x\,\mathrm{d}x=2\displaystyle\int \sin x\,\mathrm{d}(\sin x)=(\sin x)^2+C_2$；

解法三　原式 $=2\displaystyle\int \sin x\cos x\,\mathrm{d}x=-2\displaystyle\int \cos x\,\mathrm{d}(\cos x)=-(\cos x)^2+C_3.$

这里采用 3 种不同的凑微分方法，使得同一个不定积分有 3 个看起来不相同的结果. 其实，这些结果之间只是相差了一个常数，可以根据各种三角变换公式自行验证.

注意　例 13 和例 14 用到的凑微分是 $\cos x\,\mathrm{d}x=\mathrm{d}(\sin x)$，$\sin x\,\mathrm{d}x=-\mathrm{d}(\cos x)$.

表 5-2-1 列举了常见的凑微分形式，需要多做练习，不断归纳，积累经验，才能灵活运用.

表 5 - 2 - 1

	积分类型	换元公式
第一换元积分法	$\int f(ax+b)\mathrm{d}x = \dfrac{1}{a}\int f(ax+b)\mathrm{d}(ax+b)$, $a \neq 0$	$u = ax+b$
	$\int f(x^{\mu})x^{\mu-1}\mathrm{d}x = \dfrac{1}{\mu}\int f(x^{\mu})\mathrm{d}(x^{\mu})$, $\mu \neq 0$	$u = x^{\mu}$
	$\int f(\ln x) \cdot \dfrac{1}{x}\mathrm{d}x = \int f(\ln x)\mathrm{d}(\ln x)$	$u = \ln x$
	$\int f(\mathrm{e}^{x}) \cdot \mathrm{e}^{x}\mathrm{d}x = \int f(\mathrm{e}^{x})\mathrm{d}\mathrm{e}^{x}$	$u = \mathrm{e}^{x}$
	$\int f(a^{x}) \cdot a^{x}\mathrm{d}x = \dfrac{1}{\ln a}\int f(a^{x})\mathrm{d}a^{x}$	$u = a^{x}$
	$\int f(\sin x) \cdot \cos x\,\mathrm{d}x = \int f(\sin x)\mathrm{d}\sin x$	$u = \sin x$
	$\int f(\cos x) \cdot \sin x\,\mathrm{d}x = -\int f(\cos x)\mathrm{d}\cos x$	$u = \cos x$
	$\int f(\tan x)\sec^{2}x\,\mathrm{d}x = \int f(\tan x)\mathrm{d}\tan x$	$u = \tan x$
	$\int f(\cot x)\csc^{2}x\,\mathrm{d}x = -\int f(\cot x)\mathrm{d}\cot x$	$u = \cot x$
	$\int f(\arctan x)\dfrac{1}{1+x^{2}}\mathrm{d}x = \int f(\arctan x)\mathrm{d}(\arctan x)$	$u = \arctan x$
	$\int f(\arcsin x)\dfrac{1}{\sqrt{1-x^{2}}}\mathrm{d}x = \int f(\arcsin x)\mathrm{d}(\arcsin x)$	$u = \arcsin x$

例 15* 求 $\displaystyle\int \frac{1}{x(1+2\ln x)}\mathrm{d}x$.

解 因为 $\dfrac{1}{x}\mathrm{d}x = \mathrm{d}(\ln x)$，有 $\dfrac{1}{x}\mathrm{d}x = \dfrac{1}{2}\mathrm{d}(1+2\ln x)$，所以，

$$\int \frac{1}{x(1+2\ln x)}\mathrm{d}x = \int \frac{1}{1+2\ln x}\mathrm{d}(\ln x) = \frac{1}{2}\int \frac{1}{1+2\ln x}\mathrm{d}(1+2\ln x)$$
$$= \frac{1}{2}\ln|1+2\ln x| + C.$$

例 16* 求 $\displaystyle\int \frac{\sin\sqrt{x}}{2\sqrt{x}}\mathrm{d}x$.

解 因为 $\dfrac{1}{2\sqrt{x}}\mathrm{d}x = \mathrm{d}\sqrt{x}$，所以，

$$\int \frac{\sin\sqrt{x}}{2\sqrt{x}}\mathrm{d}x = \int \sin\sqrt{x}\,\mathrm{d}\sqrt{x} = -\cos\sqrt{x} + C.$$

例 17* 求 $\displaystyle\int \frac{\mathrm{e}^{x}}{\mathrm{e}^{x}+2}\mathrm{d}x$.

解 $\displaystyle\int \frac{\mathrm{e}^{x}}{\mathrm{e}^{x}+2}\mathrm{d}x = \int \frac{1}{\mathrm{e}^{x}+2}\mathrm{d}\mathrm{e}^{x} = \int \frac{1}{\mathrm{e}^{x}+2}\mathrm{d}(\mathrm{e}^{x}+2) = \ln(\mathrm{e}^{x}+2) + C.$

例 18* 求 $\int \sec x \,\mathrm{d}x$.

解 $\int \sec x \,\mathrm{d}x = \int \sec x \cdot \dfrac{\sec x + \tan x}{\sec x + \tan x} \mathrm{d}x = \int \dfrac{\sec^2 x + \sec x \tan x}{\sec x + \tan x} \mathrm{d}x$

$\qquad = \int \dfrac{\mathrm{d}(\sec x + \tan x)}{\sec x + \tan x} = \ln|\sec x + \tan x| + C.$

此例同样的方法可得：$\int \csc x \,\mathrm{d}x = \ln|\csc x - \cot x| + C.$

例 19 求 $\int \sin^2 x \,\mathrm{d}x$.

解 $\int \sin^2 x \,\mathrm{d}x = \int \dfrac{1 - \cos 2x}{2} \mathrm{d}x = \dfrac{1}{2}x - \dfrac{1}{4}\sin 2x + C.$

例 20 求 $\int \sin^3 x \,\mathrm{d}x$.

解 $\int \sin^3 x \,\mathrm{d}x = \int \sin^2 x \sin x \,\mathrm{d}x = -\int (1 - \cos^2 x)\mathrm{d}(\cos x)$

$\qquad = -\int \mathrm{d}(\cos x) + \int \cos^2 x \,\mathrm{d}(\cos x) = -\cos x + \dfrac{1}{3}\cos^3 x + C.$

例 21 求 $\int \sin^2 x \cdot \cos^5 x \,\mathrm{d}x$.

解 原式 $= \int \sin^2 x \cdot \cos^4 x \,\mathrm{d}(\sin x) = \int \sin^2 x \cdot (1 - \sin^2 x)^2 \mathrm{d}(\sin x)$

$\qquad = \dfrac{1}{3}\sin^3 x - \dfrac{2}{5}\sin^5 x + \dfrac{1}{7}\sin^7 x + C.$

例 22 求下列不定积分：

(1) $\int \sec^6 x \,\mathrm{d}x$; (2) $\int \tan^5 x \cdot \sec^3 x \,\mathrm{d}x$.

解 (1) $\int \sec^6 x \,\mathrm{d}x = \int (\sec^2 x)^2 \sec^2 x \,\mathrm{d}x = \int (1 + \tan^2 x)^2 \mathrm{d}(\tan x)$

$\qquad = \int (1 + 2\tan^2 x + \tan^4 x) \,\mathrm{d}(\tan x) = \tan x + \dfrac{2}{3}\tan^3 x + \dfrac{1}{5}\tan^5 x + C.$

(2) $\int \tan^5 x \cdot \sec^3 x \,\mathrm{d}x = \int \tan^4 x \sec^2 x \sec x \tan x \,\mathrm{d}x = \int (\sec^2 x - 1)^2 \sec^2 x \,\mathrm{d}(\sec x)$

$\qquad = \int (\sec^6 x - 2\sec^4 x + \sec^2 x) \,\mathrm{d}(\sec x)$

$\qquad = \dfrac{1}{7}\sec^7 x - \dfrac{2}{5}\sec^5 x + \dfrac{1}{3}\sec^3 x + C.$

二、第二类换元积分法

第一类换元法是通过选择新积分变量 u，用 $\varphi(x) = u$ 换元，从而使原积分便于求出. 但有些积分，如 $\int \dfrac{1}{\sqrt{x}(1 + \sqrt[3]{x})} \mathrm{d}x$，$\int \dfrac{1}{\sqrt{x^2 + a^2}} \mathrm{d}x$ 等，直接积分法不能解决，而再用第一换元法将会比较难于凑微分，因此需要寻找新的换元方法.

定理 2(第二类换元法) 设

(1) $x = \psi(t)$ 是单调可导函数,且 $\psi'(t) \neq 0$; (2) $\int f[\psi(t)] \cdot \psi'(t)\mathrm{d}t = F(t) + C$,

则有换元公式

$$\int f(x)\mathrm{d}x \xrightarrow{x=\psi(t)} \int f[\psi(t)] \cdot \psi'(t)\mathrm{d}t = F(t) + C \xrightarrow{t=\psi^{-1}(x)} F[\psi^{-1}(x)] + C.$$

其中,$t = \psi^{-1}(x)$ 是 $x = \psi(t)$ 的反函数.

第二类换元法常用于求解含有根式的被积函数的不定积分,是一种更为直接的换元法,运用这种换元法的首要目标是消去被积函数中的根式.

1. 直接代换根式 $\sqrt[n]{ax+b} = t$ 消去根号

例 23 求不定积分 $\int \dfrac{1}{x + \sqrt{x}}\mathrm{d}x$.

解 令变量 $t = \sqrt{x}$,即作变量代换 $x = t^2 (t > 0)$,微分 $\mathrm{d}x = 2t\mathrm{d}t$,所以不定积分为

$$\int \frac{1}{x + \sqrt{x}}\mathrm{d}x = \int \frac{1}{t^2 + t} \cdot 2t\mathrm{d}t = 2\int \frac{1}{t+1}\mathrm{d}t$$

$$= 2\ln|t+1| + C \xrightarrow[\text{回代}]{\sqrt{x}=t} 2\ln(\sqrt{x}+1) + C.$$

例 24 求不定积分 $\int \dfrac{\sqrt{2x-1}}{x}\mathrm{d}x$.

解 令 $\sqrt{2x-1} = t$,则 $x = \dfrac{1}{2}(1+t^2)$,$\mathrm{d}x = t\mathrm{d}t$,因而有

$$\int \frac{\sqrt{2x-1}}{x}\mathrm{d}x = \int \frac{2t}{1+t^2} \cdot t\mathrm{d}t = 2\int \frac{t^2+1-1}{1+t^2}\mathrm{d}t = 2\int \left(1 - \frac{1}{1+t^2}\right)\mathrm{d}t = 2(t - \arctan t) + C$$

$$\xrightarrow[\text{回代}]{t=\sqrt{2x-1}} 2(\sqrt{2x-1} - \arctan\sqrt{2x-1}) + C.$$

例 25 求不定积分 $\int \dfrac{1}{\sqrt{x}(1+\sqrt[3]{x})}\mathrm{d}x$.

方法 当被积函数含有两种或两种以上的根式 $\sqrt[k]{x}, \cdots, \sqrt[l]{x}$ 时,可令 $x = t^n$(n 为各根指数的最小公倍数).

解 令 $\sqrt[6]{x} = t$,则 $x = t^6$,$\mathrm{d}x = \mathrm{d}(t^6) = 6t^5\mathrm{d}t$,

$$\int \frac{1}{\sqrt{x}(1+\sqrt[3]{x})}\mathrm{d}x = \int \frac{6t^5}{t^3(1+t^2)}\mathrm{d}t = \int \frac{6t^2}{1+t^2}\mathrm{d}t = 6\int \frac{t^2+1-1}{1+t^2}\mathrm{d}t$$

$$= 6\int \left(1 - \frac{1}{1+t^2}\right)\mathrm{d}t = 6[t - \arctan t] + C$$

$$\xrightarrow[\text{回代}]{t=\sqrt[6]{x}} 6[\sqrt[6]{x} - \arctan\sqrt[6]{x}] + C.$$

2^*. 利用三角公式 $\begin{cases} \sin^2 t + \cos^2 t = 1 \\ \tan^2 t + 1 = \sec^2 t \end{cases}$ 代换消去根号

例 26 求不定积分 $\displaystyle\int \frac{1}{\sqrt{x^2 - a^2}}dx$，$a > 0$.

解 利用三角公式 $\sec^2 t - 1 = \tan^2 t$ 消去根号. 设 $x = a \sec t \left(0 < t < \dfrac{\pi}{2}\right)$，则

$$\sqrt{x^2 - a^2} = a \tan t, \quad \mathrm{d}x = \mathrm{d}(a \sec t) = a \sec t \cdot \tan t \, \mathrm{d}t,$$

于是 $\displaystyle\int \frac{1}{\sqrt{x^2 - a^2}}dx = \int \frac{a \sec t \cdot \tan t}{a \tan t}dt = \int \sec t \, dt = \ln|\sec t + \tan t| + C_1.$

根据 $\sec t = \dfrac{x}{a}$，作辅助三角形如图 5-2-1 所示，得

$$\int \frac{1}{\sqrt{x^2 - a^2}}dx = \ln|\sec t + \tan t| + C_1$$

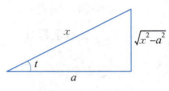

图 5-2-1

$$\xrightarrow{\text{回代}} \ln\left|\frac{x}{a} + \frac{\sqrt{x^2 - a^2}}{a}\right| + C_1 = \ln\left|x + \sqrt{x^2 - a^2}\right| + C.$$

其中，$C = C_1 - \ln a$.

例 27 求不定积分 $\displaystyle\int \frac{1}{\sqrt{x^2 + a^2}}dx$，$a > 0$.

解 利用三角公式 $1 + \tan^2 t = \sec^2 t$ 消去根号.

令 $x = a \tan t \left(-\dfrac{\pi}{2} < t < \dfrac{\pi}{2}\right)$，则 $\sqrt{x^2 + a^2} = a \sec t$，

$$\mathrm{d}x = \mathrm{d}(a \tan t) = a \sec^2 t \, \mathrm{d}t,$$

故 $\displaystyle\int \frac{1}{\sqrt{x^2 + a^2}}dx = \int \frac{a \sec^2 t}{a \sec t}dt = \int \sec t \, dt = \ln|\sec t + \tan t| + C_1.$

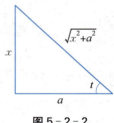

图 5-2-2

根据 $\tan t = \dfrac{x}{a}$，作辅助三角形如图 5-2-2 所示，得

$$\int \frac{1}{\sqrt{x^2 + a^2}}dx = \ln|\sec t + \tan t| + C_1$$

$$= \ln\left|\frac{x}{a} + \frac{\sqrt{x^2 + a^2}}{a}\right| + C_1 \xrightarrow{\text{回代}} \ln\left|x + \sqrt{x^2 + a^2}\right| + C.$$

其中，$C = C_1 - \ln a$.

例 28 求不定积分 $\displaystyle\int \sqrt{a^2 - x^2}\, dx$，$a > 0$.

解 利用三角公式 $\sin^2 t + \cos^2 t = 1$ 消去根号.

令 $x = a \sin t \left(-\dfrac{\pi}{2} < t < \dfrac{\pi}{2}\right)$，则 $\sqrt{a^2 - x^2} = a\sqrt{1 - \sin^2 t} = a \cos t$，

$$dx = d(a\sin t) = a\cos t\,dt,$$

故 $\displaystyle\int \sqrt{a^2 - x^2}\,dx = \int a\cos t \cdot a\cos t\,dt = a^2 \int \cos^2 t\,dt = a^2 \int \frac{1 + \cos 2t}{2}\,dt$

$$= \frac{a^2}{2}\left(t + \frac{1}{2}\sin 2t\right) + C.$$

由 $x = a\sin t$ 或 $\sin t = \dfrac{x}{a}$ 作辅助三角形如图 5-2-3 所示. 由图易知

$$t = \arcsin \frac{x}{a},\ \cos t = \frac{\sqrt{a^2 - x^2}}{a},$$

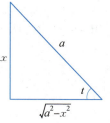

图 5-2-3

代入上式得

$$\int \sqrt{a^2 - x^2}\,dx = \frac{a^2}{2}\left(t + \frac{1}{2}\sin 2t\right) + C = \frac{a^2}{2}(t + \sin t\cos t) + C$$

$$\xlongequal{\text{回代}} \frac{a^2}{2}\left(\arcsin \frac{x}{a} + \frac{x}{a} \cdot \frac{\sqrt{a^2 - x^2}}{a}\right) + C$$

$$= \frac{a^2}{2}\arcsin \frac{x}{a} + \frac{x}{2}\sqrt{a^2 - x^2} + C.$$

从以上的例子可以看出,三角代换常用于求解被积函数为二次根式的不定积分.

以上几个例子使用的代换称为三角代换,归纳于表 5-2-2.

表 5-2-2

被积函数 $f(x)$ 含有	作 代 换
$\sqrt{a^2 - x^2}$	$x = a\sin t$
$\sqrt{x^2 + a^2}$	$x = a\tan t$
$\sqrt{x^2 - a^2}$	$x = a\sec t$

注意　三角代换最后的结果一定要回代(通过作辅助直角三角形).

但并不是所有的带有根号的无理式的积分都需要用到第二换元法,如果直接用公式或凑微分来积分也简便,可以不用第二换元法. 如例 23,

$$\int \frac{1}{x + \sqrt{x}}\,dx = \int \frac{1}{\sqrt{x}(\sqrt{x} + 1)}\,dx = 2\int \frac{1}{\sqrt{x} + 1}\,d(\sqrt{x} + 1) = 2\ln(\sqrt{x} + 1) + C.$$

可以看到,此题用凑微分法计算也比较简便.

例 29　求不定积分 $\displaystyle\int \frac{1}{\sqrt{a^2 - x^2}}\,dx,\ a > 0.$

解法一　利用三角公式 $\sin^2 t + \cos^2 t = 1$ 消去根号.

令 $x = a \sin t \ \left(-\dfrac{\pi}{2} < t < \dfrac{\pi}{2} \right)$，则

$$\sqrt{a^2 - x^2} = a\sqrt{1 - \sin^2 t} = a \cos t, \ \mathrm{d}x = a \cos t \, \mathrm{d}t,$$

于是

$$\int \frac{1}{\sqrt{a^2 - x^2}} \mathrm{d}x = \int \frac{1}{a \cos t} \cdot a \cos t \, \mathrm{d}t = \int \mathrm{d}t = t + C.$$

由 $x = a \sin t$ 或 $\sin t = \dfrac{x}{a}$ 作辅助三角形如图 5 - 2 - 3 所示. 由图易知 $t = \arcsin \dfrac{x}{a}$，因而，

$$\int \frac{1}{\sqrt{a^2 - x^2}} \mathrm{d}x = \arcsin \frac{x}{a} + C.$$

解法二 参看前面的例 9.

依据两种换元法所得到的一些结论,作为基本积分公式的补充.

(11) $\displaystyle\int \tan x \, \mathrm{d}x = -\ln|\cos x| + C$；   (12) $\displaystyle\int \cot x \, \mathrm{d}x = \ln|\sin x| + C$；

(13) $\displaystyle\int \sec x \, \mathrm{d}x = \ln|\sec x + \tan x| + C$；   (14) $\displaystyle\int \csc x \, \mathrm{d}x = \ln|\csc x - \cot x| + C$；

(15) $\displaystyle\int \frac{1}{a^2 + x^2} \mathrm{d}x = \frac{1}{a} \arctan \frac{x}{a} + C$；   (16) $\displaystyle\int \frac{1}{a^2 - x^2} \mathrm{d}x = \frac{1}{2a} \ln \left| \frac{a + x}{a - x} \right| + C$；

(17) $\displaystyle\int \frac{1}{\sqrt{a^2 - x^2}} \mathrm{d}x = \arcsin \frac{x}{a} + C, \ a > 0$；

(18) $\displaystyle\int \sqrt{a^2 - x^2} \, \mathrm{d}x = \frac{a^2}{2} \arcsin \frac{x}{a} + \frac{x}{2} \sqrt{a^2 - x^2} + C, \ a > 0$；

(19) $\displaystyle\int \frac{1}{\sqrt{x^2 \pm a^2}} \mathrm{d}x = \ln \left| x + \sqrt{x^2 \pm a^2} \right| + C, \ a > 0.$

习题 5.2

1. 在下列各等式右端的括号内填入适当的常数,使等式成立:

(1) $\mathrm{d}x = ($ $) \mathrm{d}(5x + 3)$；   (2) $\mathrm{d}x = ($ $) \mathrm{d}(6x - 7)$；

(3) $x \mathrm{d}x = ($ $) \mathrm{d}(5x^2)$；   (4) $x \mathrm{d}x = ($ $) \mathrm{d}(1 + 3x^2)$；

(5) $x^2 \mathrm{d}x = ($ $) \mathrm{d}(4x^3 + 3)$；   (6) $\mathrm{e}^{4x} \mathrm{d}x = ($ $) \mathrm{d}(\mathrm{e}^{4x})$.

2. 求下列不定积分:

(1) $\displaystyle\int (2x - 3)^{20} \mathrm{d}x$；   (2) $\displaystyle\int (5 - 3x)^8 \mathrm{d}x$；   (3) $\displaystyle\int \frac{1}{\sqrt{1 + 2x}} \mathrm{d}x$；   (4) $\displaystyle\int \frac{1}{1 - 6x} \mathrm{d}x$；

(5) $\displaystyle\int \mathrm{e}^{-3x} \mathrm{d}x$；   (6) $\displaystyle\int \mathrm{e}^{6x+1} \mathrm{d}x$；   (7) $\displaystyle\int \cos(4x + 3) \mathrm{d}x$；   (8) $\displaystyle\int \sin(-3x + 2) \mathrm{d}x$；

(9) $\displaystyle\int \cot x \, \mathrm{d}x$；   (10) $\displaystyle\int \frac{\cos x}{\sin^3 x} \mathrm{d}x$；   (11) $\displaystyle\int \sin^3 x \cos x \, \mathrm{d}x$；   (12) $\displaystyle\int \sin x \cos^2 x \, \mathrm{d}x$；

(13) $\int x\sqrt{1+x^2}\,\mathrm{d}x$；　(14) $\int\dfrac{2x\,\mathrm{d}x}{(x^2-3)^5}$；　(15) $\int x\mathrm{e}^{x^2+1}\,\mathrm{d}x$；　(16) $\int x\cos(x^2+2)\,\mathrm{d}x$；

(17)* $\int\dfrac{\ln^3 x}{x}\,\mathrm{d}x$；　(18)* $\int\dfrac{1}{x(8+\ln x)^2}\,\mathrm{d}x$；　(19)* $\int\dfrac{\mathrm{e}^x}{\mathrm{e}^x+5}\,\mathrm{d}x$；　(20)* $\int\mathrm{e}^x\sin\mathrm{e}^x\,\mathrm{d}x$.

3. 求下列不定积分：

(1) $\int\dfrac{1}{2+\sqrt{x-1}}\,\mathrm{d}x$；　(2) $\int\dfrac{1-x}{\sqrt{1-2x}}\,\mathrm{d}x$；　(3) $\int\dfrac{1}{(1+\sqrt[3]{x})\sqrt{x}}\,\mathrm{d}x$；

(4) $\int\dfrac{\sqrt[3]{x}}{x(\sqrt{x}+\sqrt[3]{x})}\,\mathrm{d}x$；　(5)* $\int\dfrac{\sqrt{1-x^2}}{x^2}\,\mathrm{d}x$；　(6)* $\int\dfrac{\sqrt{4-x^2}}{x^2}\,\mathrm{d}x$；

(7)* $\int\dfrac{\mathrm{d}x}{x\sqrt{x^2-1}}$；　(8)* $\int\dfrac{\mathrm{d}x}{\sqrt{(x^2+1)^3}}$；　(9)* $\int\dfrac{\sqrt{x^2-9}}{x}\,\mathrm{d}x$；　(10)* $\int\dfrac{x^2}{\sqrt{1-x^2}}\,\mathrm{d}x$；

(11)* $\int\dfrac{\mathrm{d}x}{x^2\sqrt{x^2-9}}$；　(12)* $\int\dfrac{\mathrm{d}x}{(1-x^2)^{\frac{3}{2}}}$；　(13)* $\int\dfrac{\mathrm{d}x}{x^2\sqrt{1+x^2}}$；

(14)* $\int\dfrac{\mathrm{d}x}{\sqrt{1-25x^2}}$；　(15)* $\int\dfrac{\mathrm{d}x}{\sqrt{1+16x^2}}$；　(16)* $\int\dfrac{\mathrm{d}x}{\sqrt{x^2-9}}$.

§5.3　不定积分的分部积分法

　　本章前两节介绍了不定积分的概念,从不定积分是求导数(或微分)运算的逆运算对应于求导数(或求微分)法则中的和、差运算,得到的不定积分的两条基本运算性质以及基本积分公式表,给出了直接积分法. 直接积分法可以解决一些简单的积分问题. 为了解决更为复杂的复合函数的积分问题,对应于求复合函数导数的链式法则,给出了换元积分法. 换元积分法解决的是被积函数是复合函数的积分问题.

　　但对于某些被积函数表现为两类不同函数的乘积的积分问题,前述的方法还是不能解决,比如 $\int x\sin x\,\mathrm{d}x$，$\int x\arcsin x\,\mathrm{d}x$，$\int\mathrm{e}^x\cos x\,\mathrm{d}x$，$\int\ln x\,\mathrm{d}x$ 等.

　　先看两个函数乘积的导数公式,这里的函数 $u(x)$ 与 $v(x)$ 都是可导函数.

　　由 $(uv)'=u'v+uv'$，得 $uv'=(uv)'-u'v$. 再对等式的两边求不定积分,有

$$\int uv'\,\mathrm{d}x=\int[(uv)'-u'v]\,\mathrm{d}x=\int(uv)'\,\mathrm{d}x-\int u'v\,\mathrm{d}x,$$

即

$$\int u\,\mathrm{d}v=uv-\int v\,\mathrm{d}u.$$

　　上式称为分部积分公式. 一般地,若被积函数为不同类函数的乘积,则可考虑用分部积分法. 其重点是,把左边的 $\int u\,\mathrm{d}v$ 换为右边的积分 $\int v\,\mathrm{d}u$，如果 $\int v\,\mathrm{d}u$ 比 $\int u\,\mathrm{d}v$ 容易求,就可以使用此方法. 根据分部积分公式,首先要选择 u、v. 显然有两种选择方式,正确的选择是运

用分部积分公式的关键一步.

例 1 求不定积分 $\int x\cos x\,\mathrm{d}x$.

解 如何选择 u、v 呢?

方法一 选 $u=\cos x$,$x\,\mathrm{d}x=\mathrm{d}\left(\dfrac{1}{2}x^2\right)=\mathrm{d}v$,即 $v'=x$,$v=\dfrac{1}{2}x^2$,有

$$\int x\cos x\,\mathrm{d}x=\frac{1}{2}\int\cos x\,\mathrm{d}(x^2)=\frac{1}{2}x^2\cos x+\int\frac{1}{2}x^2\sin x\,\mathrm{d}x.$$

两边比较一下会发现,右边的被积函数中 x 的幂次比左边升高了,积分的难度增大,这样选择 u、v 是不适合的.

方法二 选 $u=x$,$\cos x\,\mathrm{d}x=\mathrm{d}(\sin x)=\mathrm{d}v$,即 $v'=\cos x$,$v=\sin x$,有

$$\int x\cos x\,\mathrm{d}x=\int x\,\mathrm{d}(\sin x)=x\sin x-\int\sin x\,\mathrm{d}x=x\sin x+\cos x+C.$$

此种选择是正确的.

特别注意 在运用分部积分法时,恰当选取 u、v 是关键. 如果选择不当,就会使原来的积分变得更加复杂,正确的选取 u、v 一般要考虑下面两点:

(1) v 要容易求得;(2) $\int v\,\mathrm{d}u$ 比 $\int u\,\mathrm{d}v$ 容易求出.

例 2 求 $\int x\sin x\,\mathrm{d}x$.

解 选 $u=x$,$\sin x\,\mathrm{d}x=\mathrm{d}(-\cos x)=\mathrm{d}v$,即 $v'=\sin x$,$v=-\cos x$,则

$$\int x\sin x\,\mathrm{d}x=-\int x\,\mathrm{d}\cos x=-\left(x\cos x-\int\cos x\,\mathrm{d}x\right)$$

$$=-x\cos x+\int\cos x\,\mathrm{d}x=-x\cos x+\sin x+C.$$

例 3 求 $\int x\mathrm{e}^x\,\mathrm{d}x$.

解 选 $u=x$,$\mathrm{e}^x\,\mathrm{d}x=\mathrm{d}\mathrm{e}^x=\mathrm{d}v$,即 $v'=\mathrm{e}^x$,$v=\mathrm{e}^x$,则

$$\int x\mathrm{e}^x\,\mathrm{d}x=\int x\,\mathrm{d}\mathrm{e}^x=x\mathrm{e}^x-\int\mathrm{e}^x\,\mathrm{d}x=x\mathrm{e}^x-\mathrm{e}^x+C.$$

例 4 求 $\int x^2\mathrm{e}^x\,\mathrm{d}x$.

解 $\int x^2\mathrm{e}^x\,\mathrm{d}x=\int x^2\,\mathrm{d}\mathrm{e}^x=x^2\mathrm{e}^x-\int\mathrm{e}^x\,\mathrm{d}x^2=x^2\mathrm{e}^x-2\int x\mathrm{e}^x\,\mathrm{d}x.$

这里运用了一次分部积分公式后,虽然没有直接将积分积出,但是 x 的幂次比原来降了一次,$\int x\mathrm{e}^x\,\mathrm{d}x$ 显然比 $\int x^2\mathrm{e}^x\,\mathrm{d}x$ 容易积出. 根据例 3 的结果,可以继续运用分部积分公式. 右端的积分再次用分部积分公式,得

$$\int x^2\mathrm{e}^2\,\mathrm{d}x=x^2\mathrm{e}^x-2\int x\,\mathrm{d}\mathrm{e}^x=x^2\mathrm{e}^x-2\left(x\mathrm{e}^x-\int\mathrm{e}^x\,\mathrm{d}x\right)$$

$$= x^2 e^x - 2x e^x + 2e^x + C = e^x (x^2 - 2x + 2) + C.$$

注意　由例 1~例 4 可以看出,被积函数是幂函数与正(余)弦函数的乘积或是幂函数与指数函数的乘积,做分部积分时,取幂函数为 u,其余部分取为 $\mathrm{d}v$.

例 5　求 $\int x \ln x \, \mathrm{d}x$.

解　选 $u = \ln x$,$x \, \mathrm{d}x = \mathrm{d}\left(\dfrac{1}{2} x^2\right) = \mathrm{d}v$,即 $v' = x$,$v = \dfrac{1}{2} x^2$,则

$$\int x \ln x \, \mathrm{d}x = \frac{1}{2} \int \ln x \, \mathrm{d}x^2 = \frac{1}{2}\left(x^2 \ln x - \int x^2 \mathrm{d}\ln x\right)$$

$$= \frac{1}{2} x^2 \ln x - \frac{1}{2} \int x^2 \cdot \frac{1}{x} \, \mathrm{d}x = \frac{1}{2} x^2 \ln x - \frac{1}{2} \int x \, \mathrm{d}x$$

$$= \frac{1}{2} x^2 \ln x - \frac{x^2}{4} + C.$$

例 6　求 $\int \ln x \, \mathrm{d}x$.

解　因为被积函数是单一函数,可把被积函数看成 $x^0 \cdot \ln x$,即可以看作被积表达式已经选就了 $u \mathrm{d}v$ 的形式,直接应用分部积分公式,得

$$\int \ln x \, \mathrm{d}x = x \ln x - \int x \, \mathrm{d}(\ln x) = x \ln x - \int \mathrm{d}x = x \ln x - x + C.$$

例 7　求不定积分 $\int x^3 \ln x \, \mathrm{d}x$.

解　令 $u = \ln x$,$x^3 \mathrm{d}x = \mathrm{d}\left(\dfrac{x^4}{4}\right) = \mathrm{d}v$,则

$$\int x^3 \ln x \, \mathrm{d}x = \int \ln x \, \mathrm{d}\left(\frac{x^4}{4}\right) = \frac{1}{4} x^4 \ln x - \frac{1}{4} \int x^3 \mathrm{d}x = \frac{1}{4} x^4 \ln x - \frac{1}{16} x^4 + C.$$

例 8　求 $\int x \arctan x \, \mathrm{d}x$.

解　选 $u = \arctan x$,$x \, \mathrm{d}x = \mathrm{d}\left(\dfrac{1}{2} x^2\right) = \mathrm{d}v$,即 $v' = x$,$v = \dfrac{1}{2} x^2$,则

$$\int x \arctan x \, \mathrm{d}x = \frac{1}{2} \int \arctan x \, \mathrm{d}x^2 = \frac{1}{2} x^2 \arctan x - \frac{1}{2} \int x^2 \mathrm{d}\arctan x$$

$$= \frac{1}{2} x^2 \arctan x - \frac{1}{2} \int \frac{x^2}{1+x^2} \, \mathrm{d}x = \frac{x^2}{2} \arctan x - \frac{1}{2} \int \frac{1+x^2-1}{1+x^2} \, \mathrm{d}x$$

$$= \frac{x^2}{2} \arctan x - \frac{1}{2} \int \left(1 - \frac{1}{1+x^2}\right) \mathrm{d}x = \frac{x^2}{2} \arctan x - \frac{1}{2}(x - \arctan x) + C.$$

例 9　求 $\int \arcsin x \, \mathrm{d}x$.

解　因为被积函数是单一函数,可把被积函数看成 $x^0 \cdot \arcsin x$,即可以看做被积表达式已经选就了 $u \mathrm{d}v$ 的形式,直接应用分部积分公式,得

$$\int \arcsin x \, dx = x \arcsin x - \int x \, d\arcsin x = x \arcsin x - \int \frac{x}{\sqrt{1-x^2}} dx$$

$$= x \arcsin x + \frac{1}{2} \int \frac{1}{\sqrt{1-x^2}} d(1-x^2) = x \arcsin x + \sqrt{1-x^2} + C.$$

注意　由例 5～例 8 可以看出,被积函数是幂函数与对数函数乘积或是幂函数与反三角函数函数乘积,做分部积分时,取对数函数或反三角函数为 u,其余部分取为 dv.

例 10　求不定积分 $\int e^x \sin x \, dx$.

解法一　选 $u = \sin x$, $e^x dx = d(e^x) = dv$, 即 $v' = e^x$, $v = e^x$, 则

$$\int e^x \sin x \, dx = \int \sin x \, de^x = e^x \sin x - \int e^x \, d\sin x = e^x \sin x - \int e^x \cos x \, dx$$

$$= e^x \sin x - \int \cos x \, de^x = e^x \sin x - e^x \cos x + \int e^x \, d\cos x.$$

$$= e^x \sin x - e^x \cos x - \int e^x \sin x \, dx.$$

得到一个关于所求积分 $\int e^x \sin x \, dx$ 的方程,解出得

$$2\int e^x \sin x \, dx = e^x (\sin x - \cos x) + C_1,$$

所以 $\int e^x \sin x \, dx = \frac{1}{2} e^x (\sin x - \cos x) + C$, 其中 $C = \frac{1}{2} C_1$.

解法二　选 $u = e^x$, $\sin x \, dx = d(-\cos x) = dv$, 即 $v' = \sin x$, $v = -\cos x$, 则

$$\int e^x \sin x \, dx = \int e^x \, d(-\cos x) = -e^x \cos x + \int \cos x \, de^x = -e^x \cos x + \int \cos x \cdot e^x \, dx$$

$$= -e^x \cos x + \int e^x \, d\sin x = -e^x \cos x + e^x \sin x - \int \sin x \, de^x$$

$$= -e^x \cos x + e^x \sin x - \int \sin x \cdot e^x \, dx.$$

同样得到一个关于所求积分 $\int e^x \sin x \, dx$ 的方程,解出得

$$\int e^x \sin x \, dx = \frac{1}{2} e^x (\sin x - \cos x) + C.$$

注意　从例 10 中可以看到,当被积函数是指数函数与正(余)弦函数的乘积时,任选一种函数凑微分,经过两次分部积分后,会还原到原来的积分形式,只是系数发生了变化. 往往称为**循环法**,但要注意两次分部积分时 u、v 的选择要一致.

在分部积分公式运用比较熟练后,就不必具体写出 u、v,只要把被积表达式写成 $\int u \, dv$ 的形式,直接套用分部积分公式即可.

而有些不定积分需要综合运用换元积分法和分部积分法才能求解.

例 11 求不定积分 $\int e^{\sqrt{x}}\,dx$.

解 令 $\sqrt{x}=t$，则 $x=t^2$，$dx=2t\,dt$，于是有

$$\int e^{\sqrt{x}}\,dx=\int e^t\cdot 2t\,dt=2e^t(t-1)+C=2e^{\sqrt{x}}(\sqrt{x}-1)+C.$$

例 12* 求 $\int\cos(\ln x)\,dx$.

解 令 $t=\ln x$，$x=e^t$，$dx=e^t\,dt$，则

$$\int\cos(\ln x)\,dx=\int\cos t\cdot e^t\,dt=\frac{1}{2}e^t(\sin t+\cos t)+C=\frac{x}{2}(\sin\ln x+\cos\ln x)+C.$$

小结 简单常见的使用分部积分法的积分类型：

(1) $\int x^a e^{bx}\,dx$，$\int x^a\sin bx\,dx$，$\int x^a\cos bx\,dx$，只能选 $u=x^a(a\in\mathbf{R})$.

(2) $\int x^a\cdot$ 对数函数 dx，$\int x^a\cdot$ 反三角函数 dx，只能选 u 为对数函数 或 反三角函数，$(a\in\mathbf{R})$.

(3) $\int e^{ax}\sin(bx+c)\,dx$；$\int e^{ax}\cos(bx+c)\,dx$，可以任意选 $u=e^{ax}$ 或 u 为三角函数. 一次或两次使用分部积分法，在等式右端出现不可消去的题意要求的不定积分，将所求的不定积分视为未知量解方程，求出要求的不定积分(**循环积分法**).

还必须指出，并不是所有初等函数的原函数都是初等函数，通过上述的积分方法求不出不定积分，如 $\int e^{x^2}\,dx$，$\int\dfrac{1}{\ln x}\,dx$.

习题 5.3

求下列不定积分：

(1) $\int x\cos 2x\,dx$；　(2) $\int x\sin 2x\,dx$；　(3) $\int x^2\sin x\,dx$；　(4) $\int x^2\cos x\,dx$；

(5) $\int x e^{-x}\,dx$；　(6) $\int x^2 e^{-x}\,dx$；　(7) $\int x e^{2x}\,dx$；　(8) $\int x e^{-3x}\,dx$；　(9) $\int\arctan x\,dx$；

(10) $\int\arccos x\,dx$；　(11) $\int x\arctan x\,dx$；　(12) $\int x^2\arctan x\,dx$；　(13) $\int x^2\ln x\,dx$；

(14) $\int x^3\ln x\,dx$；　(15) $\int\ln^2 x\,dx$；　(16) $\int\dfrac{\ln x}{x^2}\,dx$；　(17) $\int\dfrac{\ln x}{x^3}\,dx$；　(18) $\int e^{\sqrt{2x-1}}\,dx$；

(19) $\int e^{-x}\cos x\,dx$；　(20) $\int e^{-x}\sin x\,dx$.

课外阅读 马克思的数学手稿

正像恩格斯在马克思墓前演讲中所说的：达尔文发现了有机界的规律，马克思发现了人类的发展规律，揭示了基础和上层建筑的相互关系；马克思深入研究资本主义生产方式，发现了剩余价值，获得了开启资本主义社会奥秘的钥匙.

1. 千年伟人马克思

在 20 世纪与 21 世纪之交，人们在告别人类纪元第二个千年，迎接第三个千年到来的时候，英国剑桥大学文理院的教授们在 1999 年发起了一个评选"千年第一伟人"的活动，征询、推选和投票的结果是：马克思第一，爱因斯坦第二.

随后，英国广播公司（BBC）在国际互联网上进行全球投票，评选第二个千年的前 10 名思想家，其结果为：马克思第一，爱因斯坦第二.接着，路透社又邀请各界名人再行评选时，爱因斯坦以一票的优势领先于甘地和马克思.依据这一系列的评选结果，人们公认马克思和爱因斯坦（1879—1955）应并列为千年第一伟人.

凡读过马克思的著作，特别是《资本论》的人，都为马克思的学术研究及其学术成就而折服.在理论论述中，不但处处闪耀着深刻的思想火花，尤其渗透着那种一步一步深入进去的强有力的逻辑力量.

北京大学的江泽涵教授是我国著名的数学家，是我国拓扑学研究的奠基人，也是马克思《数学手稿》的最主要译者，他读了《资本论》第一卷以后，感慨地说："马克思研究资本主义的方法同我们研究数学的方法是一样的，《资本论》的论证方法同我们的数学论证方法一样，都是严密地从逻辑上一步步推理和展开，真是无懈可击，令人信服."《资本论》作为研究早期资本主义社会的经典著作，展现为一个逻辑严密的理论体系，正因为其研究方法之缜密而至今仍然得到全世界学者们的高度赞赏.

2. 马克思数学手稿的具体情况

恩格斯称马克思为"巨匠".他说，马克思研究的科学领域很多，而且对任何一个领域都不是肤浅地研究，甚至在数学领域也有独到的发现.

马克思一生酷爱数学，从 19 世纪 40 年代起，直到逝世前不久，数十年如一日地利用闲暇时间钻研数学，留下了近千页数学手稿，其中有读书摘要、心得笔记、评述以及一些研究论文的草稿.20 世纪 30 年代以后，马克思的数学手稿和其他手稿一起，保存在荷兰首都阿姆斯特丹的国际社会史研究所的档案馆中.

3. 数学研究紧密结合经济学研究

起初马克思在与恩格斯和其他人的通信中讨论初等数学问题居多.例如，他在 1864 年的一封信中有关于数字的议论：

可以看出：不太大的计算，例如在家庭开支和商业中，从来不用数字而只用石子和其他类似的标记在算盘上进行.在这种算盘上定出几条平行线，同样几个石子或其他显著的标记在第一行表示几个，在第二行表示几十，在第三行表示几百，在第四行表示几千，其余类推.这种算盘几乎整个中世纪都曾使用，直到今天人们还在使用.

至于更大一些的数学计算，则在有这种需要之前古罗马人就已有乘法表或毕达哥拉斯表,诚然,这种表还很不方便,很繁琐.因为这种表一部分是用特殊符号,一部分是用希腊字母(后用罗马字母)编制成的.当做很大的数的计算时,旧方法造成了不可克服的障碍,这一点从杰出的数学家阿基米德所变的戏法中就可以看出来.

1864 年 5 月 30 日,恩格斯在给马克思的信中写道:"看了你那本弗朗克尔的书,我钻到算术中去了;以初等方式来陈述诸如根、幂、级数、对数之类的东西是否方便.不管怎样好地利用数字例题来说明,我总觉得这里只限于用数字,不如用 $a+b$ 作简单的代数说明来得清楚,这是因为用一般的代数式子更为简单明了,而且这里不用一般的代数式子也是不行的."

马克思关于数学的笔记和他研究政治经济学的材料有紧密的联系.在 1846 年的一个经济学笔记本中,最后几页全是各种代数运算;在以后的许多笔记本中也都记有数学公式和图形,还有整页整页的算草;在为撰写《政治经济学批判大纲》准备材料的笔记本中,他画了一些几何图形,记录了关于分数指数和对数的公式.1858 年 1 月 11 日,马克思在致恩格斯的信中说:"在制定政治经济学原理时,数学计算的错误大大地阻碍了我,失望之余,只好重新坐下来把代数迅速地温习一遍.我算术一向很差,不过,间接地用代数,我很快又会计算正确的."马克思曾为自己能把高等数学的某些公式用于经济学的研究而深感高兴.

1868 年 1 月 8 日,马克思写信给恩格斯谈到工资问题的研究时,他说:"工资第一次被描写为隐藏在它后面的一种关系的不合理的表现形式,这一点通过工资的两种形式即计时工资和计件工资得到了确切的说明(在高等数学中常常可以找到这样的公式,这对我很有帮助)."

看来,马克思的数学兴趣与他希望把数学运用于经济学研究有关.在 1873 年 5 月 31 日给恩格斯的信中谈到对经济危机的研究时,他说:"为了危机,我不止一次地想计算出这些作为不规则曲线的升和降,曾想用数学公式从中得出危机的主要规律(而且现在我还认为,如有足够的经过检验的材料,这是可能的)."在《资本论》中我们也能看到数学的运用.据拉法格回忆,马克思曾经强调说:"只有当学科达到了能够成功地运用数学时,才算是真正的科学."

4. 对微积分的思索和考察

19 世纪 60 年代以后,马克思陆续阅读了一大批微积分方面的书籍,其中有布沙拉、辛德、拉库阿、霍尔等人各自编写的微积分教科书,还有牛顿有关的数学原著等,他写下了详细的读书笔记.

马克思比较这些教科书,开始了自己对于微分学中一些问题的独立思考.在 1881 年前后,马克思撰写了关于微分学的历史发展进程、论导函数概念、论微分以及关于泰勒定理等问题的研究草稿,而且写过多遍草稿,例如,关于泰勒定理留下了 8 份草稿.

马克思把微分学看作科学上的一种新发现、新事物,考察它是怎样产生的,产生以后遇到什么困难,经历了怎样的曲折发展.马克思对微积分有过一段生动而又富有哲理的描述:

人们自己相信了新发现的算法的神秘性.这种算法通过肯定是不正确的数学途径得出了正确的(尤其在几何上是惊人的)结果.人们就这样把自己神秘化了,对这新发现评价更高了,使一群旧式正统派数学家更加恼怒,并且激起了反对的叫嚣.这种叫嚣甚至在数学界以外都产生了反响,而为新事物开拓道路,这是必然的.

从牛顿(1642—1727)、莱布尼兹(1646—1716)创建微分学到拉格朗日(1736—1813)的发展,马克思把微分学大约一百多年的发展过程分为 3 个阶段,分别称为神秘的微分学、理性的微分学、纯代数的微分学.在牛顿和莱布尼兹时期,新生的微积分很快在应用上获得了惊人的成功,但是从旧的传统数学看来,这种新算法,比如微分过程,正是通过不正确的数学途径得到正确的结果的.在同一个公式的推导过程中 Δx 和 $\mathrm{d}x$ 既作为有限的量,却又为零,在逻辑上出现矛盾;有时为什么能有确定的值,等等,数学家们还不能从根本上给出合理的解释.人们认为微分学是神秘的.

牛顿和莱布尼兹,以及后继者们都希望给微分学找到合乎逻辑的说明,他们为此付出了很大的努力.

以达朗贝尔(1717—1783)为代表的"理性的微分学"和以拉格朗日为代表的"纯代数的微分学",都是这种努力在某个阶段的成果.马克思指出:"这里,像在别处一样,给科学撕下神秘的面纱是重要的."

马克思力图运用辩证法观点去解决微分学的困难.他认为"理解微分运算时的全部困难","正像理解否定之否定本身"一样,要把"否定"理解为发展的环节,并且要从量和质的统一看待量的变化.在微分过程中,在量的否定,比如量的消失中,看到其间仍保存着特定的质的关系,即 y 对 x 的函数关系所制约的质的关系.因此,当增量 Δx 变为零,Δy 也变为零,$\dfrac{\mathrm{d}y}{\mathrm{d}x}=\dfrac{0}{0}$ 时能具有特定的值,即导函数.马克思说,要把握的真正含义,"唯一的困难是在逐渐消失的量之间确定一个比的这种辩证的见解."

马克思以比较简单的多项式函数的微分过程为例,参照比较了多种教科书,运用上述观点,选择了一种具体的推导步骤,以说明这种函数的微分过程的合理性,从而说明微分学的神秘性是可以摆脱的.现在看来这样的解释固然是很浅显的,也不足以说明一般函数的微分过程.但这也是马克思为撕下微分学的神秘面纱所做的一份努力.

马克思曾劝恩格斯研究微积分.他在 1863 年 7 月 6 日给恩格斯的信中说:

有空时我研究微积分.顺便说说,我有许多关于这方面的书籍,如果你愿意研究,我准备寄给你一本.我认为这对于你的军事研究几乎是必不可缺的.况且,这个数学部门(仅就技术方面而言),例如同高等代数比起来,要容易得多.除了普通代数和三角以外,并不需要先具备什么知识,但是必须对圆锥曲线有一般的了解.

马克思对高等数学的兴趣和钻研带动了恩格斯,1865 年以后,他们在通信中讨论得更多的则是微积分方面的问题.马克思在一封给恩格斯的信的附件中说:"全部微分学本来就是求任意一条曲线上的任何一点的切线.我就想用这个例子来给你说明问题的实质."马克思是用求抛物线 $y^2=ax$ 上某一点 m 的切线的例子,认真画了图,给恩格斯做了详细解释.

1881 年马克思把一份"论导数概念"的手稿和一份"论微分"手稿誊抄清楚,先后寄给了恩格斯.恩格斯认真阅读了这些手稿,于 1881 年 8 月 18 日给马克思写了一封很长的讨论导函数的回信,信中说:"这件事引起我极大的兴趣,以致我不仅考虑了一整天,而且做梦也在考虑它:昨天晚上我梦见我把自己的领扣交给一个青年人去求微分,而他拿着领扣溜掉了."

在马克思的影响下,恩格斯对微积分也越来越有兴趣了,他在《反杜林论》《辩证法》等著作中,不仅大段大段地讨论微积分,精辟地分析高等数学与初等数学的区别,而且还给予微积分高得不能再高的赞誉:"在一切成就中,未必再有什么像 17 世纪下半叶微积分的发明那样看作人类精神的最高胜利了. 如果在某个地方, 我们看到人类精神纯粹的和唯一的功绩, 那就正在这里."

5. 数学中的辩证法

马克思和恩格斯都非常明确地认为, 数学是建立辩证唯物主义哲学的一个重要基础. 恩格斯指出: "要确立辩证的, 同时又是唯物主义的自然观, 需要具备数学和自然的知识." 在旧哲学中, 黑格尔是论述数学比较多的. 恩格斯曾经指出: "黑格尔的数学知识极为丰富, 甚至他的任何一个学生都没有能力把他遗留下来的大量数学手稿整理出版. 据我所知, 对数学和哲学了解到足以胜任这一工作的唯一的人, 就是马克思." 马克思忙于自己的研究和革命活动, 并没有承担这一工作. 不过, 他在数学手稿中把微分学的发展同德国唯心主义哲学的发展联系起来, 作了有趣的对比. 当他探讨牛顿、莱布尼兹与他们的后继者的关系时, 他说: "正像这样, 费希特继承康德, 谢林继承费希特, 黑格尔继承谢林, 无论费希特、谢林、黑格尔都没有研究过康德的一般基础, 即唯心主义本身; 否则他们就不能进一步发展康德的唯心主义."

马克思把数学作为丰富唯物辩证法的一个源泉. 他通过自己对数学的多年钻研, 在高等数学中找到了最符合逻辑的, 同时也是形式最简单的辩证运动. 在马克思的数学手稿中可以看到这方面的论述.

6. 数学手稿的出版、翻译

马克思曾经打算把自己对数学的一些研究成果写成正式论文, 但他反复改写了多遍草稿, 却没有来得及写完. 他生前曾嘱咐小女儿爱琳娜: "要她和恩格斯一起处理他的全部文稿, 并关心出版那些应该出版的东西, 特别是第二卷(指《资本论》第二卷)和一些数学著作." 马克思逝世以后, 恩格斯也曾希望把自己在辩证法方面的研究成果同马克思遗留下来的数学手稿一齐发表. 但是由于他肩负着整理出版马克思最重要的著作《资本论》第二、第三卷的重任, 上述愿望没有能够实现.

马克思关于微分学的几篇论文草稿和一些札记于 1933 年译成俄文与读者见面, 即在纪念马克思逝世 50 周年的时候, 才第一次发表在苏联的刊物《在马克思主义旗帜下》, 随后收入文集《马克思主义与自然》. 此外还陆续出版过德文本、日文本、意大利文本等, 在国际学术界引起了学者们的重视和兴趣. 1977 年在西德召开的国际数学史会议上, 美国学者肯尼迪作了题为"马克思与微积分基础"的学术报告. 在我国, 从 1949 年起许默夫就在《东北日报》《自然科学》《数学通报》《新科学》等报刊上发表过关于马克思数学手稿的文章.

马克思不是专职数学家, 对数学本身也没有重大的建树, 他的数学手稿之所以受到人们的高度重视, 是因为他是人类历史上的伟大思想家, 而他又在数学这一园地上辛勤耕耘过. 这种情况在人类文化史上是很罕见的, 历史上任何一位思想家都难以与之相比.

在马克思数学手稿中确有至今还在闪光的思想和见解. 比如马克思在考察了微分学的具体历史发展过程以后, 曾作出这样的论断: "新事物和旧事物之间的真实的、因而是最简单的联系, 总是在新事物自身取得完善的形式后才被发现." 这是对新旧事物关系的哲理性概括, 也是对人的认识规律的哲理性概括, 对后人也是很有启发的.

马克思主义理论非常注重人的全面发展. 马克思对自由时间或闲暇时间, 也就是非劳动时间的重要性有深刻的论述, 他把自由时间看作财富, 把休闲看作人的生活的重要组成部分. 马克思曾对恩格斯说: "在工作之余——当然不能老是写作——我就搞搞微分学. 我没有

耐心再去读别的东西.任何其他读物总是把我赶回写字台来."马克思对数学的特殊爱好,使他在任何情况下都能使自己沉浸于数学之中.当马克思的夫人燕妮身患重病的时候,他给恩格斯写信说:"写文章现在对我来说几乎是不可能了.我能用来使心灵保持必要平静的唯一的事情,就是数学."他的关于微分学的草稿,正是在1881年燕妮病危的那些痛苦的日子里写作的.

《数学手稿》将马克思在数学领域辛勤耕耘过的珍贵足迹保留了下来,可以让后人学习、了解,是一份非常宝贵的历史文献.它给我们提供了一个参考资料,可以使我们从另一个侧面来理解微积分的发展史,同时看看马克思、恩格斯这两位伟人对数学的作用以及发展过程的认识是很有意思的,也是很有价值的.

第 6 章

定积分及其应用

本章讨论积分学中的另一个基本问题——**定积分**. 前面一章不定积分是微分法逆运算的一个侧面,而定积分则是它的另一个侧面. 不定积分和定积分既有区别,又有联系. 17 世纪中叶,牛顿和莱布尼兹各自提出了定积分的概念,后又发现了定积分与不定积分之间的内在联系——牛顿-莱布尼兹公式,提供了计算定积分的一般方法. 此后,定积分成为解决实际问题的有力工具.

本章,我们首先从几何学引进定积分的概念;之后讨论它的性质与计算方法;最后,来讨论定积分的应用问题.

学习目标

1. 了解定积分的概念及其性质;
2. 认识定积分的几何意义;
3. 熟练掌握定积分的计算方法:换元法和分部积分法;
4. 了解无穷区间上的反常积分;
5. 掌握定积分的应用基本思想——微元法.

§6.1 定积分的概念与性质

一、问题的提出

定积分起源于求解图形的面积和几何体体积的问题. 例如,矩形的面积该如何求? 比矩形复杂一点的梯形的面积该如何求(图 6-1-1)? 这是我们小学期间就已经解决了的问题. 现在,如果把梯形的一条边由直线换成曲线构成的曲边梯形的面积又该如何求呢? 这里,所谓曲边梯形是指由函数

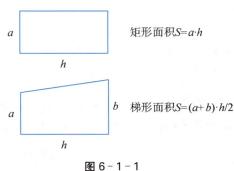

矩形面积 $S=a \cdot h$

梯形面积 $S=(a+b) \cdot h/2$

图 6-1-1

$y=f(x)$，直线 $x=a$，$x=b$ 以及 x 轴所围成的图形，其中曲线弧 $y=f(x)$ 称为曲边（图 $6-1-2$）.

要求任意的曲边平面图形的面积，曲边梯形面积的求解成为关键的一步. 事实上完全由曲线围成的平面图形的面积，在适当选择坐标系后，往往可以转化为两个曲边梯形的面积的差. 例如，在图 $6-1-3$ 中，由曲线 $dWcM$ 围成的面积可以化为曲边梯形 $adWcb$ 的面积与曲边梯形 $adMcb$ 的差. 由此可见，只要会求曲边梯形的面积，那么由曲线围成的平面图形的面积的计算就迎刃而解了.

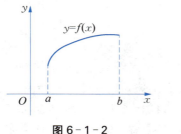

图 6-1-2

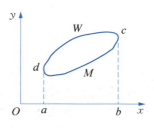

图 6-1-3

我们已经有了矩形、三角形、梯形等图形的面积计算公式，如何用这些图形的面积来计算曲边梯形的面积 S 呢？考虑到 $f(x)$ 的连续性，当自变量的变化很小时，函数的变化也很小. 若把曲边梯形分成许多小块，在每一小块上，函数的高变化很小，可近似地看作不变，即用一系列小矩形的面积近似代替小曲边梯形的面积，从而得到小曲边梯形面积的近似值，再将这些小曲边梯形的面积近似值相加，得到整个曲边梯形面积的近似值. 分得越细，面积的近似程度越

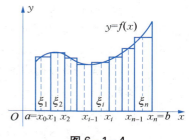

图 6-1-4

高，这样无限细分下去，让每一个小曲边梯形的底边长度都趋于零，这时所有小矩形面积和的极限就是所求曲边梯形的面积（图 $6-1-4$）. 通常地讲，其基本思想是 **化整为零，积零为整**，具体分为以下 4 个步骤：

（1）**分割**（大化小） 在区间 $[a, b]$ 中任意插入若干个分点：

$$a=x_0<x_1<x_2\cdots<x_{n-1}<x_n=b,$$

把 $[a, b]$ 分成 n 个小区间：

$$[x_0, x_1], [x_1, x_2], \cdots [x_{n-1}, x_n].$$

它们的长度依次为

$$\Delta x_1=x_1-x_0, \Delta x_2=x_2-x_1, \cdots, \Delta x_n=x_n-x_{n-1}.$$

过各分点 x_i 作平行于 y 轴的直线，这些直线把曲边梯形分成 n 个小曲边梯形，其中第 i 个小曲边梯形的面积记为 ΔS_i，$i=1, 2, \cdots, n$，则有

$$S=\Delta S_1+\Delta S_2+\cdots+\Delta S_i+\cdots+\Delta S_n.$$

（2）**求近似**（常代变） 用小矩形面积近似代替小曲边梯形面积,在第 i 个小区间 $[x_{i-1},$ $x_i]$ 上任意选取一点 $\xi_i(i=1, 2, \cdots, n)$. 用 ξ_i 点的函数值 $f(\xi_i)$ 代替第 i 个小曲边梯形的底边 $[x_{i-1}, x_i]$ 上各点的高,即以 $[x_{i-1}, x_i]$ 作底, $f(\xi_i)$ 为高的小矩形的面积近似代替第 i 个小曲边梯形的面积 ΔS_i. 于是

$$\Delta S_i \approx f(\xi_i)\Delta x_i, \ i=1, 2, \cdots, n.$$

（3）**作和**（近似和） 把 n 个小矩形面积相加就得到曲边梯形面积 S 的近似值,即

$$S = \sum_{i=1}^{n} \Delta S_i \approx \sum_{i=1}^{n} f(\xi_i)\Delta x_i.$$

（4）**取极限** 从直观上看,分点越多,即分割越细, $\sum_{i=1}^{n} f(\xi_i)\Delta x_i$ 就越接近于曲边梯形的面积,为了保证全部 Δx_i 都无限缩小,使得分割无限加细,只须要求小区间长度中的最大值 $\lambda = \max_{1 \leqslant i \leqslant n}\{\Delta x_i\}$ 趋向于零. 这时,和式 $\sum_{i=1}^{n} f(\xi_i)\Delta x_i$ 的极限(如果存在)就是曲边梯形面积 S 的精确值,即

$$S = \lim_{\lambda \to 0} \sum_{i=1}^{n} f(\xi_i)\Delta x_i.$$

可见,曲边梯形的面积是一个和式的极限.

二、定积分的概念

抛开上述问题的具体意义,抓住它在数量关系上的本质与特性加以概括,就抽象出下述定积分的定义.

定义 1 设函数 $y=f(x)$ 在 $[a, b]$ 上连续,在 $[a, b]$ 中任意插入若干个分点:

$$a=x_0 < x_1 < x_2 < \cdots < x_{n-1} < x_n = b.$$

把区间 $[a, b]$ 分成 n 个小区间:

$$[x_0, x_1], [x_1, x_2], [x_2, x_3], \cdots, [x_{n-1}, x_n].$$

各小段区间的长依次为

$$\Delta x_1 = x_1 - x_0, \ \Delta x_2 = x_2 - x_1, \cdots, \Delta x_n = x_n - x_{n-1}.$$

在每个小区间 $[x_{i-1}, x_i]$ 上任取一个点 ξ_i,作函数值 $f(\xi_i)$ 与小区间长度 Δx_i 的乘积 $f(\xi_i)\Delta x_i(i=1, 2, \cdots, n)$ 并作出和

$$\sum_{i=1}^{n} f(\xi_i)\Delta x_i.$$

记 $\lambda = \max\{\Delta x_1, \Delta x_2, \cdots, \Delta x_n\}$,如果不论对 $[a, b]$ 怎样分法,也不论在小区间 $[x_{i-1}, x_i]$ 上点 ξ_i 怎样取法,只要当 $\lambda \to 0$ 时,和 $\sum_{i=1}^{n} f(\xi_i)\Delta x_i$ 总趋于确定的极限值 I,这

时称这个极限值 I 为函数 $f(x)$ 在区间 $[a,b]$ 上的**定积分**，记作 $\int_a^b f(x)\mathrm{d}x$，即

$$\int_a^b f(x)\mathrm{d}x = \lim_{\lambda \to 0}\sum_{i=1}^n f(\xi_i)\Delta x_i.$$

其中，$f(x)$ 叫做**被积函数**，$f(x)\mathrm{d}x$ 叫做**被积表达式**，x 叫做**积分变量**，a 叫做**积分下限**，b 叫做**积分上限**，$[a,b]$ 叫做**积分区间**.

根据定积分的定义，曲边梯形的面积为 $S = \int_a^b f(x)\mathrm{d}x$.

说明：

（1）定积分的值只与被积函数及积分区间有关，而与积分变量用什么字母表示无关，即

$$\int_a^b f(x)\mathrm{d}x = \int_a^b f(t)\mathrm{d}t = \int_a^b f(u)\mathrm{d}u.$$

（2）和式 $\displaystyle\sum_{i=1}^n f(\xi_i)\Delta x_i$ 通常也称为 $f(x)$ 的积分和.

（3）如果函数 $f(x)$ 在 $[a,b]$ 上的定积分存在，也称 $f(x)$ 在区间 $[a,b]$ 上可积.

三、定积分的几何意义

设 $f(x)$ 是 $[a,b]$ 上的连续函数，由曲线 $y=f(x)$ 及直线 $x=a$，$x=b$，$y=0$ 所围成的曲边梯形的面积记为 S（图 6-1-5）. 由定积分的定义易知定积分有如下几何意义：

（1）当 $f(x) \geqslant 0$ 时，$\int_a^b f(x)\mathrm{d}x = S$；

（2）当 $f(x) \leqslant 0$ 时，$\int_a^b f(x)\mathrm{d}x = -S$；

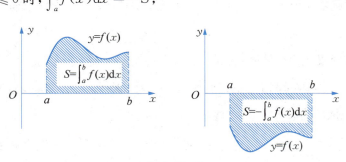

图 6-1-5

（3）当 $f(x)$ 有正有负时，$\int_a^b f(x)\mathrm{d}x$ 在 $f(x) \geqslant 0$ 的区间上定积分值取面积的正值，在 $f(x) \leqslant 0$ 的区间上定积分值取面积的负值，然后把这些值加起来，即 $\int_a^b f(x)\mathrm{d}x = S_1 - S_2 + S_3$，如图 6-1-6 所示.

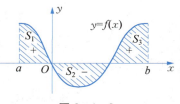

图 6-1-6

例 1* 利用定义计算定积分 $\int_0^1 x^2 \mathrm{d}x$.

解 如图 6-1-7 所示,把区间 $[0,1]$ 分成 n 等份,分点和小区间长度分别为

$$x_i = \frac{i}{n}, \; i = 1, 2, \cdots, n-1,$$

$$\Delta x_i = \frac{1}{n}, \; i = 1, 2, \cdots, n.$$

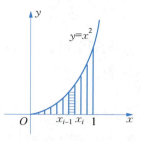

图 6-1-7

取 $\xi_i = \dfrac{i}{n}(i = 1, 2, \cdots, n)$,作积分和:

$$\sum_{i=1}^n f(\xi_i)\Delta x_i = \sum_{i=1}^n \xi_i^2 \Delta x_i = \sum_{i=1}^n \left(\frac{i}{n}\right)^2 \cdot \frac{1}{n} = \frac{1}{n^3}\sum_{i=1}^n i^2 = \frac{1}{n^3} \cdot \frac{1}{6}n(n+1)(2n+1)$$

$$= \frac{1}{6}\left(1 + \frac{1}{n}\right)\left(2 + \frac{1}{n}\right).$$

因为 $\lambda = \dfrac{1}{n}$,当 $\lambda \to 0$ 时,$n \to \infty$,所以

$$\int_0^1 x^2 \mathrm{d}x = \lim_{\lambda \to 0}\sum_{i=1}^n f(\xi_i)\Delta x_i = \lim_{n \to \infty}\frac{1}{6}\left(1 + \frac{1}{n}\right)\left(2 + \frac{1}{n}\right) = \frac{1}{3}.$$

例 2 用定积分的几何意义求 $\int_0^2 (2-x)\mathrm{d}x$.

解 函数 $y = 2-x$ 在区间 $[0,2]$ 上的定积分是以 $y = 2-x$ 为曲边,以区间 $[0,2]$ 为底的曲边梯形的面积(图 6-1-8).

因为以 $y = 2-x$ 为曲边,以区间 $[0,2]$ 为底的曲边梯形是一直角三角形,其底边长及高均为 2,所以

$$\int_0^2 (2-x)\mathrm{d}x = \frac{1}{2} \times 2 \times 2 = 2.$$

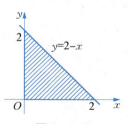

图 6-1-8

例 3 利用定积分的几何意义,证明 $\int_{-1}^1 \sqrt{1-x^2}\,\mathrm{d}x = \dfrac{\pi}{2}$.

证明 令 $y = \sqrt{1-x^2}$,$x \in [-1,1]$,显然 $y \geqslant 0$,则由 $y = \sqrt{1-x^2}$ 和直线 $x = -1$,$x = 1$,$y = 0$ 所围成的曲边梯形是单位圆在 x 轴上方的半圆,如图 6-1-9 所示.

因为单位圆的面积 $A = \pi$,所以半圆的面积为 $\dfrac{\pi}{2}$. 由定积分的几何意义知 $\int_{-1}^1 \sqrt{1-x^2}\,\mathrm{d}x = \dfrac{\pi}{2}$.

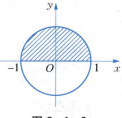

图 6-1-9

习题 6.1

1. 利用定积分的几何意义,求下列各式的值:

(1) $\int_1^3 4\mathrm{d}x$; (2) $\int_a^b 1\mathrm{d}x, a < b$; (3) $\int_1^2 0\mathrm{d}x$; (4) $\int_0^3 x\,\mathrm{d}x$; (5) $\int_0^1 (2x+1)\mathrm{d}x$;

(6) $\int_0^2 (3x+1)\mathrm{d}x$; (7) $\int_{-3}^3 \sqrt{9-x^2}\,\mathrm{d}x$; (8) $\int_{-r}^r \sqrt{r^2-x^2}\,\mathrm{d}x$; (9) $\int_{-\frac{\pi}{2}}^{\frac{\pi}{2}} \sin x\,\mathrm{d}x$.

2. 利用定积分表示下列各图中阴影部分的面积:

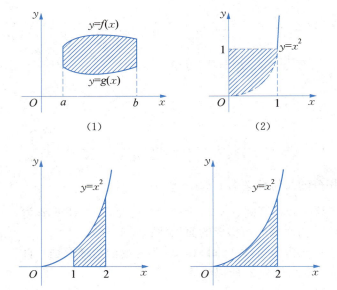

(1) (2)

(3) (4)

一、微积分基本公式

定积分的定义是以一种特殊和式的极限给出的,从上一节的例 1 可以看到,直接用定义计算定积分十分繁杂,有时候甚至根本无法计算. 伟大的牛顿和莱布尼兹找到了计算定积分的简便公式——微积分基本公式. 我们将看到,定积分与不定积分之间的密切联系,可以用不定积分来计算定积分.

定理 1 如果函数 $F(x)$ 是连续函数 $f(x)$ 在区间 $[a,b]$ 上的一个原函数,则

$$\int_a^b f(x)\mathrm{d}x = F(b) - F(a).$$

此公式称为**牛顿-莱布尼兹公式**,也称为**微积分基本公式**.

要求一个函数 $f(x)$ 在积分区间 $[a,b]$ 上的定积分,只需要找到它的其中一个原函数 $F(x)$,然后用积分端点的函数值 $F(b) - F(a)$ 就得到它的积分值了. 牛顿-莱布尼兹公式不仅大大简化了定积分的计算,而且把定积分与不定积分这两个从定义上看相去甚远的概念巧妙地融合在一起,令人叹为观止! 正是由于这样的原因,我们把定积分与不定积分统称为**积分**.

为了方便,通常将 $F(b) - F(a)$ 记作 $F(x)\big|_a^b$,所以**牛顿-莱布尼兹公式**也可以写成

$$\int_a^b f(x)\mathrm{d}x = F(x)\big|_a^b = F(b) - F(a).$$

例 1 计算 $\int_0^1 x^2 \mathrm{d}x$.

解 由于 $\dfrac{1}{3}x^3$ 是 x^2 的一个原函数,所以

$$\int_0^1 x^2 \mathrm{d}x = \frac{1}{3}x^3 \Big|_0^1 = \frac{1}{3} \cdot 1^3 - \frac{1}{3} \cdot 0^3 = \frac{1}{3}.$$

例 2 计算 $\int_{-1}^{\sqrt{3}} \dfrac{\mathrm{d}x}{1+x^2}$.

解 由于 $\arctan x$ 是 $\dfrac{1}{1+x^2}$ 的一个原函数,所以

$$\int_{-1}^{\sqrt{3}} \frac{\mathrm{d}x}{1+x^2} = \arctan x \big|_{-1}^{\sqrt{3}} = \arctan\sqrt{3} - \arctan(-1) = \frac{\pi}{3} - \left(-\frac{\pi}{4}\right) = \frac{7}{12}\pi.$$

例 3 计算 $\int_{-2}^{-1} \dfrac{1}{x}\mathrm{d}x$.

解 $\displaystyle\int_{-2}^{-1} \frac{1}{x}\mathrm{d}x = \ln|x|\big|_{-2}^{-1} = \ln 1 - \ln 2 = -\ln 2.$

例 4 如图 6-2-1 所示,求正弦曲线 $y = \sin x$ 在 $[0,\pi]$ 上与 x 轴所围成的平面图形面积.

解 由定积分的几何意义可得,这个曲边梯形的面积为

$$A = \int_0^\pi \sin x\, \mathrm{d}x = (-\cos x)\big|_0^\pi = -(\cos\pi - \cos 0) = 2.$$

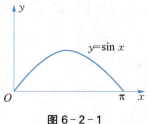

图 6-2-1

二、定积分的运算性质

首先给出两条**规定**:

(1) 当 $a = b$ 时,$\displaystyle\int_a^b f(x)\mathrm{d}x = 0$;

(2) 当 $a > b$ 时，$\int_a^b f(x)\mathrm{d}x = -\int_b^a f(x)\mathrm{d}x$.

性质 1 函数的代数和的定积分等于它们的定积分的代数和，即

$$\int_a^b [f(x) \pm g(x)]\mathrm{d}x = \int_a^b f(x)\mathrm{d}x \pm \int_a^b g(x)\mathrm{d}x.$$

例 5 计算 $\int_1^2 (x + x^2)\mathrm{d}x$.

解 $\int_1^2 (x + x^2)\mathrm{d}x = \int_1^2 x\,\mathrm{d}x + \int_1^2 x^2\,\mathrm{d}x = \frac{1}{2}x^2 \Big|_1^2 + \frac{1}{3}x^3 \Big|_1^2$

$$= \frac{1}{2}(2^2 - 1^2) + \frac{1}{3}(2^3 - 1^3) = \frac{23}{6}.$$

注意 (1) 此性质可以推广到有限多个函数的代数和的情形.

(2) 下面两个公式是**不成立的**：

$$\int_a^b [f(x) \cdot g(x)]\mathrm{d}x = \int_a^b f(x)\mathrm{d}x \cdot \int_a^b g(x)\mathrm{d}x;$$

$$\int_a^b \left[\frac{f(x)}{g(x)}\right]\mathrm{d}x = \frac{\int_a^b f(x)\mathrm{d}x}{\int_a^b g(x)\mathrm{d}x}.$$

即函数积（商）的定积分并不等于它们定积分的积（商），可在上一章关于不定积分的运算性质中找到答案.

性质 2 被积函数的常数因子可以提到积分号外面，即

$$\int_a^b kf(x)\mathrm{d}x = k\int_a^b f(x)\mathrm{d}x.$$

例 6 计算下列定积分：(1) $\int_1^2 4x^3\mathrm{d}x$； (2) $\int_{\frac{\pi}{6}}^{\frac{\pi}{2}} \cos^2 \frac{x}{2}\mathrm{d}x$.

解 (1) $\int_1^2 4x^3\mathrm{d}x = 4\int_1^2 x^3\mathrm{d}x = 4 \cdot \frac{1}{4}x^4 \Big|_1^2 = x^4 \Big|_1^2 = 2^4 - 1^4 = 15.$

(2) $\int_{\frac{\pi}{6}}^{\frac{\pi}{2}} \cos^2 \frac{x}{2}\mathrm{d}x = \frac{1}{2}\int_{\frac{\pi}{6}}^{\frac{\pi}{2}} (1 + \cos x)\mathrm{d}x = \frac{1}{2}(x + \sin x)\Big|_{\frac{\pi}{6}}^{\frac{\pi}{2}} = \frac{\pi}{6} + \frac{1}{4}.$

性质 3 如果将积分区间分成两部分，则在整个区间上的定积分等于这两部分区间上定积分之和，即

$$\int_a^b f(x)\mathrm{d}x = \int_a^c f(x)\mathrm{d}x + \int_c^b f(x)\mathrm{d}x.$$

这个性质表明定积分对于积分区间具有**可加性**（亦称**可分性**）.

当点 c 位于 a 与 b 之间时可通过图 $6-2-2$ 简单说明如下：根据定积分的几何意义，等号左边的定积分代表的是曲边梯形 $ABba$ 的面积，即 $S_{ABba} = \int_a^b f(x)\mathrm{d}x$，等号右边第一项代

表的是曲边梯形 $ACca$ 的面积,即 $S_{ACca}=\int_a^c f(x)\,\mathrm{d}x$,第二项

代表的是曲边梯形 $CBbc$ 的面积,即 $S_{CBbc}=\int_c^b f(x)\,\mathrm{d}x$. 显然

$ABba$ 的面积等于 $ACca$ 与 $CBbc$ 面积之和. 当 c 位于 a 与 b

之外时,性质同样成立,请自行思考.

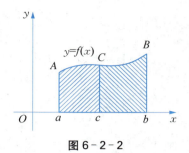

图 6-2-2

例 7 计算 $\displaystyle\int_0^1 |2x-1|\,\mathrm{d}x$.

解 因为 $|2x-1|=\begin{cases}1-2x, & x\leqslant \dfrac{1}{2}\\[2mm] 2x-1, & x>\dfrac{1}{2}\end{cases}$,所以

$$\int_0^1 |2x-1|\,\mathrm{d}x=\int_0^{1/2}(1-2x)\,\mathrm{d}x+\int_{1/2}^1(2x-1)\,\mathrm{d}x=(x-x^2)\big|_0^{1/2}+(x^2-x)\big|_{1/2}^1=\frac{1}{2}.$$

例 8 求 $\displaystyle\int_{-1}^3 |2-x|\,\mathrm{d}x$.

解
$$\int_{-1}^3 |2-x|\,\mathrm{d}x=\int_{-1}^2 |2-x|\,\mathrm{d}x+\int_2^3 |2-x|\,\mathrm{d}x=\int_{-1}^2 (2-x)\,\mathrm{d}x+\int_2^3 (x-2)\,\mathrm{d}x$$
$$=\left(2x-\frac{1}{2}x^2\right)\Big|_{-1}^2+\left(\frac{1}{2}x^2-2x\right)\Big|_2^3=\frac{9}{2}+\frac{1}{2}=5.$$

例 9 求定积分 $\displaystyle\int_{-\pi/2}^{\pi/3}\sqrt{1-\cos^2 x}\,\mathrm{d}x$.

解
$$\int_{-\pi/2}^{\pi/3}\sqrt{1-\cos^2 x}\,\mathrm{d}x=\int_{-\pi/2}^{\pi/3}\sqrt{\sin^2 x}\,\mathrm{d}x=\int_{-\pi/2}^{\pi/3}|\sin x|\,\mathrm{d}x$$
$$=-\int_{-\pi/2}^0\sin x\,\mathrm{d}x+\int_0^{\pi/3}\sin x\,\mathrm{d}x=\cos x\big|_{-\pi/2}^0-\cos x\big|_0^{\pi/3}=\frac{3}{2}.$$

例 10 设 $f(x)=\begin{cases}2x, & 0\leqslant x\leqslant 1\\ 5, & 1<x\leqslant 2\end{cases}$,求 $\displaystyle\int_0^2 f(x)\,\mathrm{d}x$.

解 由定积分的可分性的性质得:

$$\int_0^2 f(x)\,\mathrm{d}x=\int_0^1 f(x)\,\mathrm{d}x+\int_1^2 f(x)\,\mathrm{d}x=\int_0^1 2x\,\mathrm{d}x+\int_1^2 5\,\mathrm{d}x=x^2\big|_0^1+5x\big|_1^2=6.$$

习题 6.2

1. 计算下列定积分:

(1) $\displaystyle\int_0^\pi \sin x\,\mathrm{d}x$;　(2) $\displaystyle\int_0^{\frac{\pi}{2}}\cos x\,\mathrm{d}x$;　(3) $\displaystyle\int_0^2 x^3\,\mathrm{d}x$;　(4) $\displaystyle\int_1^2 x^{-3}\,\mathrm{d}x$;　(5) $\displaystyle\int_1^2 \frac{2}{x}\,\mathrm{d}x$;

(6) $\displaystyle\int_1^2 \frac{1}{\sqrt{x}}\,\mathrm{d}x$;　(7) $\displaystyle\int_1^2 \frac{3}{x^2}\,\mathrm{d}x$;　(8) $\displaystyle\int_1^4 3\,\mathrm{d}x$;　(9) $\displaystyle\int_0^1 \mathrm{e}^x\,\mathrm{d}x$;　(10) $\displaystyle\int_0^2 2^x\,\mathrm{d}x$;

(11) $\int_0^1 (2^x + x^2)\mathrm{d}x$; (12) $\int_1^2 (x^2 + x - 1)\mathrm{d}x$; (13) $\int_0^{\frac{\pi}{6}} (2 - 3\cos x)\mathrm{d}x$;

(14) $\int_0^1 \sqrt{x}\,(x - 3)\mathrm{d}x$; (15) $\int_1^4 \dfrac{1}{x^2\sqrt{x}}\mathrm{d}x$; (16) $\int_0^1 \left(\sqrt[3]{x} - \dfrac{1}{\sqrt{x}}\right)\mathrm{d}x$;

(17) $\int_0^1 \dfrac{x^2 - 1}{x^2 + 1}\mathrm{d}x$; (18) $\int_1^{\sqrt{3}} \dfrac{1}{x^2(1 + x^2)}\mathrm{d}x$; (19) $\int_0^{\frac{1}{2}} \dfrac{1}{\sqrt{1 - x^2}}\mathrm{d}x$;

(20) $\int_0^{\frac{\pi}{4}} \tan^2 x\,\mathrm{d}x$; (21) $\int_0^4 |x - 2|\mathrm{d}x$; (22) $\int_0^2 |x - 1|\mathrm{d}x$; (23) $\int_0^{\pi} |\cos x|\mathrm{d}x$;

(24) $\int_0^{2\pi} |\sin x|\mathrm{d}x$; (25) $\int_0^{\frac{3}{4}\pi} \sqrt{1 + \cos 2x}\,\mathrm{d}x$.

2. 设 $f(x) = \begin{cases} x + 1, & x \leqslant 1 \\ \dfrac{1}{2}x^2, & x > 1 \end{cases}$,求 $\int_0^2 f(x)\mathrm{d}x$.

3. 设 $f(x) = \begin{cases} 3x^2, & x \leqslant 1 \\ 2x - 1, & x > 1 \end{cases}$,求 $\int_0^3 f(x)\mathrm{d}x$.

§6.3   定积分的换元积分法与分部积分法

理论上讲,会计算不定积分,就会计算定积分. 对应于不定积分的换元积分法与分部积分法,定积分也有相应的 换元积分法 与 分部积分法,但是要特别注意积分上下限的处理.

一、定积分换元法

定理 1   假设:

(1) 函数 $f(x)$ 在区间 $[a, b]$ 上连续;

(2) 函数 $x = \varphi(t)$ 在区间 $[\alpha, \beta]$ 上有连续且不变号的导数;

(3) 当 t 在 $[\alpha, \beta]$ 变化时, $x = \varphi(t)$ 的值在 $[a, b]$ 上变化,且 $\varphi(\alpha) = a$, $\varphi(\beta) = b$,则有

$$\int_a^b f(x)\mathrm{d}x = \int_{\alpha}^{\beta} f[\varphi(t)]\varphi'(t)\mathrm{d}t.$$

上式称为定积分的 换元公式,这里的 α 不一定小于 β. 应用公式时,必须注意变换 $x = \varphi(t)$ 应满足定理的条件,在改变积分变量的同时相应改变积分限,然后对新的积分变量进行积分,即注意 换元的同时要换限.

例 1   求定积分 $\int_0^9 \dfrac{\mathrm{d}x}{1 + \sqrt{x}}$.

解   用定积分换元法. 令 $\sqrt{x} = t$, 则 $x = t^2$, $\mathrm{d}x = 2t\,\mathrm{d}t$. 换限:

当 $x=0$ 时，$t=0$；当 $x=9$ 时，$t=3$，于是，

$$\int_0^9 \frac{\mathrm{d}x}{1+\sqrt{x}} = \int_0^3 \frac{1}{1+t} \cdot 2t\,\mathrm{d}t = 2\int_0^3 \left(1-\frac{1}{1+t}\right)\mathrm{d}t$$
$$= 2(t-\ln|1+t|)\,|_0^3 = 6-2\ln 4 = 6-4\ln 2.$$

例 2 计算 $\displaystyle\int_1^5 \frac{\sqrt{2x-1}}{x}\,\mathrm{d}x$.

解 令 $\sqrt{2x-1}=t$，则 $x=\dfrac{1}{2}(t^2+1)$，$\mathrm{d}x=t\,\mathrm{d}t$. 换限：

当 $x=1$ 时，$t=1$；当 $x=5$ 时，$t=3$，于是，

$$\int_1^5 \frac{\sqrt{2x-1}}{x}\,\mathrm{d}x = 2\int_1^3 \frac{t}{1+t^2}\cdot t\,\mathrm{d}t = 2\int_1^3 \left(1-\frac{1}{1+t^2}\right)\mathrm{d}t$$
$$= 2(t-\arctan t)\,|_1^3 = 4+\frac{\pi}{2}-2\arctan 3.$$

例 3 求定积分 $\displaystyle\int_0^2 \mathrm{e}^{3x}\,\mathrm{d}x$.

解法一 令 $3x=t$，则 $\mathrm{d}x=\dfrac{1}{3}\mathrm{d}t$. 换限：

当 $x=0$ 时，$t=0$；当 $x=2$ 时，$t=6$，于是，

$$\int_0^2 \mathrm{e}^{3x}\,\mathrm{d}x = \frac{1}{3}\int_0^6 \mathrm{e}^t\,\mathrm{d}t = \frac{1}{3}\mathrm{e}^t\,\Big|_0^6 = \frac{1}{3}(\mathrm{e}^6-1).$$

解法二 利用凑微分法，得：

$$\int_0^2 \mathrm{e}^{3x}\,\mathrm{d}x = \frac{1}{3}\int_0^2 \mathrm{e}^{3x}\,\mathrm{d}(3x) = \frac{1}{3}\mathrm{e}^{3x}\,\Big|_0^2 = \frac{1}{3}(\mathrm{e}^6-1).$$

注意 解法二中因未引入新变量，故不用改变积分限.

例 4 计算 $\displaystyle\int_0^{\frac{\pi}{2}} \cos^5 x \sin x\,\mathrm{d}x$.

解 令 $t=\cos x$，则 $\mathrm{d}t=-\sin x\,\mathrm{d}x$，$x=\dfrac{\pi}{2}\Rightarrow t=0$，$x=0\Rightarrow t=1$，则

$$\int_0^{\frac{\pi}{2}} \cos^5 x \sin x\,\mathrm{d}x = -\int_1^0 t^5\,\mathrm{d}t = \int_0^1 t^5\,\mathrm{d}t = \frac{t^6}{6}\,\Big|_0^1 = \frac{1}{6}.$$

注意 本例中，如果不明显写出新变量 t，则定积分的上、下限就不要变，重新计算如下：

$$\int_0^{\frac{\pi}{2}} \cos^5 x \sin x\,\mathrm{d}x = -\int_0^{\frac{\pi}{2}} \cos^5 x\,\mathrm{d}(\cos x) = -\frac{\cos^6 x}{6}\,\Big|_0^{\frac{\pi}{2}} = -\left(0-\frac{1}{6}\right) = \frac{1}{6}.$$

由此例看出，定积分换元公式主要适用于第二类换元法，如果利用凑微分法换元未引入新的变量，则不需要变换上、下限.

例 5 求定积分 $\displaystyle\int_0^a \sqrt{a^2-x^2}\,\mathrm{d}x$，$a > 0$.

x	0	a
t	0	$\pi/2$

解 令 $x = a\sin t$，则 $\mathrm{d}x = a\cos t\,\mathrm{d}t$，有

$$\sqrt{a^2-x^2} = a\sqrt{1-\sin^2 t} = a\,|\cos t| = a\cos t.$$

由换元积分公式得：

$$\int_0^a \sqrt{a^2-x^2}\,\mathrm{d}x = a^2\int_0^{\frac{\pi}{2}}\cos^2 t\,\mathrm{d}t = a^2\int_0^{\frac{\pi}{2}}\frac{1+\cos 2t}{2}\,\mathrm{d}t = \frac{a^2}{2}\int_0^{\frac{\pi}{2}}(1+\cos 2t)\,\mathrm{d}t$$

$$= \frac{a^2}{2}\left(t + \frac{1}{2}\sin 2t\right)\bigg|_0^{\frac{\pi}{2}} = \frac{\pi a^2}{4}.$$

注意 本题可利用定积分的几何意义求解得到相同的结果.

例 6 设 $f(x)$ 在 $[-a, a]$ 上连续，证明：

(1) 若 $f(x)$ 为奇函数，则 $\displaystyle\int_{-a}^a f(x)\,\mathrm{d}x = 0$；

(2) 若 $f(x)$ 为偶函数，则 $\displaystyle\int_{-a}^a f(x)\,\mathrm{d}x = 2\int_0^a f(x)\,\mathrm{d}x.$

证明 由于 $\displaystyle\int_{-a}^a f(x)\,\mathrm{d}x = \int_{-a}^0 f(x)\,\mathrm{d}x + \int_0^a f(x)\,\mathrm{d}x,$

对上式右端第一个积分作变换 $x = -t$，有

$$\int_{-a}^0 f(x)\,\mathrm{d}x = -\int_a^0 f(-t)\,\mathrm{d}t = \int_0^a f(-t)\,\mathrm{d}t = \int_0^a f(-x)\,\mathrm{d}x.$$

故 $$\int_{-a}^a f(x)\,\mathrm{d}x = \int_0^a [f(-x) + f(x)]\,\mathrm{d}x.$$

(1) 当 $f(x)$ 为奇函数时，$f(-x) = -f(x)$，故，

$$\int_{-a}^a f(x)\,\mathrm{d}x = \int_0^a 0\,\mathrm{d}x = 0.$$

(2) 当 $f(x)$ 为偶函数时，$f(-x) = f(x)$，故，

$$\int_{-a}^a f(x)\,\mathrm{d}x = \int_0^a 2f(x)\,\mathrm{d}x = 2\int_0^a f(x)\,\mathrm{d}x.$$

例 6 说明在，称区间上的积分具有奇零偶倍的性质. 利用这个结论能很方便地求出一些定积分的值.

例 7 计算下列定积分：(1) $\displaystyle\int_{-\pi}^{\pi} x^6\sin x\,\mathrm{d}x = 0.$　(2) $\displaystyle\int_{-1}^1 (x+\sqrt{4-x^2})^2\,\mathrm{d}x.$

解 (1) 因为函数 $x^6\sin x$ 是奇函数，所以 $\displaystyle\int_{-\pi}^{\pi} x^6\sin x\,\mathrm{d}x = 0.$

(2) 因为 $(x+\sqrt{4-x^2})^2 = x^2 + 2x\sqrt{4-x^2} + 4 - x^2 = 4 + 2x\sqrt{4-x^2}$，而 $2x\sqrt{4-x^2}$ 是奇函数，所以，

$$\int_{-1}^{1} (x + \sqrt{4-x^2})^2 \, \mathrm{d}x = \int_{-1}^{1} (4 + 2x\sqrt{4-x^2}) \, \mathrm{d}x$$

$$= \int_{-1}^{1} 4 \, \mathrm{d}x + \int_{-1}^{1} 2x\sqrt{4-x^2} \, \mathrm{d}x = 4\int_{-1}^{1} \mathrm{d}x + 0$$

$$= 8\int_{0}^{1} \mathrm{d}x = 8.$$

例 8　计算 $\displaystyle\int_{-1}^{1} \frac{2x^2 + x\cos x}{1 + \sqrt{1-x^2}} \, \mathrm{d}x.$

解　原式 $= \displaystyle\int_{-1}^{1} \frac{2x^2}{1 + \sqrt{1-x^2}} \, \mathrm{d}x + \int_{-1}^{1} \frac{x\cos x}{1 + \sqrt{1-x^2}} \, \mathrm{d}x = 4\int_{0}^{1} \frac{x^2}{1 + \sqrt{1-x^2}} \, \mathrm{d}x$

$$= 4\int_{0}^{1} \frac{x^2(1 - \sqrt{1-x^2})}{1 - (1-x^2)} \, \mathrm{d}x = 4\int_{0}^{1} (1 - \sqrt{1-x^2}) \, \mathrm{d}x = 4 - 4\int_{0}^{1} \sqrt{1-x^2} \, \mathrm{d}x$$

$$= 4 - \pi.$$

二、定积分的分部积分法

定理 2　设函数 $u(x)$ 与 $v(x)$ 均在区间 $[a, b]$ 上有连续的导数,由微分法则 $\mathrm{d}(uv) = u\,\mathrm{d}v + v\,\mathrm{d}u$,可得

$$u\,\mathrm{d}v = \mathrm{d}(uv) - v\,\mathrm{d}u.$$

等式两边同时在区间 $[a, b]$ 上求定积分,有

$$\int_{a}^{b} u\,\mathrm{d}v = (uv)\big|_{a}^{b} - \int_{a}^{b} v\,\mathrm{d}u.$$

这个公式称为定积分的**分部积分公式**,其中 a 与 b 分别是**积分变量** x 的**下限**与**上限**.

例 9　计算 $\displaystyle\int_{1}^{\mathrm{e}} \ln x \, \mathrm{d}x.$

解　$\displaystyle\int_{1}^{\mathrm{e}} \ln x \, \mathrm{d}x = \big[x\ln x\big]\big|_{1}^{\mathrm{e}} - \int_{1}^{\mathrm{e}} x \cdot \frac{\mathrm{d}x}{x} = (\mathrm{e} - 0) - (\mathrm{e} - 1) = 1.$

例 10　计算 $\displaystyle\int_{0}^{\pi} x\cos 3x \, \mathrm{d}x.$

解　$\displaystyle\int_{0}^{\pi} x\cos 3x \, \mathrm{d}x = \frac{1}{3}\int_{0}^{\pi} x\,\mathrm{d}\sin 3x = \frac{1}{3}\left[x\sin 3x\,\big|_{0}^{\pi} - \int_{0}^{\pi} \sin 3x \, \mathrm{d}x\right]$

$$= \frac{1}{3}\left[0 + \frac{1}{3}\cos 3x\,\Big|_{0}^{\pi}\right] = -\frac{2}{9}.$$

例 11　计算 $\displaystyle\int_{0}^{1} \mathrm{e}^{\sqrt{x}} \, \mathrm{d}x.$

解　先用换元法,令 $\sqrt{x} = t$,则 $x = t^2$,$\mathrm{d}x = 2t\,\mathrm{d}t.$
当 $x = 0$ 时,$t = 0$;当 $x = 1$ 时,$t = 1.$
于是
$$\int_{0}^{1} \mathrm{e}^{\sqrt{x}} \, \mathrm{d}x = 2\int_{0}^{1} t\,\mathrm{e}^{t} \, \mathrm{d}t.$$

再用分部积分法,得

$$\int_0^1 e^{\sqrt{x}}\,dx = 2\int_0^1 t\,de^t = 2\left(t e^t\big|_0^1 - \int_0^1 e^t\,dt\right)$$
$$= 2(e - e^t\big|_0^1) = 2(e - e + 1) = 2.$$

习题 6.3

1. 利用换元法计算下列积分:

(1) $\displaystyle\int_1^4 \frac{dx}{\sqrt{x}+1}$;   (2) $\displaystyle\int_0^1 \frac{\sqrt{x}}{1+\sqrt{x}}\,dx$;   (3) $\displaystyle\int_0^1 \frac{1}{\sqrt{x}\,(1+\sqrt[3]{x})}\,dx$;   (4) $\displaystyle\int_{-1}^1 \frac{x\,dx}{\sqrt{5-4x}}$;

(5) $\displaystyle\int_0^{\frac{\pi}{3}} \sin\left(x+\frac{\pi}{3}\right)\,dx$;   (6) $\displaystyle\int_{\frac{\pi}{6}}^{\frac{\pi}{2}} \cos^2\theta\,d\theta$;   (7) $\displaystyle\int_{-1}^1 \frac{dx}{\sqrt{2-x}}$;   (8) $\displaystyle\int_{\frac{3}{4}}^1 \frac{dx}{\sqrt{1-x}-1}$;

(9) $\displaystyle\int_0^{\frac{\pi}{2}} \sin\theta\cos^3\theta\,d\theta$;   (10) $\displaystyle\int_0^1 x\,e^{-x^2}\,dx$;   (11) $\displaystyle\int_0^4 \frac{x+2}{\sqrt{2x+1}}\,dx$;   (12) $\displaystyle\int_0^1 \frac{1}{(1+5x)^3}\,dx$.

2. 利用奇偶性计算下列各式:

(1) $\displaystyle\int_{-1}^1 (x+\sqrt{1-x^2})^2\,dx$;   (2) $\displaystyle\int_{-1}^1 (1+x^4\tan x)\,dx$;

(3) $\displaystyle\int_{-5}^5 \frac{x^3\sin^2 x}{x^4+2x^2+1}\,dx$;   (4) $\displaystyle\int_{-\frac{\pi}{2}}^{\frac{\pi}{2}} (x+\cos x)\sin^2 x\,dx$.

3*. 利用分部积分法计算下列积分:

(1) $\displaystyle\int_0^1 x\,e^{-x}\,dx$;   (2) $\displaystyle\int_0^{\frac{\pi}{2}} x\sin 2x\,dx$;   (3) $\displaystyle\int_1^e x\ln x\,dx$;   (4) $\displaystyle\int_1^2 x^3\ln x\,dx$;

(5) $\displaystyle\int_0^1 x\arctan x\,dx$;   (6) $\displaystyle\int_0^{\frac{1}{2}} \arcsin x\,dx$;   (7) $\displaystyle\int_0^{\frac{\pi}{2}} x\sin x\,dx$;   (8) $\displaystyle\int_0^{\frac{\pi}{2}} x\cos 2x\,dx$;

(9) $\displaystyle\int_0^1 x^2\,e^{-x}\,dx$;   (10) $\displaystyle\int_0^1 x\,e^x\,dx$;   (11) $\displaystyle\int_1^4 \frac{\ln x}{\sqrt{x}}\,dx$;   (12) $\displaystyle\int_0^1 e^{\sqrt[3]{x}}\,dx$.

§6.4 定积分的应用

　　我们先应用前面学过的定积分理论来分析和解决一些几何中的问题,不仅在于建立计算这些几何量的公式,而且更重要的还在于了解运用微元法将一个量表示成定积分的分析方法.之后还将简单介绍一下积分在其他领域中的应用.

一、定积分的微元法

　　在 6.1 节中,我们用定积分表示过曲边梯形的面积.解决这个问题的基本思想是分割、求近似、作和、取极限.其中关键一步是近似代替,即在局部范围内以常代变、以直代曲.下面我们用这种基本思想解决怎样用定积分表示一般的量 U 的问题.

上述 4 个步骤可概括为两个阶段:

第一个阶段:包括分割和求近似.其主要过程是将区间 $[a,b]$ 细分成很小的区间段,从而可以在每一个小区间段内以常代变,将小区间段内的小曲边梯形近似看成小矩形,从而求出其近似值

$$\Delta S_i \approx f(\xi_i)\Delta x_i.$$

在实际应用时,为了简便起见,省略下标 i,用 ΔS 也就是 $\mathrm{d}S$ 表示任意一个小区间段 $[x,x+\mathrm{d}x]$ 上的窄曲边梯形的面积,这个窄曲边梯形可以近似为一个小矩形,小矩形的宽度为区间 $[x,x+\mathrm{d}x]$ 的宽度 $\mathrm{d}x$,高度为点 x 处的函数值 $f(x)$,小矩形的面积为 $f(x)\mathrm{d}x$,因而

$$\Delta S = \mathrm{d}S \approx f(x)\mathrm{d}x.$$

第二阶段:包括求和和取极限两步,即将所有小区间段上的小矩形面积全部加起来,

$$S = \sum \Delta S.$$

然后取极限,当最宽的小区间段趋于零时,得到原来大曲边梯形的面积:区间 $[a,b]$ 上的定积分,即

$$S = \int \mathrm{d}S = \int_a^b f(x)\mathrm{d}x.$$

一般地,如果某一个实际问题中所求量 U 符合下列条件:

(1) U 与变量 x 的变化区间 $[a,b]$ 有关;

(2) U 对于区间 $[a,b]$ 具有可加性.也就是说,如果把区间 $[a,b]$ 分成许多部分区间,则 U 相应地分成许多部分量,而 U 等于所有部分量之和;

(3) 部分量 ΔU_i 的近似值可以表示为 $f(\xi_i)\Delta x_i$.

那么,在确定了积分变量以及其取值范围后,就可以用以下两步来求解:

(1) 写出 U 在小区间 $[x,x+\mathrm{d}x]$ 上的微元 $\mathrm{d}U=f(x)\mathrm{d}x$,常运用以常代变、以直代曲等方法;

(2) 以所求量 U 的微元 $f(x)\mathrm{d}x$ 为被积表达式,写出在区间 $[a,b]$ 上的定积分,得

$$U = \int_a^b \mathrm{d}U = \int_a^b f(x)\mathrm{d}x.$$

上述方法称为微元法或元素法,也称为微元分析法,这一过程充分体现了定积分是将微分加起来的实质.

二、定积分在几何中的应用

考察下面两种情形中图形的面积.

1. 情形一

如图 6-4-1 所示,求由曲线 $y=f(x)$、$y=g(x)$ 与直线 $x=a$、$x=b$ 围成的图形的面积,对任一 $x\in[a,b]$ 有 $g(x)\leqslant f(x)$. 采用微元法来分析:

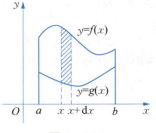

图 6-4-1

(1) 任意的一个小区间 $[x,x+\mathrm{d}x]$(其中 x、$x+\mathrm{d}x\in[a,b]$)上的窄条面积 $\mathrm{d}S$ 可以用底宽为 $\mathrm{d}x$,高度为 $f(x)-g(x)$ 的窄条矩形的面积来近似计算,因此面积微元为 $\mathrm{d}S=[f(x)-g(x)]\mathrm{d}x$.

(2) 以 $[f(x)-g(x)]\mathrm{d}x$ 为被积表达式,在区间 $[a,b]$ 上积分,得到以 x 为积分变量的面积公式:

$$S=\int_a^b[f(x)-g(x)]\mathrm{d}x. \quad (\text{上减下}) \tag{6.1}$$

2. 情形二

如图 6-4-2 所示,求由曲线 $x=\varphi(y)$、$x=\psi(y)$,以及直线 $y=c$、$y=d$ 围成的图形的面积. 对任一 $y\in[c,d]$ 有 $\psi(y)\leqslant\varphi(y)$. 此时 y 为自变量,x 为因变量. 采用微元法来分析:

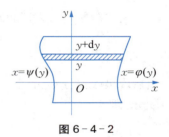

图 6-4-2

(1) 任意的一个小区间 $[y,y+\mathrm{d}y]$(其中 y、$y+\mathrm{d}y\in[c,d]$)上的水平窄条面积 $\mathrm{d}S$ 可以用宽度为 $\varphi(y)-\psi(y)$,高度为 $\mathrm{d}y$ 的水平矩形窄条的面积来近似计算,即平面图形的面积微元为 $\mathrm{d}S=[\varphi(y)-\psi(y)]\mathrm{d}y$.

(2) 以 $[\varphi(y)-\psi(y)]\mathrm{d}y$ 为被积表达式,在区间 $[c,d]$ 上积分,得到以 y 为积分变量的面积公式:

$$S=\int_c^d[\varphi(y)-\psi(y)]\mathrm{d}y. \quad (\text{右减左}) \tag{6.2}$$

在求解实际问题的过程中,首先应准确地画出所求面积的平面图形,弄清曲线的位置以及积分区间,找出面积微元,然后将微元在相应积分区间上积分.

例 1 计算由两条抛物线 $y^2=x$、$y=x^2$ 所围成的图形的面积.

解法一 如图 6-4-3 所示,解方程组 $\begin{cases} y^2=x \\ y=x^2 \end{cases}$,得两抛物线的交点为 $(0,0)$ 和 $(1,1)$.

由微元法,在所围图形区域内任取一个小窄条矩形微元(图中阴影部分所示),微元的面积为

$$\mathrm{d}S=(\sqrt{x}-x^2)\mathrm{d}x.$$

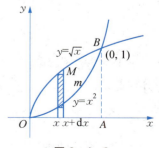

图 6-4-3

再将微元在区间 $[0,1]$ 积分即得所围区域的积分表达式:

$$S=\int_0^1(\sqrt{x}-x^2)\mathrm{d}x.$$

最后通过牛顿-莱布尼兹公式计算得

$$S = \int_0^1 (\sqrt{x} - x^2) \mathrm{d}x = \left(\frac{2}{3} x^{\frac{3}{2}} - \frac{1}{3} x^3 \right) \Big|_0^1 = \frac{1}{3}.$$

解法二　所要求的区域是由两个曲边三角形 $OMBA$ 与 $OmBA$ 相减得来,由定积分的几何意义,这两个曲边三角形的面积分别对应两个定积分:

$$S_{OMBA} = \int_0^1 \sqrt{x} \, \mathrm{d}x , \quad S_{OmBA} = \int_0^1 x^2 \mathrm{d}x.$$

相减即为所求:

$$S = \int_0^1 \sqrt{x} \, \mathrm{d}x - \int_0^1 x^2 \mathrm{d}x = \left(\frac{2}{3} x^{\frac{3}{2}} - \frac{1}{3} x^3 \right) \Big|_0^1 = \frac{1}{3}.$$

显然与用微元法求得的结果一样. 以下各例类似.

例 2　求曲线 $y = \mathrm{e}^x$、$y = \mathrm{e}^{-x}$ 和直线 $x = 1$ 所围成的图形的面积.

解　所求面积的图像,如图 6 - 4 - 4 所示. 取横坐标 x 为积分变量,变化区间为 $[0, 1]$. 由微元法的式(6.1)所求面积为

$$S = \int_0^1 (\mathrm{e}^x - \mathrm{e}^{-x}) \mathrm{d}x = (\mathrm{e}^x + \mathrm{e}^{-x}) |_0^1 = \mathrm{e} + \frac{1}{\mathrm{e}} - 2.$$

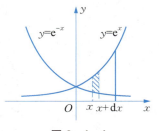

图 6 - 4 - 4

例 3　计算抛物线 $y^2 = 2x$ 与直线 $y = x - 4$ 所围成的图形的面积.

解　如图 6 - 4 - 5 所示,解方程组 $\begin{cases} y^2 = 2x \\ y = x - 4 \end{cases}$ 得抛物线与直线的交点 $(2, -2)$ 和 $(8, 4)$,由式(6.2)得

$$A = \int_{-2}^4 \left(y + 4 - \frac{1}{2} y^2 \right) \mathrm{d}y = \left(\frac{y^2}{2} + 4y - \frac{y^3}{6} \right) \Big|_{-2}^4 = 18.$$

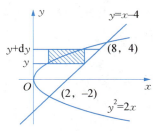

图 6 - 4 - 5

注意　此时若采用(6.1)式来求面积仍然是可以的,但求解过程要复杂许多.

例 4*　求椭圆 $\dfrac{x^2}{a^2} + \dfrac{y^2}{b^2} = 1$ 所围成的图形的面积.

解　设整个椭圆的面积是椭圆在第一象限部分的 4 倍,椭圆在第一象限部分在 x 轴上的投影区间为 $[0, a]$. 如图 6 - 4 - 6 所示,因为面积元素为 $y \mathrm{d}x$,所以

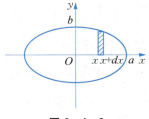

图 6 - 4 - 6

$$S = 4 \int_0^a y \mathrm{d}x.$$

椭圆的参数方程为 $x = a \cos t$,$y = b \sin t$,$\mathrm{d}x = \mathrm{d}(a \cos t) = -a \sin t \mathrm{d}t$,且当 $x = 0$ 时,

$t = \dfrac{\pi}{2}$；当 $x = a$ 时，$t = 0$. 于是，

$$S = 4\int_0^a y\,\mathrm{d}x = 4\int_{\frac{\pi}{2}}^0 b\sin t\,\mathrm{d}(a\cos t) = -4ab\int_{\frac{\pi}{2}}^0 \sin^2 t\,\mathrm{d}t = 2ab\int_0^{\frac{\pi}{2}}(1-\cos 2t)\,\mathrm{d}t$$

$$= 2ab \cdot \dfrac{\pi}{2} = ab\pi.$$

三、定积分在其他领域的应用

例 5 求正弦交流电 $i = I\sin\dfrac{2\pi}{T}t$ 的平均值 $I_a = \dfrac{1}{\frac{T}{2}}\int_0^{\frac{T}{2}} i\,\mathrm{d}t$ 与有效值 $I_e = \sqrt{\dfrac{1}{T}\int_0^T i^2\,\mathrm{d}t}$.

解 （1）均值

$$I_a = \dfrac{1}{\frac{T}{2}}\int_0^{\frac{T}{2}} i\,\mathrm{d}t = \dfrac{2}{T}\int_0^{\frac{T}{2}} I\sin\dfrac{2\pi}{T}t\,\mathrm{d}t = \dfrac{2I}{T} \cdot \dfrac{T}{2\pi}\int_0^{\frac{T}{2}} \sin\dfrac{2\pi}{T}t\,\mathrm{d}\left(\dfrac{2\pi}{T}t\right)$$

$$= \dfrac{2I}{T} \cdot \dfrac{T}{2\pi}\left[-\cos\dfrac{2\pi}{T}t\right]\Big|_0^{\frac{T}{2}} = \dfrac{2I}{T} \cdot \dfrac{T}{2\pi}\left[-\cos\dfrac{2\pi}{T}\dfrac{T}{2} + \cos 0\right]$$

$$= \dfrac{I}{\pi}(\cos 0 - \cos\pi) = \dfrac{2I}{\pi}.$$

（2）有效值 令 $\dfrac{2\pi}{T}t = x$，则 $x\,|_{t=0} = 0$，$x\,|_{t=T} = 2\pi$，$t = \dfrac{T}{2\pi}x$，$\mathrm{d}t = \dfrac{T}{2\pi}\mathrm{d}x$，则

$$\dfrac{1}{T}\int_0^T i^2\,\mathrm{d}t = \dfrac{1}{T}\int_0^T \left(I\sin\dfrac{2\pi}{T}t\right)^2\,\mathrm{d}t = \dfrac{I^2}{T}\int_0^{2\pi}\sin^2 x\,\dfrac{T}{2\pi}\mathrm{d}x$$

$$= \dfrac{I^2}{2\pi}\int_0^{2\pi}\sin^2 x\,\mathrm{d}x = \dfrac{I^2}{2\pi}\left(\dfrac{x}{2} - \dfrac{\sin 2x}{4}\right)\Big|_0^{2\pi} = \dfrac{I^2}{2}$$

所以， $$I_e = \sqrt{\dfrac{1}{T}\int_0^T i^2\,\mathrm{d}t} = \sqrt{\dfrac{I^2}{2}} = \dfrac{I}{\sqrt{2}}.$$

例 6 把交流电压 $e = E\sin\omega t$ 加到某电路时有电流 $i = I\sin(\omega t - \varphi)$ 通过,试求供给电路的平均功率 $P = \dfrac{1}{T}\int_0^T ei\,\mathrm{d}t$.

解 瞬时功率表达式为

$$P = ei = E\sin\omega t \cdot I\sin(\omega t - \varphi)$$
$$= E_e I_e[\cos\varphi - \cos(2\omega t - \varphi)].$$

所以， $$P = \dfrac{1}{T}\int_0^T E_e I_e[\cos\varphi - \cos(2\omega t - \varphi)]\mathrm{d}t$$

$$= \dfrac{E_e I_e}{T}\int_0^T [\cos\varphi - \cos(2\omega t - \varphi)]\mathrm{d}t = \dfrac{E_e I_e}{T}\left[(\cos\varphi)t - \dfrac{\sin(2\omega t - \varphi)}{2\omega}\right]\Big|_0^T$$

$$= \frac{E_e I_e}{T}\left\{(\cos\varphi)(T-0) - \frac{1}{2\times 2\pi/T}\left[\sin\left(2\times\frac{2\pi}{T}T-\varphi\right) - \sin(-\varphi)\right]\right\}$$

$$= E_e I_e \cos\varphi.$$

在电工学中,平均功率又称实功率,它描述了电路将电能转变为其他形式能量的功率.

例 7(拓展案例　城市交通灯的设置)　交通路口的指挥灯信号有红、黄、绿 3 种颜色,在绿灯转换成红灯之间有一个过渡状态,由黄灯来完成.通常是亮一段时间的黄灯后才变成红灯.交通指挥信号灯信号设置合理,既可保证交通安全又能避免某一方向的车流等待太久,减少司机、乘客的烦恼.如果交通指挥灯闪烁时间设置不合理,往往会造成等待某一方向的"车龙"太长.

怎么合理设置交通指挥灯中各种颜色信号灯闪烁时间的长短,特别是黄灯闪烁时间?

分析　停车这段时间内,车辆仍将向前行驶一段距离 L.在离路口距离为 L 处有一条停车线.黄灯亮时,已经过线的车辆应当保证仍能穿过马路而不能与横向的车流相撞.道路的宽度 D 是已知的,现在的问题是如何确定 L.

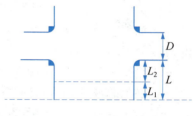

图 6-4-7

解　L 划分为 2 段:L_1 和 L_2,其中 L_1 为驾驶员发现黄灯亮时刻起到他判断应当刹车的反映时间内机动车行驶的距离,L_2 为机动车制动后车辆行驶的距离,即刹车距离.L_1 是很容易计算的,因为驾驶员的平均反应时间 t_1 早有测算,车辆行驶速度 v_0 已有明确规定.选择适当的行驶速度 v_0 使交通流量达到最大,于是,$L_1 = v_0 t_1$.

假设汽车在城市路面上以速度 v_0 匀速行驶,减速停车时以加速度 $a = -a_0$ 刹车.设开始刹车的时刻为 $t=0$,刹车后汽车减速行驶,其速度函数 $v(t)$ 满足

$$\frac{dv}{dt} = -a_0, \quad 即\ dv = -a_0 dt.$$

两边积分得 $\int dv = \int(-a_0)dt$ 即 $v(t) = -a_0 t + C$.由初始条件 $v(0) = v_0$,得 $C = v_0$.这样,$v(t) = v_0 - a_0 t$.当汽车停住时,$v(t) = 0$,得 $t_0 = \dfrac{v_0}{a_0}$.于是,从刹车时刻到汽车停下来,汽车行驶的距离为

$$L_2 = \int_0^{t_0} v(t)dt = \int_0^{t_0} (v_0 - a_0 t)dt = \frac{v_0^2}{2a_0}.$$

黄灯闪烁时间包括从驾驶员看到黄灯开始到汽车停下来所行驶的距离,

$$L = v_0 t_1 + \frac{v_0^2}{2a_0}.$$

因此,黄灯闪烁的时间至少应为

$$T = \frac{D+L}{v_0}.$$

习题 6.4

1. 求由下列各曲线所围成的图形的面积：

(1) $y = \dfrac{1}{x}$ 与直线 $y = x$ 及 $x = 2$；

(2) $y = \sqrt{x}$ 与直线 $y = x$；

(3) 曲线 $y^2 = x$ 与 $y^2 = -x + 4$；

(4) 在区间 $\left[0, \dfrac{\pi}{2}\right]$ 上，曲线 $y = \sin x$ 与直线 $x = 0$，$y = 1$.

(5) 曲线 $y = \sqrt{x}$ 与直线 $x = 1$、$x = 4$、$y = 0$；

(6) 曲线 $y = x^2$ 与直线 $y = 2x$.

2. 解答下列经济问题：

(1) 已知生产某商品的边际成本 $C'(x) = 20 + 30x - 9x^2$，固定成本为 100，求生产该商品的总成本、平均成本与变动成本.

(2) 若一企业生产某产品的边际成本是产量 q 的函数 $C'(q) = 2e^{0.2q} - 6$，固定成本 $C_0 = 90$，求总成本函数.

(3) 已知某商品的边际收入为 $R'(x) = 200 - \dfrac{x}{2}$，其中 x 表示销售该商品的销量，求该商品的总收入函数，并求当商品的销量达到 100 单位时的总收入和平均收入.

(4) 已知生产某产品 x 单位时的边际收入为 $R'(x) = 100 - 2x$（元/单位），求生产 40 单位时的总收入及平均收入，并求再增加生产 10 个单位时所增加的总收入.

(5) 已知对某商品的需求量是价格 p 的函数，且边际需求 $Q'(p) = -4$，该商品的最大需求量为 80（即 $p = 0$ 时，$Q = 80$），求需求量与价格的函数关系.

(6) 已知某产品的边际收入 $R'(x) = 25 - 2x$，边际成本 $C'(x) = 13 - 4x$，固定成本为 $C_0 = 10$，求当 $x = 5$ 时的毛利和纯利.

§6.5 无穷区间上的反常积分

我们前面介绍的定积分有两个最基本的约束条件：积分区间的有限性和被积函数的有界性. 但在某些实际问题中，常常需要突破这些约束条件的限制. 因此，还要研究无穷区间上的积分和无界函数的积分. 这两类积分通称为**广义积分**或**反常积分**.

定义 1 设函数 $f(x)$ 在区间 $[a, +\infty)$ 上连续，取 $b > a$. 如果极限 $\lim\limits_{b \to +\infty} \int_a^b f(x)\mathrm{d}x$ 存在，则称此极限为函数 $f(x)$ 在无穷区间 $[a, +\infty)$ 上的**反常积分**，记作 $\int_a^{+\infty} f(x)\mathrm{d}x$，即

$$\int_a^{+\infty} f(x)\mathrm{d}x = \lim_{b \to +\infty} \int_a^b f(x)\mathrm{d}x.$$

这时也称反常积分 $\int_a^{+\infty} f(x)\mathrm{d}x$ 收敛.

如果上述极限不存在，函数 $f(x)$ 在无穷区间 $[a, +\infty)$ 上的反常积分 $\int_a^{+\infty} f(x)\mathrm{d}x$ 就没有意义，此时称反常积分 $\int_a^{+\infty} f(x)\mathrm{d}x$ 发散.

类似地，设函数 $f(x)$ 在区间 $(-\infty, b]$ 上连续，如果极限 $\lim_{a \to -\infty} \int_a^b f(x)\mathrm{d}x$ 存在，则称此极限为函数 $f(x)$ 在无穷区间 $(-\infty, b]$ 上的反常积分，记作 $\int_{-\infty}^b f(x)\mathrm{d}x$，即

$$\int_{-\infty}^b f(x)\mathrm{d}x = \lim_{a \to -\infty} \int_a^b f(x)\mathrm{d}x.$$

这时也称反常积分 $\int_{-\infty}^b f(x)\mathrm{d}x$ 收敛.如果上述极限不存在，则称反常积分 $\int_{-\infty}^b f(x)\mathrm{d}x$ 发散.

设函数 $f(x)$ 在区间 $(-\infty, +\infty)$ 上连续，如果反常积分 $\int_{-\infty}^0 f(x)\mathrm{d}x$ 和 $\int_0^{+\infty} f(x)\mathrm{d}x$ 都收敛，则称上述两个反常积分的和为函数 $f(x)$ 在无穷区间 $(-\infty, +\infty)$ 上的反常积分，记作 $\int_{-\infty}^{+\infty} f(x)\mathrm{d}x$，即

$$\int_{-\infty}^{+\infty} f(x)\mathrm{d}x = \int_{-\infty}^0 f(x)\mathrm{d}x + \int_0^{+\infty} f(x)\mathrm{d}x = \lim_{a \to -\infty} \int_a^0 f(x)\mathrm{d}x + \lim_{b \to +\infty} \int_0^b f(x)\mathrm{d}x.$$

这时也称反常积分 $\int_{-\infty}^{+\infty} f(x)\mathrm{d}x$ 收敛.

如果上式右端有一个反常积分发散，则称反常积分 $\int_{-\infty}^{+\infty} f(x)\mathrm{d}x$ 发散.

如果 $F(x)$ 是 $f(x)$ 的原函数，则

$$\int_a^{+\infty} f(x)\mathrm{d}x = \lim_{b \to +\infty} \int_a^b f(x)\mathrm{d}x = \lim_{b \to +\infty} F(x)\big|_a^b = \lim_{b \to +\infty} F(b) - F(a) = \lim_{x \to +\infty} F(x) - F(a).$$

可采用如下简记形式:

$$\int_a^{+\infty} f(x)\mathrm{d}x = F(x)\big|_a^{+\infty} = \lim_{x \to +\infty} F(x) - F(a).$$

类似地
$$\int_{-\infty}^b f(x)\mathrm{d}x = F(x)\big|_{-\infty}^b = F(b) - \lim_{x \to -\infty} F(x),$$

$$\int_{-\infty}^{+\infty} f(x)\mathrm{d}x = F(x)\big|_{-\infty}^{+\infty} = \lim_{x \to +\infty} F(x) - \lim_{x \to -\infty} F(x).$$

例 1 计算广义积分 $\int_0^{+\infty} \mathrm{e}^{-x}\mathrm{d}x$.

解 对任意的 $b > 0$,有

$$\int_0^b e^{-x} \, dx = -e^{-x} \big|_0^b = -e^{-b} - (-1) = 1 - e^{-b}.$$

于是 $\lim\limits_{b \to +\infty} \int_0^b e^{-x} \, dx = \lim\limits_{b \to +\infty} (1 - e^{-b}) = 1 - 0 = 1.$ 因此,

$$\int_0^{+\infty} e^{-x} \, dx = \lim_{b \to +\infty} \int_0^b e^{-x} \, dx = 1, \ \text{或} \int_0^{+\infty} e^{-x} \, dx = -e^{-x} \big|_0^{+\infty} = 0 - (-1) = 1.$$

例 2 判断广义积分 $\int_0^{+\infty} \sin x \, dx$ 的敛散性.

解 对任意 $b > 0$,有

$$\int_0^b \sin x \, dx = -\cos x \big|_0^b = -\cos b + (\cos 0) = 1 - \cos b.$$

因为 $\lim\limits_{b \to +\infty} (1 - \cos b)$ 不存在,故由定义知广义积分 $\int_0^{+\infty} \sin x \, dx$ 发散.

例 3 计算反常积分 $\int_{-\infty}^{+\infty} \dfrac{1}{1+x^2} \, dx$.

解 $\int_{-\infty}^{+\infty} \dfrac{1}{1+x^2} \, dx = \arctan x \big|_{-\infty}^{+\infty} = \lim\limits_{x \to +\infty} \arctan x - \lim\limits_{x \to -\infty} \arctan x$

$$= \dfrac{\pi}{2} - \left(-\dfrac{\pi}{2} \right) = \pi.$$

例 4 计算反常积分 $\int_0^{+\infty} t e^{-pt} \, dt$ (p 是常数,且 $p > 0$).

解 $\int_0^{+\infty} t e^{-pt} \, dt = \left[\int t e^{-pt} \, dt \right]_0^{+\infty} = \left[-\dfrac{1}{p} \int t \, de^{-pt} \right]_0^{+\infty} = \left[-\dfrac{1}{p} t e^{-pt} + \dfrac{1}{p} \int e^{-pt} \, dt \right]_0^{+\infty}$

$$= \left[-\dfrac{1}{p} t e^{-pt} - \dfrac{1}{p^2} e^{-pt} \right]_0^{+\infty} = \lim_{t \to +\infty} \left[-\dfrac{1}{p} t e^{-pt} - \dfrac{1}{p^2} e^{-pt} \right] + \dfrac{1}{p^2} = \dfrac{1}{p^2}.$$

提示 $\lim\limits_{t \to +\infty} t e^{-pt} = \lim\limits_{t \to +\infty} \dfrac{t}{e^{pt}} = \lim\limits_{t \to +\infty} \dfrac{1}{p e^{pt}} = 0.$

例 5 讨论反常积分 $\int_a^{+\infty} \dfrac{1}{x^p} \, dx$ ($a > 0$) 的敛散性.

解 当 $p = 1$ 时, $\int_a^{+\infty} \dfrac{1}{x^p} \, dx = \int_a^{+\infty} \dfrac{1}{x} \, dx = \ln x \big|_a^{+\infty} = +\infty.$

当 $p < 1$ 时, $\int_a^{+\infty} \dfrac{1}{x^p} \, dx = \dfrac{1}{1-p} x^{1-p} \Big|_a^{+\infty} = +\infty.$

当 $p > 1$ 时, $\int_a^{+\infty} \dfrac{1}{x^p} \, dx = \dfrac{1}{1-p} x^{1-p} \Big|_a^{+\infty} = \dfrac{a^{1-p}}{p-1}.$

因此,当 $p > 1$ 时,此反常积分收敛,其值为 $\dfrac{a^{1-p}}{p-1}$;当 $p \leqslant 1$ 时,此反常积分发散.

习题 6.5

判断以下广义积分的敛散性,若收敛,计算其值:

$(1) \int_1^{+\infty} \dfrac{1}{x^3} \mathrm{d}x$; $\quad (2) \int_1^{+\infty} \dfrac{1}{\sqrt{x}} \mathrm{d}x$; $\quad (3) \int_0^{+\infty} e^{-ax} \mathrm{d}x, a > 0.$

课外阅读　牛顿和莱布尼兹

一、牛顿

数学和科学中的巨大进展，几乎总是建立在作出一点一滴贡献的许多人的工作之上．需要一个人来走那最高和最后的一步，这个人要能够敏锐地从纷乱的猜测和说明中清理出前人的有价值的想法，有足够的想象力把这些碎片重新组织起来，并且足够大胆地制定一个宏伟的计划．在微积分中，这个人就是牛顿．

牛顿（1642—1727）生于英格兰乌尔斯托帕的一个小村庄里，父亲是在他出生前两个月去世的，母亲管理着丈夫留下的农庄．母亲改嫁后，由外祖母把他抚养大，并供他上学．他从小在低标准的地方学校接受教育，除对机械设计有兴趣外，是个没有什么特殊的青年人，1661 年他进入剑桥大学的三一学院学习，大学期间除了巴罗（Barrow）外，他从老师那里只得到了很少的一点鼓舞，他自己做实验并且研究当时一些数学家的著作，如笛卡儿的《几何》，以及伽利略、开普勒等人的著作．学校因为伦敦地区鼠疫流行而关闭．他回到家乡，渡过了 1665 年和 1666 年，并在那里开始了他在机械、数学和光学上伟大的工作．这时他意识到了引力的平方反比定律（曾早已有人提出过），这是打开那无所不包的力学科学的钥匙．他获得了解决微积分问题的一般方法，并且通过光学实验，做出了划时代的发现，即太阳光那样的白光，实际上是从紫到红的各种颜色混合而成的．"所有这些"牛顿后来说："是在 1665 年和 1666 年两个鼠疫年中做的，因为在这些日子里，我正处在发现力最旺盛的时期，而且对于数学和（自然）哲学的关心，比其他任何时候都多．"关于这些发现，牛顿什么也没有说过，1667 年他回到剑桥获得硕士学位，并被选为三一学院的研究员．1669 年，他的老师巴罗主动宣布牛顿的学识已超过自己，把"路卡斯（Lucas）教授"的职位让给了年仅 26 岁的牛顿，这件事成了科学史上的一段佳话．牛顿并不是一个成功的教员，他提出的独创性的材料也没有受到同事们的注意．起初牛顿并没有公布他的发现，人们说他有一种变态的害怕批评的心理．在 1672 年和 1675 年发表光学方面的两篇论文遭到暴风般的批评后，他决心死后才公开它的成果，虽然，后来还是发表了《自然哲学的数学原理》《光学》和《普遍的算术》等有限的一些成果．

牛顿是那个时代的世界著名的物理学家、数学家和天文学家．牛顿工作的最大特点是辛勤劳动和独立思考．他有时不分昼夜地工作，常常好几个星期一直在实验室里度过．他总是不满意自己的成就，是个非常谦虚的人．他说："我不知道，在别人看来，我是什么样的人．但在自己看来，我不过就像一个在海滨玩耍的小孩，为不时发现比寻常更为光滑的一块卵石或比寻常更为美丽的一片贝壳而沾沾自喜，而对于展现在我面前的浩瀚的真理的海洋，却全然没有发现．"牛顿对于科学的兴趣要比对于数学的兴趣大得多．

他于 1695 年担任了伦敦的不列颠造币厂的监察．1703 年成为皇家学会会长，一直到逝世，1705 年被授予爵士称号．

关于微积分,牛顿总结了已经由许多人发展了的思想,建立起系统和成熟的方法,最重要的工作是建立了微积分基本定理,指出微分与积分互为逆运算.从而沟通了前述几个主要科学问题之间的内在联系.至此,才算真正建立了微积分这门学科.因此,恩格斯在论述微积分产生过程时说,微积分"是由牛顿和莱布尼兹大体上完成的,但不是由他们发明的".在他写于1671年但直到1736年他死后才出版的书《流数法和无穷级数》中清楚地陈述了微积分的基本问题.

二、莱布尼兹

出身于书香门第的莱布尼兹是德国一名博学多才的学者.他的父亲是莱比锡大学的道德哲学教授,母亲出生在一个教授家庭,父亲在他年仅6岁时便去世了,给他留下了丰富的藏书,他因此得以广泛接触古希腊罗马文化,阅读了许多著名学者的著作,并自学完中、小学的课程.15岁考入莱比锡大学学习法律,17岁获得学士学位,18岁获得哲学硕士学位,并在热奈被聘为副教授.

20岁时,莱布尼兹转入阿尔特道夫大学,获得博士学位后便投身外交界.在出访巴黎时,莱布尼兹深受帕斯卡事迹的鼓舞,决心钻研高等数学,并研究了笛卡儿、费尔马、帕斯卡等人的著作.在名师指导下系统研究了数学著作,1673年他在伦敦结识了巴罗和牛顿等名流.从此,他以非凡的理解力和创造力进入了数学前沿.

莱布尼兹的学识涉及哲学、历史、语言、数学、生物、地质、物理、机械、神学、法学、外交等领域.并在每个领域中都有杰出的成就.然而,由于他独立创建了微积分,并精心设计了非常巧妙而简洁的微积分符号,从而使他以伟大数学家的称号闻名于世.

莱布尼兹在从事数学研究的过程中,深受他的哲学思想的支配.他的著名哲学观点是单子论,认为单子是"自然的真正原子……事物的元素",是客观的、能动的、不可分割的精神实体.牛顿从运动学角度出发,以"瞬"(无穷小的"0")的观点创建了微积分.他说 dx 和 x 相比,如同点和地球,或地球半径与宇宙半径相比.在其积分法论文中,他从求曲线所围面积积分概念,把积分看作无穷小的和,并引入积分符号 $\int$,它是把拉丁文 Summa 的首字母 S 拉长.他的这个符号,以及微积分的要领和法则一直保留到当今的教材中.莱布尼兹也发现了微分和积分是一对互逆的运算,并建立了沟通微分与积分内在联系的微积分基本定理,从而使原本各自独立的微分学和积分学成为统一的微积分学的整体.

莱布尼兹是数字史上最伟大的符号学者之一,堪称符号大师.他曾说:"要发明,就要挑选恰当的符号,要做到这一点,就要用含义简明的少量符号来表达和比较忠实地描绘事物的内在本质,从而最大限度地减少人的思维劳动."正像阿拉伯数学促进算术和代数发展一样,莱布尼兹所创造的这些数学符号对微积分的发展起了很大的促进作用.欧洲大陆的数学得以迅速发展,莱布尼兹的巧妙符号功不可没.除积分、微分符号外,他创设的符号还有商 a/b,比 $a:b$,相似 $\backsim$,全等 $\cong$,并 $\cup$,交 $\cap$,以及函数和行列式等符号.

牛顿和莱布尼兹对微积分都做出了巨大贡献,但两人的方法和途径是不同的.牛顿是在力学研究的基础上,运用几何方法研究微积分的;莱布尼兹主要是在研究曲线的切线和面积的问题上,运用分析学方法引进微积分要领的.牛顿在微积分的应用上更多地结合了运动学,造诣精深;但莱布尼兹的表达形式简洁准确,胜过牛顿.在对微积分具体内容的研究上,牛顿先有导数概念,后有积分概念;莱布尼兹则先有求积概念,后有导数概念.除此之外,牛顿与莱布尼兹的学风也迥然不同.作为科学家的牛顿,治学严谨.他迟迟不发表微积分著作《流数术》的原因,很可能是因为他没有找到合理的逻辑基础,也可能是害怕别人反对的心理所致.但作为哲学家的莱布尼兹比较大胆,富于想象,勇于推广,结果造成创作年代上牛顿先于莱布尼兹 10 年,而在发表的时间上,莱布尼兹却早于牛顿 3 年.

虽然牛顿和莱布尼兹研究微积分的方法各异,但殊途同归.各自独立地完成了创建微积分的盛举,光荣应由他们两人共享.然而,在历史上曾出现过一场围绕发明微积分优先权的激烈争论.牛顿的支持者,包括数学家泰勒和麦克劳林,认为莱布尼兹剽窃了牛顿的成果.争论把欧洲科学家分成誓不两立的两派:英国和欧洲大陆.争论双方停止学术交流,不仅影响了数学的正常发展,也波及自然科学领域,以致发展到英德两国之间的政治摩擦.自尊心很强的英国民族抱住牛顿的概念和记号不放,拒绝使用更为合理的莱布尼兹的微积分符号和技巧,致使英国在数学发展上大大落后于欧洲大陆.一场旷日持久的争论变成了科学史上的前车之鉴.

莱布尼兹的科研成果大部分出自青年时代,随着这些成果的广泛传播,荣誉纷纷而来,他也越来越变得保守.到了晚年,他在科学方面已无所作为.他开始为宫廷唱赞歌,为上帝唱赞歌,沉醉于研究神学和公爵家族.莱布尼兹生命中的最后 7 年,是在别人带给他和牛顿关于微积分发明权的争论中痛苦地度过的.他和牛顿一样,都终生未娶.1761 年 11 月 14 日,莱布尼兹默默地离开人世,葬在宫廷教堂的墓地.

第 **7** 章

常 微 分 方 程

　　建立变量之间的函数关系是研究自然科学、经济问题和工程技术问题时经常遇到的问题.但有些实际问题往往无法直接建立相关变量之间的函数关系,有时却较容易地建立含有自变量、未知函数及导数(或微分)的关系式,这种关系式通常称为微分方程.本章主要介绍微分方程的基本概念和几种常用微分方程的解法.

学习目标

1. 了解微分方程和微分方程的阶、解、通解以及满足初始条件的特解等概念;
2. 掌握可分离变量的微分方程和一阶线性微分方程的解法;
3. 了解二阶线性微分方程解的结构;
4. 掌握二阶常系数齐次线性微分方程的解法;
5. 了解利用拉普拉斯变换求解微分方程的一般方法.

§7.1　微分方程的基本概念

　　我们通过实例来说明微分方程及其解的某些概念,同时了解产生微分方程的一些背景.

　　例1(曲线方程)　设曲线 $y = f(x)$ 在其上任一点 (x, y) 的切线斜率为 $3x^2$,且曲线过点 $(0, -1)$,求曲线的方程.

　　解　由导数的几何意义知在点 (x, y) 处,有

$$\frac{\mathrm{d}y}{\mathrm{d}x} = 3x^2.$$

此外,曲线满足条件 $y|_{x=0} = -1$. 两边积分,得

$$y = \int 3x^2 \mathrm{d}x = x^3 + C.$$

其中,C 为任意常数.表示了无穷多个函数,如图 7-1-1 所示,

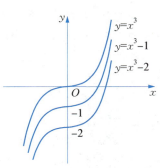

图 7-1-1

为得到满足条件的具体曲线,以条件代入,得 $C = -1$. 故所求曲线的方程为 $y = x^3 - 1$.

例 2　列车制动问题　列车在平直线路上以 $20\ \mathrm{m/s}$ 的速度行驶,制动时列车获得加速度 $-0.4\ \mathrm{m/s^2}$. 问开始制动后多长时间列车才能停住,在这段时间内列车行驶了多少距离?

解　设列车开始制动的时刻是 $t = 0$,制动开始 t 秒内行驶的距离是 $s = s(t)$,依题意有

$$s'' = -0.4.$$

$s(t)$ 还满足 $s(0) = 0$,$s'(0) = 20$. 将方程 $s'' = -0.4$ 两边积分一次得

$$s' = v(t) = -0.4t + C_1,$$

再积分一次得

$$s = -0.2t^2 + C_1 t + C_2.$$

将条件 $s(0) = 0$,$s'(0) = 20$ 代入这两式,得 $C_1 = 20$,$C_2 = 0$. 于是

$$s' = v(t) = -0.4t + 20,\quad s = -0.2t^2 + 20t.$$

令 $v(t) = 0$,得列车从开始制动到停住所需时间为 $t = \dfrac{20}{0.4} = 50(\mathrm{s})$. 再将 $t = 50(\mathrm{s})$ 代入 $s = -0.2t^2 + 20t$ 得列车在制动阶段行驶的距离为

$$s = -0.2 \times 50^2 + 20 \times 50 = 500(\mathrm{m}).$$

上述两个例子中建立的方程都有未知函数的导数,它们都称为**微分方程**.

定义 1　含有未知函数的导数或微分的方程称为**微分方程**,未知函数为一元函数的微分方程称为**常微分方程**. 微分方程中出现的未知函数的导数的最高阶数称为这个方程的**阶**.

可以看出,方程 $\dfrac{\mathrm{d}y}{\mathrm{d}x} = 3x^2$ 是一阶微分方程,方程 $s'' = -0.4$ 是二阶微分方程. 而 $y''' + x^4 y'' - y' = \sin 2x$,$x^2 y''' + (y')^6 = x^5$ 都是三阶微分方程.

如果将某函数代入微分方程后能使方程成为恒等式,这个函数就称为该微分方程的**解**.

微分方程的解有两种形式:一种含有任意常数,一种不含任意常数. 如果解中含有任意常数,且独立的任意常数的个数与方程的阶数相同,则称这样的解为微分方程的**通解**. 不含有任意常数的解,称为微分方程的**特解**. 如函数 $y = x^3 + C$,为微分方程 $\dfrac{\mathrm{d}y}{\mathrm{d}x} = 3x^2$ 的通解.

通常,由微分方程的通解附加一定的条件就可确定出其特解,我们用未知函数及其各阶导数在某个特定点的值作为确定通解中任意常数的条件,称为**初始条件**. 一阶微分方程的初始条件为 $y(x_0) = y_0$. 其中 x_0、y_0 是两个已知数;二阶微分方程的初始条件为 $\begin{cases} y(x_0) = y_0 \\ y'(x_0) = y_1 \end{cases}$. 其中 x_0、y_0、y_1 是 3 个已知数. 求微分方程满足初始条件的解的问题,称为**初值问题**.

例 3　试指出下列方程是什么方程,并指出微分方程的阶数.

(1) $\dfrac{\mathrm{d}y}{\mathrm{d}x} = x^2 + y$;　(2) $x\left(\dfrac{\mathrm{d}y}{\mathrm{d}x}\right)^2 - 2\dfrac{\mathrm{d}y}{\mathrm{d}x} + 4x = 0$;

(3) $x \dfrac{\mathrm{d}^2 y}{\mathrm{d} x^2} - 2\left(\dfrac{\mathrm{d} y}{\mathrm{d} x}\right)^3 + 5xy = 0$; (4) $\cos(y'') + \ln y = x + 1$.

解 (1) 是一阶线性微分方程,因方程中含有的 $\dfrac{\mathrm{d} y}{\mathrm{d} x}$ 和 y 都是一次.

(2) 是一阶非线性微分方程,因方程中含有的 $\dfrac{\mathrm{d} y}{\mathrm{d} x}$ 的平方项.

(3) 是二阶非线性微分方程,因方程中含有的 $\dfrac{\mathrm{d} y}{\mathrm{d} x}$ 的 3 次方.

(4) 是二阶非线性微分方程,因方程中含有非线性函数 $\cos(y'')$ 和 $\ln y$.

例 4 验证函数 $y = C_1 \mathrm{e}^x + C_2 \mathrm{e}^{2x}$($C_1$、$C_2$ 为任意常数)为二阶微分方程 $y'' - 3y' + 2y = 0$ 的通解,并求此方程满足初始条件 $y(0) = 0$,$y'(0) = 1$ 的特解.

解 $y = C_1 \mathrm{e}^x + C_2 \mathrm{e}^{2x}$,$y' = C_1 \mathrm{e}^x + 2C_2 \mathrm{e}^{2x}$,$y'' = C_1 \mathrm{e}^x + 4C_2 \mathrm{e}^{2x}$.

将 y、y'、y'' 代入方程 $y'' - 3y' + 2y = 0$ 左端,得

$$C_1 \mathrm{e}^x + 4C_2 \mathrm{e}^{2x} - 3(C_1 \mathrm{e}^x + 2C_2 \mathrm{e}^{2x}) + 2(C_1 \mathrm{e}^x + C_2 \mathrm{e}^{2x})$$
$$= (C_1 - 3C_1 + 2C_1)\mathrm{e}^x + (4C_2 - 6C_2 + 2C_2)\mathrm{e}^{2x} = 0.$$

所以,函数 $y = C_1 \mathrm{e}^x + C_2 \mathrm{e}^{2x}$ 是所给微分方程的解.又因为,这个解中有两个独立的任意常数,与方程的阶数相同,所以它是方程的通解.

由初始条件 $y(0) = 0$,$y'(0) = 1$,得 $C_1 + C_2 = 0$,$C_1 + 2C_2 = 1$,所以 $C_1 = -1$,$C_2 = 1$.于是,满足所给初始条件的特解为 $y = -\mathrm{e}^x + \mathrm{e}^{2x}$.

注意 函数 $y = C_1 \mathrm{e}^x + 2C_2 \mathrm{e}^x$ 虽然也为微分方程 $y'' - 3y' + 2y = 0$ 的解,但这时的 C_1、C_2 就不是两个独立的任意常数.因为令 $C_1 + 2C_2 = C$,该函数能写成 $y = (C_1 + 2C_2)\mathrm{e}^x = C\mathrm{e}^x$.像这种能合并成一个的任意常数只能算一个独立的任意常数.

一般地,当函数 y_1、y_2 之比恒为常数时,函数 $y = C_1 y_1 + C_2 y_2$ 中的两个任意常数 C_1、C_2 就不是独立的;当函数 y_1、y_2 之比不恒为常数时,函数 $y = C_1 y_1 + C_2 y_2$ 中的两个任意常数 C_1、C_2 就是独立的,即不能合并为一个任意常数.

当两个函数之比不恒为常数时,称这两个函数**线性无关**;当两个函数之比恒为常数时,称这两个函数**线性相关**.

例如,$\sin x$ 与 $\cos x$ 线性无关;e^x 与 $2\mathrm{e}^x$ 线性相关.

当 y_1 与 y_2 线性无关时,函数 $y = C_1 y_1 + C_2 y_2$ 中含有两个独立的任意常数 C_1、C_2.

习题 7.1

1. 指出下列微分方程的阶数:

(1) $x(y')^2 - 4yy' + 2xy = 0$; (2) $xy'' - 5yy' + 3x^2 y = 0$; (3) $xy''' + 5y'' + 2y = 5$;

(4) $(6x - 7y)\mathrm{d}x + (x - 2y)\mathrm{d}y = 0$.

2. 指出下列各题中的函数是否为所给微分方程的解:

(1) $xy' = 2y$,$y = 5x^2$; (2) $y'' + \omega^2 y = 0$,$y = C_1 \cos \omega x + C_2 \sin \omega x$;

（3）$y'' - (\lambda_1 + \lambda_2)y' + \lambda_1\lambda_2 y = 0$，$y = C_1 e^{\lambda_1 x} + C_2 e^{\lambda_2 x}$.

§7.2　一阶微分方程

一阶微分方程的一般形式为 $F(x, y, y') = 0$. 下面介绍几种特殊的一阶微分方程的解法.

一、可分离变量的微分方程

形如

$$\frac{\mathrm{d}y}{\mathrm{d}x} = f(x) \cdot g(y)$$

的方程称为可分离变量的微分方程，其特点是，方程的右端是只含 x 的函数，与只含 y 的函数的乘积. 这里 $f(x)$、$g(y)$ 分别是变量 x、y 的已知连续函数，且 $g(y) \neq 0$.

这类方程的特点是，经过适当的变换，可以将两个不同变量的函数与微分分离到方程的两端. 具体解法如下：

（1）分离变量　　$\dfrac{\mathrm{d}y}{g(y)} = f(x) \cdot \mathrm{d}x$.

（2）两边同时积分　　$\displaystyle\int \frac{\mathrm{d}y}{g(y)} = \int f(x)\mathrm{d}x + C$.

若设 $G(y)$ 及 $F(x)$ 依次为 $\dfrac{1}{g(y)}$ 及 $f(x)$ 的原函数，便得隐式解

$$G(y) = F(x) + C,$$

若可以解出 y，则得显式解（通解）

$$y = G^{-1}(F(x) + C).$$

要求方程满足初始条件 $y(x_0) = y_0$ 的特解，可将 $x = x_0$，$y = y_0$ 代入通解确定 C.

注意　后文为了明显起见，将不定积分 $\displaystyle\int f(x)\mathrm{d}x$ 看成 $f(x)$ 的一个原函数，而将积分常数 C（为任意常数）单独写出来.

例 1　求解微分方程 $\dfrac{\mathrm{d}y}{\mathrm{d}x} = 2xy$.

解　原微分方程可以分离变量，分离变量后得

$$\frac{1}{y}\mathrm{d}y = 2x\,\mathrm{d}x.$$

两边积分　　　　　$\displaystyle\int \frac{1}{y}\mathrm{d}y = \int 2x\,\mathrm{d}x$，$\ln|y| = x^2 + C_1$，

$$|y| = \mathrm{e}^{x^2 + C_1} = \mathrm{e}^{C_1} \cdot \mathrm{e}^{x^2}, \quad y = \pm \mathrm{e}^{C_1} \cdot \mathrm{e}^{x^2}.$$

因为 $\pm \mathrm{e}^{C_1}$ 仍是任意常数, 把它记作 C, 便得原方程的通解为

$$y = C \mathrm{e}^{x^2}.$$

以后为了运算方便起见, 可把 $\ln |y|$ 写成 $\ln y$, 以上解答过程简写为

$$\ln y = x^2 + \ln C, \quad y = C \mathrm{e}^{x^2}.$$

只要记住最后得到的任意常数 C 可正可负即可.

　　例 2　求解以下初值问题 $\begin{cases} \dfrac{\mathrm{d}y}{\mathrm{d}x} = -\dfrac{x}{y}. \\ y(0) = 1 \end{cases}$

　　解　分离变量得

$$y \, \mathrm{d}y = -x \, \mathrm{d}x.$$

两边积分 $\qquad \displaystyle\int y \, \mathrm{d}y = -\int x \, \mathrm{d}x, \ \frac{1}{2} y^2 = -\frac{1}{2} x^2 + C_1,$

得到方程的通解为 $\qquad x^2 + y^2 = C, \ C = 2C_1.$

　　将 $x = 0, \ y = 1$ 代入通解, 求得 $C = 1$, 于是所求的特解为

$$x^2 + y^2 = 1.$$

　　例 3　求微分方程 $(1 + y^2)\mathrm{d}x - xy(1 + x^2)\mathrm{d}y = 0$ 满足初始条件 $y(1) = 2$ 的特解.

　　解　分离变量, 得

$$\frac{y}{1 + y^2} \mathrm{d}y = \frac{1}{x(1 + x^2)} \mathrm{d}x,$$

即

$$\frac{y}{1 + y^2} \mathrm{d}y = \left(\frac{1}{x} - \frac{x}{1 + x^2} \right) \mathrm{d}x.$$

　　两边积分, 得

$$\frac{1}{2} \ln(1 + y^2) = \ln x - \frac{1}{2} \ln(1 + x^2) + \frac{1}{2} \ln C,$$

即

$$\ln(1 + x^2)(1 + y^2) = \ln(C x^2).$$

因此, 通解为

$$(1 + x^2)(1 + y^2) = C x^2.$$

这里 C 为任意常数. 把初始条件 $y(1) = 2$ 代入通解, 可得 $C = 10$. 于是, 所求特解为

$$(1 + x^2)(1 + y^2) = 10 x^2.$$

　　例 4　求微分方程 $\mathrm{d}x + xy \, \mathrm{d}y = y^2 \mathrm{d}x + y \, \mathrm{d}y$ 的通解.

　　解　先合并 $\mathrm{d}x$ 及 $\mathrm{d}y$ 的各项, 得 $y(x-1)\mathrm{d}y = (y^2 - 1)\mathrm{d}x$. 设 $y^2 - 1 \neq 0, \ x - 1 \neq 0,$

分离变量得

$$\frac{y}{y^2-1}\mathrm{d}y = \frac{1}{x-1}\mathrm{d}x.$$

两端积分

$$\int \frac{y}{y^2-1}\mathrm{d}y = \int \frac{1}{x-1}\mathrm{d}x$$

得

$$\frac{1}{2}\ln|y^2-1| = \ln|x-1| + \ln|C_1|.$$

于是，$y^2-1 = \pm C_1^2(x-1)^2$，记 $C = \pm C_1^2$，则得到题设方程的通解 $y^2-1 = C(x-1)^2$.

二、一阶线性微分方程

未知函数及其导数都是一次的一阶微分方程称为**一阶线性微分方程**，它的一般形式是

$$y' + P(x)y = Q(x). \tag{1}$$

其中，$P(x)$、$Q(x)$ 是连续函数. 如果 $Q(x) \equiv 0$，称为一阶线性齐次微分方程；如果 $Q(x) \neq 0$，称为一阶线性非齐次微分方程.

1. 一阶线性齐次方程

不难看出，一阶线性齐次方程

$$y' + P(x)y = 0 \tag{2}$$

是可分离变量方程：

$$\frac{\mathrm{d}y}{y} = -P(x)\mathrm{d}x,$$

两边积分得

$$\int \frac{\mathrm{d}y}{y} = -\int P(x)\mathrm{d}x, \ \ln|y| = -\int P(x)\mathrm{d}x + C_1,$$

$$y = Ce^{-\int P(x)\mathrm{d}x}, \ C = \pm e^{C_1}. \tag{3}$$

例 5 求方程 $y' - (\cos x)y = 0$ 的通解.

解 分离变量得

$$\frac{\mathrm{d}y}{y} = \cos x\, \mathrm{d}x.$$

两边积分得

$$\int \frac{\mathrm{d}y}{y} = \int \cos x\, \mathrm{d}x, \ \ln y = \sin x + \ln C,$$

化简得

$$y = Ce^{\sin x}.$$

例 6　求方程 $(x^2y - 2xy)\mathrm{d}x + x\,\mathrm{d}y = 0$ 满足初始条件 $y\big|_{x=0} = 1$ 的特解.

解　将所求方程化为如下形式：

$$\frac{\mathrm{d}y}{\mathrm{d}x} + \frac{x^2 - 2x}{x}y = 0.$$

这是一个线性齐次方程. 分离变量得

$$\frac{\mathrm{d}y}{y} = \frac{2x - x^2}{x}\mathrm{d}x.$$

两边积分得

$$\int \frac{\mathrm{d}y}{y} = \int \frac{2x - x^2}{x}\mathrm{d}x, \quad \ln y = \left(2x - \frac{x^2}{2}\right) + \ln C.$$

化简得 $y = C\mathrm{e}^{2x - \frac{x^2}{2}}$. 将初始条件 $y(0) = 1$ 代入通解,得 $C = 1$,故所求特解为

$$y = \mathrm{e}^{2x - \frac{x^2}{2}}.$$

2. 一阶线性非齐次方程

下面我们来探求非齐次线性方程式(1)的通解. 显然,当 C 为常数时,式(3)不是式(1)的解. 但由于式(1)与式(2)有相似之处(它们的左边完全相同),我们猜测它们的解也应有相同的地方,因此,可设想将式(3)中的常数 C 换为某函数 $C(x)$ 后,有可能成为方程式(1)的解.

令 $y = C(x)\mathrm{e}^{-\int P(x)\mathrm{d}x}$ 为方程式(1)的解,则

$$y' = C'(x)\mathrm{e}^{-\int P(x)\mathrm{d}x} - C(x)P(x)\mathrm{e}^{-\int P(x)\mathrm{d}x}.$$

将 y、y' 代入式(1),得

$$C'(x)\mathrm{e}^{-\int P(x)\mathrm{d}x} = Q(x), \quad \text{故 } C'(x) = Q(x)\mathrm{e}^{\int P(x)\mathrm{d}x}.$$

两边积分得
$$C(x) = \int Q(x)\mathrm{e}^{\int P(x)\mathrm{d}x}\,\mathrm{d}x + C.$$

将 $C(x)$ 代入 $y = C(x)\mathrm{e}^{-\int P(x)\mathrm{d}x}$ 得方程的通解为

$$y = \left[\int Q(x)\mathrm{e}^{\int P(x)\mathrm{d}x}\,\mathrm{d}x + C\right]\mathrm{e}^{-\int P(x)\mathrm{d}x}. \tag{4}$$

式(4)即为一阶非齐次线性方程式(1)的通解公式.

上述求解方法称为 常数变易法.

在此公式中令 $C = 0$,得方程式(1)的一个特解为

$$y_{\mathrm{p}} = \mathrm{e}^{-\int P(x)\mathrm{d}x}\int Q(x)\mathrm{e}^{\int P(x)\mathrm{d}x}\,\mathrm{d}x. \tag{5}$$

又由式(3)知,$y_{\mathrm{c}} = C\mathrm{e}^{-\int P(x)\mathrm{d}x}$ 为齐次线性方程式(2)的通解. 因此,一阶非齐次线性方程

式(1)的通解公式又可写成

$$y = y_p + y_c. \tag{6}$$

由此可知,一阶非齐次线性方程的通解等于对应的齐次方程的通解与非齐次方程的一个特解之和.

用常数变易法求解一阶非齐次线性方程的步骤为:

(1) 先求出与非齐次线性方程对应的齐次方程的通解;

(2) 根据所求出的齐次方程的通解设出非齐次线性方程的解(将所求出的齐次方程的通解中的任意常数 C 改为待定函数 $C(x)$ 即可);

(3) 将所设解代入非齐次线性方程,解出 $C(x)$,并写出非齐次线性方程的通解.

在实际求解一阶非齐次线性方程时无须死记通解公式,只要掌握上述求解步骤即可.

例 7 求方程 $y' - \dfrac{1}{x}y = \ln x$ 的通解.

解 所解方程为一阶非齐次线性方程,它所对应的齐次方程为

$$y' - \frac{1}{x}y = 0.$$

将此方程分离变量得 $\dfrac{\mathrm{d}y}{y} = \dfrac{\mathrm{d}x}{x}$. 两边积分得

$$\ln y = \ln x + \ln C.$$

所以原方程所对应的齐次方程的通解为 $y = Cx$. 将通解中任意常数 C 换为待定函数 $C(x)$,即令 $y = C(x)x$ 为原方程的通解,将其代入原方程得 $xC'(x) = \ln x$,即 $C'(x) = \dfrac{\ln x}{x}$. 故

$$C(x) = \int \frac{\ln x}{x}\mathrm{d}x = \int \ln x\, \mathrm{d}\ln x = \frac{1}{2}(\ln x)^2 + C.$$

因此,原方程的通解为 $y = \dfrac{x}{2}(\ln x)^2 + Cx$.

例 8 求方程 $2y' - y = \mathrm{e}^x$ 的解.

解法一 原方程变形为 $y' - \dfrac{1}{2}y = \dfrac{1}{2}\mathrm{e}^x$,对应的齐次方程为 $y' - \dfrac{1}{2}y = 0$,用分离变量法得通解

$$y = C\mathrm{e}^{\frac{x}{2}}.$$

设所给线性非齐次方程的解为 $y = C(x)\mathrm{e}^{\frac{x}{2}}$,

$$y' = C'(x)\mathrm{e}^{\frac{x}{2}} + \frac{1}{2}C(x)\mathrm{e}^{\frac{x}{2}}.$$

将 y 及 y' 代入原方程, 得 $C'(x) = \dfrac{1}{2}e^{\frac{x}{2}}$, 于是有

$$C(x) = \int \frac{1}{2}e^{\frac{x}{2}}\,\mathrm{d}x = e^{\frac{x}{2}} + C.$$

所以, 原方程的通解为 $y = C(x)e^{\frac{x}{2}} = Ce^{\frac{x}{2}} + e^{x}$.

解法二 将所给方程改写成 $y' - \dfrac{1}{2}y = \dfrac{1}{2}e^{x}$, 则 $P(x) = -\dfrac{1}{2}$, $Q(x) = \dfrac{1}{2}e^{x}$, 算出

$$-\int P(x)\,\mathrm{d}x = \int \frac{1}{2}\,\mathrm{d}x = \frac{x}{2}, \quad e^{-\int P(x)\,\mathrm{d}x} = e^{\frac{x}{2}},$$

于是,
$$\int Q(x)e^{\int P(x)\,\mathrm{d}x}\,\mathrm{d}x = \int \frac{1}{2}e^{x}e^{-\frac{x}{2}}\,\mathrm{d}x = e^{\frac{x}{2}}.$$

代入通解方程, 得原方程的通解为

$$y = \left(C + e^{\frac{x}{2}}\right)e^{\frac{x}{2}} = Ce^{\frac{x}{2}} + e^{x}.$$

例 9 求方程 $x^{2}\mathrm{d}y + (2xy - x + 1)\mathrm{d}x = 0$ 满足初始条件 $y(1) = \dfrac{1}{2}$ 的特解.

解 原方程变形为 $\dfrac{\mathrm{d}y}{\mathrm{d}x} + \dfrac{2}{x}y = \dfrac{x-1}{x^{2}}$, 对应的线性齐次方程为

$$\frac{\mathrm{d}y}{\mathrm{d}x} + \frac{2}{x}y = 0.$$

不难求出它的通解为 $y = \dfrac{C}{x^{2}}$. 设所给线性非齐次方程的解为 $y = \dfrac{C(x)}{x^{2}}$, 将 y 及 y' 代入该方程, 得

$$C'(x) = x - 1,$$

于是有
$$C(x) = \frac{1}{2}x^{2} - x + C.$$

因此, 原方程的通解为

$$y = \frac{1}{x^{2}}\left(\frac{1}{2}x^{2} - x + C\right),$$

即所给方程的通解为

$$y = \frac{1}{2} - \frac{1}{x} + \frac{C}{x^{2}}.$$

将 $y(1) = \dfrac{1}{2}$ 代入通解, 得 $C = 1$, 故所求特解为 $y = \dfrac{1}{2} - \dfrac{1}{x} + \dfrac{1}{x^{2}}$.

例 10 求方程 $\dfrac{\mathrm{d}y}{\mathrm{d}x} - \dfrac{2y}{x+1} = (x+1)^{5/2}$ 的通解.

解 这是一个非齐次线性方程. 先求对应齐次方程的通解,

$$\frac{\mathrm{d}y}{\mathrm{d}x} - \frac{2}{x+1}y = 0 \Rightarrow \frac{\mathrm{d}y}{y} = \frac{2\mathrm{d}x}{x+1} \Rightarrow \ln y = 2\ln(x+1) + \ln C \Rightarrow y = C(x+1)^2.$$

用常数变易法,把 C 换成 u,即令 $y = u(x+1)^2$,则有

$$\frac{\mathrm{d}y}{\mathrm{d}x} = u'(x+1)^2 + 2u(x+1).$$

代入所给非齐次方程得 $u' = (x+1)^{2/1}$,两端积分得 $u = \frac{2}{3}(x+1)^{3/2} + C$,回代即得所求方程的通解为

$$y = (x+1)^2 \left[\frac{2}{3}(x+1)^{3/2} + C \right].$$

例 11 求方程 $y^2\mathrm{d}x + (x - 2xy - y^2)\mathrm{d}y = 0$ 的通解.

解 所给方程中含有 y^2. 因此,如果仍把 x 看作自变量,把 y 看作未知函数,则它不是线性方程. 试着把 x 看作 y 的函数,然后再分析. 将原方程改写为

$$\frac{\mathrm{d}x}{\mathrm{d}y} + \frac{1-2y}{y^2}x = 1.$$

这是一个关于未知函数 $x = x(y)$ 的一阶线性非齐次方程. 它所对应的线性齐次方程为

$$\frac{\mathrm{d}x}{\mathrm{d}y} + \frac{1-2y}{y^2}x = 0.$$

不难求出它的通解为 $x = Cy^2\mathrm{e}^{\frac{1}{y}}$. 设所给线性非齐次方程的解为 $x = C(y)y^2\mathrm{e}^{\frac{1}{y}}$,将 x 及 x' 代入该方程,得

$$C(y) = \mathrm{e}^{-\frac{1}{y}} + C,$$

所求通解为 $x = y^2(1 + C\mathrm{e}^{\frac{1}{y}})$.

例 12 求方程 $y^3\mathrm{d}x + (2xy^2 - 1)\mathrm{d}y = 0$ 的通解.

解 当将 y 看作 x 的函数时,方程变为

$$\frac{\mathrm{d}y}{\mathrm{d}x} = \frac{y^3}{1 - 2xy^2}.$$

这个方程不是一阶线性微分方程,不便求解. 如果将 x 看作 y 的函数,方程改写为

$$y^3\frac{\mathrm{d}x}{\mathrm{d}y} + 2y^2x = 1,$$

则为一阶线性微分方程,于是对应齐次方程为

$$y^3\frac{\mathrm{d}x}{\mathrm{d}y} + 2y^2x = 0.$$

分离变量,并积分得 $\int \dfrac{\mathrm{d}x}{x}=-\int \dfrac{2\mathrm{d}y}{y}$, 即 $x=C_1\dfrac{1}{y^2}$, 其中 C_1 为任意常数. 利用常数变易法,

设题设方程的通解为 $x=u(y)\dfrac{1}{y^2}$, 代入原方程,得

$$u'(y)=\frac{1}{y}.$$

积分得 $u(y)=\ln|y|+C$. 故原方程的通解为 $x=\dfrac{1}{y^2}(\ln|y|+C)$, 其中 C 为任意常数.

例 13（拓展案例　高空跳伞） 设降落伞从跳伞塔下落后,所受空气阻力与速度成正比,并设降落伞离开跳伞塔时速度为 0,求降落伞下降速度与时间的函数关系. 并解释高空跳伞者为何无损.

解　设降落伞下落速度为 $v(t)$. 降落伞所受外力为

$$F=mg-kv,\ k\ 为比例系数.$$

根据牛顿第二运动定律 $F=ma$ 及加速度 $a=\dfrac{\mathrm{d}v}{\mathrm{d}t}$, 有函数 $v(t)$ 应满足的方程为

$$m\frac{\mathrm{d}v}{\mathrm{d}t}=mg-kv,$$

即 $\dfrac{\mathrm{d}v}{\mathrm{d}t}+\dfrac{k}{m}v=g$. 这是一阶线性非齐次微分方程,可求得在初始条件 $v|_{t=0}=0$ 时,解为

$$v(t)=\frac{mg}{k}(1-\mathrm{e}^{-\frac{k}{m}t}).$$

当 t 充分大时,$-\mathrm{e}^{-\frac{k}{m}t}$ 就很小,速率 v 逐渐接近于匀速,故高空跳伞速率不会无限变大,跳伞者可以完好无损降落到地面.

例 14（拓展案例　物体冷却模型） 物体放置于空气中,在 $t=0$ 时刻,测得其温度为 $u_0=150℃$, 10 分钟后测得温度为 $u_1=100℃$. 假定空气温度保持 $u_a=24℃$ 不变,求此物体的温度 u 和时间 t 的关系,并计算 20 分钟后物体的温度.

解　该问题归结为物理上的冷却现象,需要运用牛顿冷却定律"物体在介质中的冷却速度同该物体温度与介质温度之差成正比"来解决. 由于速度刻画的是物体在某时刻的变化率,涉及导数概念,因此可以运用微分方程来建模.

（1）**模型建立**　设物体在时刻 t 物体的温度为 $u=u(t)$, 则温度的变化速度以 $\dfrac{\mathrm{d}u}{\mathrm{d}t}$ 来表示. 注意到热量总是从温度高的物体向温度低的物体传导的,因而 $u_0>u_a$. 所以温度差 $u-u_a$ 恒正;又因物体将随时间而逐渐冷却,故温度的变化速度 $\dfrac{\mathrm{d}u}{\mathrm{d}t}$ 恒负. 故有

$$\frac{\mathrm{d}u}{\mathrm{d}t}=-k(u-u_a),\tag{1}$$

其中，$k > 0$，是比例常数. 方程(1)就是物体冷却过程的数学模型.

（2）**模型求解**　要从中解出 u. 注意到 u_a 是常数，且 $u_0 - u_a > 0$，可将(1)式变量分离，改写为

$$\frac{d(u - u_a)}{u - u_a} = -k\, dt. \tag{2}$$

两边积分，可得

$$\ln(u - u_a) = -kt + C, \tag{3}$$

整理可得

$$u = u_a + Ce^{-kt}. \tag{4}$$

再根据初始条件：当 $t = 0$ 时，$u = u_0$，可得 $C = u_0 - u_a$，于是

$$u = u_a + (u_0 - u_a)e^{-kt}. \tag{5}$$

如果 k 值确定了，(5)式就完全决定了温度 u 和时间 t 的关系. 根据条件，当 $t = 10$ 时，$u = u_1$，得到

$$u_1 = u_a + (u_0 - u_a)e^{-10k}.$$

由此得到 $k = \dfrac{1}{10}\ln\dfrac{u_0 - u_a}{u_1 - u_a} = \dfrac{1}{10}\ln 1.66 \approx 0.051$. 因而

$$u = 24 + 126e^{-0.051t}. \tag{6}$$

20 分钟后，物体的温度就是 $u_2 \approx 70℃$. 通过式(6)还可以得到，当 $t \to +\infty$ 时，$u \to 24℃$，这可以解释为：经过一段时间后，物体的温度和空气的温度没有差别了.

习题 7.2

1. 求下列微分方程的通解：

(1) $xy' - y\ln y = 0$；　　(2) $x(y^2 - 1)dx + y(x^2 - 1)dy = 0$；

(3) $xy\,dx + \sqrt{1 - x^2}\,dy = 0$；　　(4) $\tan x\dfrac{dy}{dx} = 1 + y$；

(5) $\dfrac{dy}{dx} = \dfrac{y}{\sqrt{1 - x^2}}$；　　(6) $\dfrac{dy}{dx} = \dfrac{\cos x}{3y^2 + e^y}$.

2. 求下列微分方程的通解和满足初始条件的特解：

(1) $x\,dy + 2y\,dx = 0$，$y|_{x=2} = 1$；　　(2) $y = e^{x-y}$，$y|_{x=0} = 2$.

3. 求解下列一阶线性微分方程通解和满足初始条件的特解：

(1) $y' + 2y = \sin x$；　　(2) $\dfrac{dy}{dx} + 2xy = 4x$；　　(3) $\dfrac{dy}{dx} - \dfrac{1}{x}y = 2x^2$；

(4) $(x - 2)\dfrac{dy}{dx} = y + 2(x - 2)^2$；　　(5) $\dfrac{dy}{dx} + 3y = 8$，$y|_{x=0} = 2$；

(6) $y' - y\tan x = \sec x$，$y|_{x=0} = 0$.

§7.3 二阶常系数线性微分方程

二阶线性微分方程的一般形式为

$$y'' + P(x)y' + Q(x)y = f(x). \tag{1}$$

这里 $P(x)$、$Q(x)$、$f(x)$ 是 x 的已知函数. 当 $f(x)$ 恒等于零时,称为二阶齐次线性微分方程,否则称为二阶非齐次线性微分方程.

一、二阶线性微分方程解的结构

为了寻找求解二阶线性微分方程的方法,先讨论二阶齐次线性方程

$$y'' + P(x)y' + Q(x)y = 0 \tag{2}$$

的解的结构.

定理 1 如果函数 y_1 与 y_2 是二阶齐次线性方程的两个解,那么

$$y = C_1 y_1 + C_2 y_2 \tag{3}$$

也是该方程的解,其中 C_1、C_2 是任意常数.

证明 将式(3)代入式(2)左端,得

$$(C_1 y_1'' + C_2 y_2'') + P(x)(C_1 y_1' + C_2 y_2') + Q(x)(C_1 y_1 + C_2 y_2)$$
$$= C_1 [y_1'' + P(x)y_1 + Q(x)y_1] + C_2 [y_2'' + P(x)y_2' + Q(x)y_2].$$

由于 y_1 与 y_2 是式(2)的解,上式右端方程括号中的表达式都恒等于零,因而整个式子恒等于零,所以式(3)是式(2)的解.

这个定理表明二阶齐次线性方程的解满足叠加原理.

叠加起来的解 $C_1 y_1 + C_2 y_2$ 从形式上看含有两个任意常数,但它不一定是方程(2)的通解. 例如,$y_1 = e^x$,$y_2 = e^{x+1}$ 都为方程 $y'' - y = 0$ 的解,由定理 1 知 $y = C_1 e^x + C_2 e^{x+1}$ 也是该方程的解. 但是

$$y = C_1 e^x + C_2 e^{x+1} = (C_1 + eC_2)e^x = Ce^x.$$

其中,$C = C_1 + eC_2$,事实上仍是一个任意常数,因而它不是二阶齐次线性方程 $y'' - y = 0$ 的通解. 那么,在什么情况下式(3)才是方程(2)的通解呢?

定理 2 如果函数 y_1 与 y_2 是方程 $y'' + P(x)y' + Q(x)y = 0$ 的两个不成比例的特解 (即 $\dfrac{y_1}{y_2} \neq k$ 常数),则 $y = C_1 y_1 + C_2 y_2$(C_1、C_2 是任意常数) 是该方程的通解.

把方程(2)叫做与二阶非齐次方程(1)对应的齐次方程.

定理 3 设 $\bar{y}$ 是二阶非齐次线性方程

$$y'' + P(x)y' + Q(x)y = f(x)$$

的一个特解，Y 是该方程所对应的二阶齐次线性方程的通解，则 $y = Y + \bar{y}$ 是二阶非齐次线性方程的通解.

证明   把 $y = Y + \bar{y}$ 代入方程的左端，得

$$(Y'' + \bar{y}'') + P(x)(Y' + \bar{y}') + Q(x)(Y + \bar{y})$$
$$= (Y'' + P(x)Y' + Q(x)Y) + (\bar{y}'' + P(x)\bar{y}' + Q(x)\bar{y}).$$

因 Y 是齐次方程的通解，所以

$$Y'' + P(x)Y' + Q(x)Y = 0.$$

因 $\bar{y}$ 是非齐次方程的特解，所以

$$\bar{y}'' + P(x)\bar{y}' + Q(x)\bar{y} = f(x).$$

由此可知 $y = Y + \bar{y}$ 是二阶非齐次线性方程的解. 又由于 Y 是对应的齐次方程的通解，它含有两个任意常数，所以是二阶非齐次线性方程 $y'' + P(x)y' + Q(x)y = f(x)$ 的通解.

二、二阶常系数齐次线性微分方程的解法

在方程 $y'' + P(x)y' + Q(x)y = 0$ 中，若 $P(x)$ 和 $Q(x)$，都是与 x 无关的常数，这时方程就成为

$$y'' + py' + qy = 0, \tag{4}$$

称为**二阶常系数齐次线性微分方程**.

由定理 2 可知，求二阶常系数齐次线性微分方程(4)的通解问题，归结为求式(4)的两个相互独立的特解. 注意到当 r 为常数时，指数函数 $y = e^{rx}$ 和它的各阶导数只相差一个常数因子，因此不妨用 $y = e^{rx}$ 来尝试.

设 $y = e^{rx}$ 为式(4)的解，则 $y' = re^{rx}$，$y'' = r^2 e^{rx}$，代入式(4)得

$$(r^2 + pr + q)e^{rx} = 0.$$

由于 $e^{rx} \neq 0$，所以有

$$r^2 + pr + q = 0. \tag{5}$$

只要 r 满足式(5)，函数 $y = e^{rx}$ 就是微分方程式(4)的解. 我们把代数方程式(5)称为微分方程式(4)的**特征方程**，特征方程的根称为**特征根**. 由于特征方程是一元二次方程，故其特征根有 3 种不同的情况，相应地可得到微分方程式(4)的 3 种不同形式的通解.

(1) 当 $p^2 - 4q > 0$ 时，特征方程式(5)有两个不相等的实根 r_1 和 r_2，此时可得方程式(4)的两个特解

$$y_1 = e^{r_1 x}, \quad y_2 = e^{r_2 x},$$

且 $y_2/y_1 = e^{(r_2 - r_1)x} \neq$ 常数，故 $y = C_1 e^{r_1 x} + C_2 e^{r_2 x}$ 是方程式(4)的通解.

(2) 当 $p^2-4q=0$ 时,特征方程式(5)有两个相等的实根 $r_1=r_2$,此时得微分方程式(4)的一个特解

$$y_1 = \mathrm{e}^{r_1 x}.$$

为求式(4)的通解,还需求出与 $\mathrm{e}^{r_1 x}$ 相互独立的另一解 y_2. 不妨设 $y_2/y_1=u(x)$,则

$$y_2 = \mathrm{e}^{r_1 x} u(x),\ y_2' = \mathrm{e}^{r_1 x}(u'+r_1 u),\ y_2'' = \mathrm{e}^{r_1 x}(u''+2r_1 u'+r_1^2 u).$$

将 y_2、y_2' 及 y_2'' 代入方程式(4),得

$$\mathrm{e}^{r_1 x}\left[(u''+2r_1 u'+r_1^2 u)+p(u'+r_1 u)+qu\right]=0.$$

将上式约去 $\mathrm{e}^{r_1 x}$ 并合并同类项,得

$$u''+(2r_1+p)u'+(r_1^2+pr_1+q)u=0.$$

由于 r_1 是特征方程式(5)的二重根,因此,$r_1^2+pr_1+q=0$,且 $2r_1+p=0$,于是得 $u''=0$. 不妨取 $u=x$,由此得到微分方程式(4)的另一个特解:

$$y_2 = x\,\mathrm{e}^{r_1 x},$$

且 $y_2/y_1=x\neq$ 常数,从而得到微分方程式(4)的通解为

$$y = C_1 \mathrm{e}^{r_1 x}+C_2 x\,\mathrm{e}^{r_1 x},$$

即

$$y = \mathrm{e}^{r_1 x}(C_1+C_2 x).$$

(3) 当 $p^2-4q<0$ 时,特征方程式(5)有一对共轭复根

$$r_1=\alpha+\mathrm{i}\beta,\ r_2=\alpha-\mathrm{i}\beta.$$

于是得到微分方程式(4)的两个特解

$$\overline{y}_1 = \mathrm{e}^{(\alpha+\mathrm{i}\beta)x},\ \ \overline{y}_2 = \mathrm{e}^{(\alpha-\mathrm{i}\beta)x}.$$

但它们是复数形式,为了便于在实数范围内讨论,利用欧拉公式 $\mathrm{e}^{\mathrm{i}\theta}=\cos\theta+\mathrm{i}\sin\theta$ 将 $\overline{y}_1$ 和 $\overline{y}_2$ 改写成

$$\overline{y}_1 = \mathrm{e}^{\alpha x}(\cos\beta x+\mathrm{i}\sin\beta x),\ \ \overline{y}_2 = \mathrm{e}^{\alpha x}(\cos\beta x-\mathrm{i}\sin\beta x).$$

于是得到两个新的实函数

$$y_1 = \frac{1}{2}(\overline{y}_1+\overline{y}_2)=\mathrm{e}^{\alpha x}\cos\beta x,$$

$$y_2 = \frac{1}{2\mathrm{i}}(\overline{y}_1-\overline{y}_2)=\mathrm{e}^{\alpha x}\sin\beta x.$$

可以验证,它们仍是式(4)的解,且 $y_2/y_1=\tan\beta x\neq$ 常数,故微分方程式(4)的通解为

$$y = \mathrm{e}^{\alpha x}(C_1\cos\beta x+C_2\sin\beta x).$$

综上所述,求二阶常系数齐次线性微分方程 $y'' + py' + q = 0$ 的通解的步骤为:

(1) 写出对应的特征方程 $r^2 + pr + q = 0$;

(2) 求出特征根 r_1、r_2;

(3) 根据 r_1、r_2 的 3 种不同情况,写出对应的通解.

3 种不同特征根下对应的方程的通解见表 7-3-1 所示.

表 7-3-1

特征方程 $r^2 + pr + q = 0$ 的两个根 r_1、r_2	微分方程 $y'' + py' + q = 0$ 的通解
(1) 特征根是两个相异实根 $r_1 \neq r_2$	(1) $y = C_1 e^{r_1 x} + C_2 e^{r_2 x}$
(2) 特征根是两个相等的实根 $r_1 = r_2 = r$	(2) $y = (C_1 + C_2 x) e^{rx}$
(3) 特征根是一对共轭复根 $r_{1,2} = \alpha \pm \beta i$	(3) $y = e^{\alpha x} (C_1 \cos \beta x + C_2 \sin \beta x)$

例 1 求方程 $y'' - 5y' - 6y = 0$ 的通解.

解 特征方程为

$$r^2 - 5r - 6 = 0.$$

解方程得特征根 $r_1 = 6$,$r_2 = -1$,所以方程的通解为

$$y = C_1 e^{6x} + C_2 e^{-x}.$$

例 2 求方程 $y'' - 2y' - 3y = 0$ 的通解.

解 所给微分方程的特征方程为 $r^2 - 2r - 3 = 0$,其根 $r_1 = -1$,$r_2 = 3$ 是两个不相等的实根,因此所求通解为

$$y = C_1 e^{-x} + C_2 e^{3x}.$$

例 3 求方程 $y'' - 4y' + 4y = 0$ 满足初始条件 $y(0) = 1$,$y'(0) = 4$ 的特解.

解 该方程的特征方程为 $r^2 - 4r + 4 = 0$. 解特征方程得重根 $r = 2$,所以方程的通解为

$$y = (C_1 + C_2 x) e^{2x}.$$

求导得

$$y' = C_2 e^{2x} + 2(C_1 + C_2 x) e^{2x}.$$

将 $y(0) = 1$,$y'(0) = 4$ 代入上述两式,得 $C_1 = 1$,$C_2 = 2$. 因此,所求方程满足初始条件的特解为 $y = (1 + 2x) e^{2x}$.

例 4 求方程 $y'' + 2y' + 5y = 0$ 的通解.

解 特征方程为 $r^2 + 2r + 5 = 0$,解得 $r_{1,2} = -1 \pm 2i$,故所求通解为

$$y = e^{-x} (C_1 \cos 2x + C_2 \sin 2x).$$

例 5 求方程 $y'' + 4y = 0$ 的通解.

解 特征方程为 $r^2 + 4 = 0$. 解方程得特征根 $r_{1,2} = \pm 2i$,所以方程的通解为

$$y = C_1 \cos 2x + C_2 \sin 2x.$$

习题 7.3

求下列方程的通解：

(1) $y'' + 5y' + 6y = 0$；　(2) $16y'' - 24y' + 9y = 0$；　(3) $y'' + y = 0$；

(4) $y'' + 8y' + 25y = 0$；　(5) $y'' + 6y' + 13y = 0$；　(6) $y'' - 2y' + y = 0$.

§7.4　拉普拉斯变换及其应用

拉普拉斯(Laplace)变换是分析和求解常系数线性微分方程的一种简便方法，它在工程技术领域有着广泛且重要的应用.

一、拉普拉斯变换的概念

定义 1　设函数 $f(t)$ 的定义域为 $[0, +\infty)$，如果广义积分 $F(p) = \int_0^{+\infty} f(t)\mathrm{e}^{-pt}\,\mathrm{d}t$ 在参数 p 的某一区间内收敛，则称式（1.1）为 $f(t)$ 的**拉普拉斯变换**，简称拉氏变换，记作 $L[f(t)]$，即

$$L[f(t)] = F(p) = \int_0^{+\infty} f(t)\mathrm{e}^{-pt}\,\mathrm{d}t.$$

其中，$F(p)$ 称为 $f(t)$ 的像函数；而 $f(t)$ 称为 $F(p)$ 的像原函数，也称其为 $F(p)$ 的**拉普拉斯逆变换**，记作 $L^{-1}[f(p)]$，即 $f(t) = L^{-1}[f(p)]$.

注意　(1) 因定义中只要求 $f(t)$ 在 $t \geqslant 0$ 时有定义，为方便讨论，今后总假定 $t < 0$ 时，$f(t) \equiv 0$.

(2) 在更深入的讨论中，定义中的参数 p 可在复数范围内取值，本节只讨论 p 为实数的情形，但这并不影响对拉氏变换性质的研究和应用.

由定义可见，求函数 $f(t)$ 的拉普拉斯变换，实质上就是将函数通过广义积分转换成一个新的函数 $F(p)$，它是一种积分变换.

例 1　求单位阶梯函数 $h(t) = \begin{cases} 0, & t < 0 \\ 1, & t \geqslant 0 \end{cases}$ 的拉普拉斯变换.

解　根据拉普拉斯变换的定义，知

$$L[h(t)] = \int_0^{+\infty} \mathrm{e}^{-pt}\,\mathrm{d}t.$$

该积分在 $p > 0$ 时收敛，且有

$$\int_0^{+\infty} \mathrm{e}^{-pt}\,\mathrm{d}t = \lim_{b \to +\infty} \int_0^b \mathrm{e}^{-pt}\,\mathrm{d}t = \lim_{b \to +\infty}\left(\frac{1}{p} - \frac{\mathrm{e}^{-bt}}{p}\right) = \frac{1}{p}, \ p > 0.$$

所以
$$L[h(t)] = \frac{1}{p}, \ p > 0.$$

例 2　求指数函数 $f(t) = e^{at}$(a 为常数)的拉普拉斯变换.

解
$$L[e^{at}] = \int_0^{+\infty} e^{at} e^{-pt} dt = \int_0^{+\infty} e^{-(p-a)t} dt,$$

该积分在 $p > a$ 时收敛,且有

$$L[e^{at}] = \frac{1}{p-a}, \ p > a.$$

例 3　求函数 $f(t) = at$($t \geqslant 0$,a 为常数)的拉普拉斯变换.

解　$L[at] = \int_0^{+\infty} at \, e^{-pt} dt = -\frac{a}{p} \int_0^{+\infty} t \, d(e^{-pt})$

$$= \left[-\frac{at}{p} e^{-pt} \right]_0^{+\infty} + \frac{a}{p} \int_0^{+\infty} e^{-pt} dt = 0 + \frac{a}{p} \int_0^{+\infty} e^{-pt} dt$$

$$= \left[-\frac{a}{p^2} e^{-pt} \right]_0^{+\infty} = \frac{a}{p^2}. \ (p > 0).$$

类似可得

$$L[\sin \omega t] = \frac{\omega}{p^2 + \omega^2} (p > 0); \ L[\cos \omega t] = \frac{p}{p^2 + \omega^2} (p > 0).$$

在物理学和工程技术中,常常会遇到具有冲击性质的量,即集中在某一瞬间作用的量. 例如,在机械系统中要研究它的冲击力作用后的运动状态,在线性电路中要研究它在接受脉冲电压后所产生的电流分布等. 但在通常意义下,我们找不到一个函数能够用来表示上述这种量,为此,要引入一个新的函数——狄拉克函数.

定义 2　设

$$\delta_\varepsilon(t) = \begin{cases} 0, & t < 0 \\ \dfrac{1}{\varepsilon}, & 0 \leqslant t \leqslant \varepsilon, \\ 0, & t > \varepsilon \end{cases}$$

当 $\varepsilon \to 0$ 时,$\delta_\varepsilon(t)$ 的极限 $\delta(t) = \lim\limits_{\varepsilon \to 0} \delta_\varepsilon(t)$ 称为**狄拉克(Dirac)函数**,简称 **δ 函数**.

由此可见,当 $t \neq 0$ 时,$\delta(t) = 0$;当 $t = 0$ 时,$\delta(t) = \infty$,即

$$\delta(t) = \begin{cases} 0, & t \neq 0 \\ \infty, & t = 0 \end{cases}.$$

显然,对任何 $\varepsilon > 0$,有

$$\int_{-\infty}^{+\infty} \delta(t) dt = \lim_{\varepsilon \to 0} \int_{-\infty}^{+\infty} \delta_\varepsilon(t) dt = \lim_{\varepsilon \to 0} \int_0^\varepsilon \frac{1}{\varepsilon} dt = 1.$$

工程技术中,常将 δ 函数称为**单位脉冲函数**,常用长度等于 1 的有向线段来表示,这个

线段的长度表示 δ 函数的积分,称为 **δ 函数的强度**.

例 4 求 $\delta(t)$ 的拉普拉斯变换.

解
$$L[\delta(t)] = \int_0^{+\infty} \delta(t) e^{-pt} dt = \int_0^{+\infty} \lim_{\varepsilon \to 0} \delta_\varepsilon(t) e^{-pt} dt = \lim_{\varepsilon \to 0} \int_0^\varepsilon \frac{1}{\varepsilon} e^{-pt} dt$$

$$= \lim_{\varepsilon \to 0} \frac{1}{\varepsilon} \left[-\frac{e^{-pt}}{p} \right]_0^\varepsilon = \frac{1}{p} \lim_{\varepsilon \to 0} \frac{1 - e^{-p\varepsilon}}{\varepsilon}$$

$$= \frac{1}{p} \lim_{\varepsilon \to 0} \frac{(1 - e^{-p\varepsilon})'}{(\varepsilon)'} = \frac{1}{p} \lim_{\varepsilon \to 0} \frac{p e^{-p\varepsilon}}{1} = 1.$$

即
$$L[\delta(t)] = 1.$$

二、拉普拉斯变换的性质

性质 1(线性性质) 设 α、β 均为常数,且 $L[f_1(t)] = F_1(p)$,$L[f_2(t)] = F_2(p)$,则

$$L[\alpha f_1(t) + \beta f_2(t)] = \alpha L[f_1(t)] + \beta L[f_2(t)] = \alpha F_1(p) + \beta F_2(p).$$

性质 2(平移性质) 若 $L[f(t)] = F(p)$,则

$$L[e^{at} f(t)] = F(p - a), \quad a \text{ 为常数}.$$

注意 位移性质表明:像原函数乘以 e^{at} 等于其像函数作 a 个单位的位移.

例 5 求函数 $L[e^{-3t} \sin \omega t]$.

解 因为 $L[\sin \omega t] = \dfrac{\omega}{p^2 + \omega^2}$,$p > 0$,由位移性质即得

$$L[e^{-3t} \sin \omega t] = \frac{\omega}{(p + 3)^2 + \omega^2}.$$

性质 3(滞后性质) 若 $L[f(t)] = F(p)$,则

$$L[f(t - a)] = e^{-ap} F(p), \quad a > 0.$$

注意 滞后性质表明:像函数乘以 e^{-ap} 等于其像原函数的图形沿 t 轴向右平移 a 个单位.

性质 4(微分性质) 若 $L[f(t)] = F(p)$,并设 $f(t)$ 在 $[0, +\infty)$ 上连续,$f'(t)$ 为分段连续,则

$$L[f'(t)] = pF(p) - f(0).$$

注意 微分性质表明:一个函数求导后取拉氏变换等于这个函数的拉氏变换乘以乘数 p,再减去函数的初始值.

推论 1 若 $L[f(t)] = F(p)$,则

$$L[f^{(n)}(t)] = p^n F(p) - [p^{n-1} f(0) + p^{n-2} f'(0) + \cdots + f^{(n-1)}(0)].$$

特别地,当初值 $f(0) = f'(0) = f''(0) = f^{(n-1)}(0) = 0$ 时,有

$$L[f^{(n)}(t)] = p^n F(p), \quad n = 1, 2, \cdots.$$

性质 5（积分性质） 若 $L[f(t)]=F(p)$，$p \neq 0$，且 $f(t)$ 连续，则

$$L\left[\int_0^t f(x)\,dx\right]=\frac{F(p)}{p}.$$

性质 6 若 $L[f(t)]=F(p)$，则 $a>0$ 时，$L[f(at)]=\dfrac{1}{a}F\left(\dfrac{p}{a}\right)$.

性质 7 若 $L[f(t)]=F(p)$，则 $L[t^n f(t)]=(-1)^n F^{(n)}(p)$.

性质 8 若 $L[f(t)]=F(p)$，且 $\lim\limits_{t\to 0}\dfrac{f(t)}{t}$ 存在，则 $L\left[\dfrac{f(t)}{t}\right]=\displaystyle\int_p^{+\infty} F(p)\,dp$.

现将实际应用中常用函数的拉普拉斯变换列于表 7-4-1 中.

表 7-4-1

序号	$f(t)$	$F(p)$	序号	$f(t)$	$F(p)$
1	$\delta(t)$	1	11	$\sin(\omega t+\varphi)$	$\dfrac{p\sin\varphi+\omega\cos\varphi}{p^2+\omega^2}$
2	$h(t)$	$\dfrac{1}{p}$	12	$\cos(\omega t+\varphi)$	$\dfrac{p\cos\varphi-\omega\sin\varphi}{p^2+\omega^2}$
3	t^n	$\dfrac{n!}{p^{n+1}}$	13	$t\sin\omega t$	$\dfrac{2p\omega}{(p^2+\omega^2)^2}$
4	t	$\dfrac{1}{p^2}$	14	$t\cos\omega t$	$\dfrac{p^2-\omega^2}{(p^2+\omega^2)^2}$
5	e^{at}	$\dfrac{1}{p-a}$	15	$e^{-at}\sin\omega t$	$\dfrac{\omega}{(p+a)^2+\omega^2}$
6	$1-e^{-at}$	$\dfrac{a}{p(p+a)}$	16	$e^{-at}\cos\omega t$	$\dfrac{p+a}{(p+a)^2+\omega^2}$
7	te^{at}	$\dfrac{1}{(p-a)^2}$	17	$\dfrac{1}{a^2}(1-\cos at)$	$\dfrac{1}{p(a^2+p^2)}$
8	$t^n e^{at}$	$\dfrac{n!}{(p-a)^{n+1}}$	18	$e^{at}-e^{bt}$	$\dfrac{a-b}{(p-a)(p-b)}$
9	$\sin\omega t$	$\dfrac{\omega}{p^2+\omega^2}$	19	$2\sqrt{\dfrac{t}{\pi}}$	$\dfrac{1}{p\sqrt{p}}$
10	$\cos\omega t$	$\dfrac{p}{p^2+\omega^2}$	20	$\dfrac{1}{\sqrt{\pi t}}$	$\dfrac{1}{\sqrt{p}}$

三、拉普拉斯逆变换

前面主要讨论了怎样由已知函数 $f(t)$ 求它的像函数 $F(p)$ 的问题. 现在讨论相反的问题：已知像函数 $F(p)$，求它的像原函数 $f(t)$，这就是拉普拉斯逆变换问题. 为应用方便，常用的拉普拉斯变换的性质用逆变换的形式列于下面，其中已假设 a、b 为实数，且

$L[f_1(t)]=F_1(p)$，$L[f_2(t)]=F_2(p)$，$L[f(t)]=F(p)$.

性质 1（线性性质）

$$L^{-1}[\alpha F_1(p)+\beta F_2(p)]=\alpha L^{-1}[F_1(p)]+\beta L^{-1}[F_2(p)]=\alpha f_1(t)+\beta f_2(t).$$

性质 2（平移性质）　$L^{-1}[F(p-a)]=\mathrm{e}^{at}L^{-1}[F(p)]=\mathrm{e}^{at}f(t).$

性质 3（滞后性质）　$L^{-1}[\mathrm{e}^{-ap}F(p)]=f(t-a)h(t-a).$

例 6　求下列像函数 $F(p)$ 的拉普拉斯逆变换

(1) $F(p)=\dfrac{1}{p+3}$；　(2) $F(p)=\dfrac{1}{(p-2)^3}$；　(3) $F(p)=\dfrac{2p-5}{p^2}$.

解　(1) 利用表 7-4-1 中的变换 5,得

$$f(t)=L^{-1}\left[\frac{1}{p+3}\right]=L^{-1}\left[\frac{1}{p-(-3)}\right]=\mathrm{e}^{-3t}.$$

(2) 由性质 2 及表 7-4-1 中的变换 3,得

$$f(t)=L^{-1}\left[\frac{1}{(p-2)^3}\right]=\mathrm{e}^{2t}L^{-1}\left[\frac{1}{p^3}\right]=\frac{\mathrm{e}^{2t}}{2}L^{-1}\left[\frac{2!}{p^3}\right]=\frac{\mathrm{e}^{2t}}{2}t^2.$$

(3) 由性质 1 及表 7-4-1 中的变换 2、变换 4,得

$$f(t)=L^{-1}\left[\frac{2p-5}{p^2}\right]=2L^{-1}\left[\frac{1}{p}\right]-5L^{-1}\left[\frac{1}{p^2}\right]=2-5t.$$

四、拉普拉斯变换的应用

拉普拉斯变换与其逆变换在求解一阶、二阶乃至高阶线性微分方程时具有重要应用. 下面通过实例来说明.

例 7　求微分方程 $y'+2y=0$ 满足初始条件 $y(0)=3$ 的解.

解　在所给方程两边取拉普拉斯变换,并设 $L[y(t)]=F(p)$,则

$$L[y'+2y]=L(0),\quad L[y']+2L[y]=0,$$
$$pF(p)-y(0)+2F(p)=0.$$

将初始条件 $y(0)=3$ 代入上式,得 $(p+2)F(p)=3$. 这样,就得到了一个关于像函数 $F(p)$ 的代数方程. 解此方程,得

$$F(p)=\frac{3}{p+2}.$$

求像函数 $F(p)$ 的拉普拉斯逆变换,得

$$y(t)=L^{-1}[F(p)]=L^{-1}\left[\frac{3}{p+2}\right]=3\mathrm{e}^{-2t}.$$

即所求微分方程的解为 $y(t)=3\mathrm{e}^{-2t}$.

由例 7 可见,利用拉普拉斯变换与其逆变换求解常系数线性微分方程的一般步骤为:

（1）利用拉普拉斯变换将常系数线性微分方程化为关于像函数的代数方程；

（2）由像函数满足的代数方程解出像函数；

（3）利用拉普拉斯变换的逆变换求出像函数的像原函数，即得到原方程的解.

例 8 求微分方程 $y'' - 3y' + 2y = 2e^{-t}$ 满足初始条件 $y(0) = 2$，$y'(0) = -1$ 的解.

解 在所给方程两边取拉普拉斯变换，并设 $L[y(t)] = F(p) = Y$，则

$$L[y''] - 3L[y'] + 2L[y] = 2L[e^{-t}],$$

$$[p^2 Y - py(0) - y'(0)] - 3[pY - y(0)] + 2Y = \frac{2}{p+1}.$$

将初始条件 $y(0) = 2$，$y'(0) = -1$ 代入，得到关于 Y 的代数方程

$$(p^2 - 3p + 2)Y = \frac{2}{p+1} + 2p - 7 = \frac{2p^2 - 5p - 5}{p+1}.$$

解得

$$Y = \frac{2p^2 - 5p - 5}{(p+1)(p-2)(p-1)}.$$

利用待定系数法，可将上式分解为 3 个简单分式之和，即

$$Y = \frac{1/3}{p+1} + \frac{4}{p-1} - \frac{7/3}{p-2}.$$

再利用拉普拉斯逆变换，即可得到满足初始条件的特解

$$y(t) = \frac{1}{3}e^{-t} + 4e^t - \frac{7}{3}e^{2t}.$$

习题 7.4

利用拉普拉斯变换及其逆变换求下列微分方程：

(1) $y' - y = 0$，$y(0) = 1$；　(2) $y' + 5y = 10e^{-3t}$，$y(0) = 0$；

(3) $y'' + 4y = 0$，$y(0) = 0$，$y'(0) = 3$；　(4) $y'' + 9y = 9t$，$y(0) = 0$，$y'(0) = 1$.

课外阅读　数学中的人生哲理

1. 函数的单调性

在 18 岁前，我们的身高会随着年龄的增长而增长；经历过的事情越多，我们的见识会越广；我们的球技会随着训练的次数增多而不断提升；我们的知识会随着付出的增多而不断丰富. 这些都是增函数模式.

当然，也有的人年龄在增长，快乐却在减少；有时候，自己的真诚换来的总是别人的虚假；在恋爱时，自己敞开心扉想推心置腹，却换来对方眉头紧锁一语不发. 这些就是减函数模式. 面对生活中的减函数模式，很多时候是郁闷的，我们应该多将不利的减函数转化为有利

的增函数,为我们所用.

事物产生之初,欣欣向荣,蓬勃发展,随着时间的推移和量的积累,迅速走向成功,以至巅峰;而后要经历来自各方的责难和考验,遇到挫折与失败,到达低谷.在慢慢经受住了考验之后,不断反思、总结,积蓄能量,又逐步向前发展.这一整体过程反映着量变—质变—新的量变质变互换规律.量变是必要的准备阶段,没有量的积累,就不会有质的改变.

2. 函数的奇偶性

具有奇偶性的函数,图像分居在不同的象限,互相对应但泾渭分明,看似势不两立但也相得益彰.人生亦如此,在相同的时间也会面对不同的际遇,要多去品尝学训中的苦和甜,多去经历前进中的逆和顺,多去体验生活中的悲和乐;让自己面对逆境不灰心丧气,面对顺境不得意忘形,不挥霍无度;面对快乐之事要尽情地分享,面对悲伤的事情要多多诉说,不留一己之悲.

3. 函数极限与连续性的关系

人生的痛苦就在于追求错误的东西.就是你在无限趋近于它的时候,才猛然发现,你和它是不连续的.我们要对自己有准确的定位,选择合适的目标为之奋斗.

4. 指数函数的各阶导数均等于其本身

我们曾有多少的理想和承诺,在经历几次求导的考验以后就面目全非甚至荡然无存?做人做事要诚信专一,认定了就要坚定不移地走下去.

5. 一元函数可积的充分条件:在 $[a, b]$ 上有界且只有有限个间断点

幸福是可积的,有限的间断点并不影响它的可积.我们要乐观地面对人生,不要被生活中的一些小挫折吓倒.

6. 级数的敛散性

人生也是一个级数,而理想是我们渴望收敛到的那个值.有限的人生刻画不出无穷的级数,收敛只是一个梦想罢了,不如脚踏实地经营好每一天.

7. 欧拉公式 $e^{i\pi} + 1 = 0.$

欧拉恒等式,这条公式有"上帝创造的公式"之美称,赌王之子何猷君在综艺节目《一站到底》上曾说道:这是一条令数学家心跳加速的公式,也代表了我们所追求的理想的人生.

等式里面包含了 5 个数学最基本的元素,而当你将它转换为图案,画出来的圆形会回到原点.我们所追求的理想生活不就像这条公式一样吗?

历经千帆,归来仍少年.回到原点,初心不变.

8. $1.01^{365} \approx 37.78$;$0.99^{365} \approx 0.026$

积跬步以致千里,积怠惰以致深渊.这条等式明明白白告诉我们这样一个道理:哪怕每天多做的这一份努力毫不起眼,只要你坚持不懈,定能得到千分收获;不进则退,你只多一分怠惰,千分成就都会亏空.

只比你努力一点的人,其实已经甩你太远.

我们由此也懂得:无论是在学习或工作生活中,功利地根据能否快速获得效益而选择努力与否,这个做法并不可取.所有的成功绝不仅靠偶然,我们应调整好心态,任何时候将每一步的努力踏踏实实做好,未来厚积薄发,所有成功是必然.

9. $U = EV/ID$

这条数学公式来源于《拖延心理学》,其中,U 为效率,E 为你对任务获得成功的信心,V 为你对整个任务感到愉快的程度,I 为你有多容易分心,D 为你多久会获得回报.

现代人许多通病,拖延症一定位列有名.我们总是能给自己一种"时间还有很多"的错误的心理暗示,永远能让自己"不拖拉到最后一刻绝不完成任务".这条公式能够帮助我们评估量化每个值,通过分析分子分母大小来调整自己,努力把拖延降到最低,从而提高效率.

两数和的绝对值小于等于两数绝对值的和.由正负数的概念我们知道这条公式定理并不难证明,而它也特别贴切实际地反映出团队合作中减少"内耗"的重要性.

在一个组织或部门之中,团队合作精神显得尤为重要.要想激发团队的合作精神,前提条件是先组织一个好的团队.好的团队关键便在于减少内耗.如果一个团队在合作过程中,个体心思各异,表面付出,贡献却是"负号",这样结果就是公式所示,永远比不上团队个体团结一致,"力往一处使"所发挥的力量.

10. $y = \sin(x)$

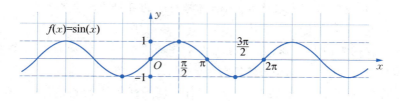

$y = \sin(x)$ 函数图像的顶点两旁截然不同的走向似乎在告诉我们:物极必反.物极必反比喻事物发展到极点就会向相反的方面转化,更多的是警示我们对待事物应有平衡的心态.大喜易失言,大悲易伤身,唯有维持平衡,才能使自己一直处于良好的思维和状态里.

而函数图像中的一段,似乎就是我们人生漫漫路程的极致浓缩:幼年时期不断成长,到达巅峰时期后又马不停蹄地走向衰老.可惜函数图像不断重复循环,往来不息,我们的人生却只是其中短暂的一段,仅此一次.

附录 A

初等数学常用公式

1. 代数

(1) 绝对值

① 定义：$|x| = \begin{cases} x, & x \geqslant 0 \\ -x, & x < 0 \end{cases}$.

② 性质：$\quad |x| = |-x|, \quad |xy| = |x||y|, \quad \left|\dfrac{x}{y}\right| = \dfrac{|x|}{|y|}(y \neq 0)$,

$|x| \leqslant a \Leftrightarrow -a \leqslant x \leqslant a(a \geqslant 0), \quad |x+y| \leqslant |x| + |y|, \quad |x-y| \geqslant |x| - |y|$.

(2) 指数

① $a^m \cdot a^n = a^{m+n}$；② $\dfrac{a^m}{a^n} = a^{m-n}$；③ $(ab)^m = a^m \cdot b^m$；④ $(a^n)^m = a^{mn}$；

⑤ $a^{\frac{m}{n}} = \sqrt[n]{a^m}$；⑥ $a^{-m} = \dfrac{1}{a^m}$；⑦ $a^0 = 1(a \neq 0)$；⑧ $\sqrt{a^2} = |a| = \begin{cases} a, & a > 0 \\ 0, & a = 0 \\ -a, & a < 0 \end{cases}$.

(3) 对数

① 定义：$b = \log_a N \Leftrightarrow a^b = N$，$a > 0$，$a \neq 1$.

② 性质：$\log_a 1 = 0$，$\log_a a = 1$，$a^{\log_a N} = N$.

③ 运算法则：$\log_a(xy) = \log_a x + \log_a y$，$\log_a \dfrac{x}{y} = \log_a x - \log_a y$，$\log_a x^p = p\log_a x$.

④ 换底公式：$\log_a b = \dfrac{\log_c b}{\log_c a}$，$\log_a b = \dfrac{1}{\log_b a}$.

(4) 数列

① 等差数列：

通项公式 $\quad a_n = a_1 + (n-1)d$；

求和公式 $\quad S_n = \dfrac{n(a_1 + a_n)}{2} = na_1 + \dfrac{n(n-1)d}{2}$.

② 等比数列：

通项公式 $\quad a_n = a_1 q^{n-1}$；

求和公式 $\quad S_n = \dfrac{a_1(1-q^n)}{1-q}$，$q \neq 1$.

(5) 多项式

立方和　$x^3 + y^3 = (x + y)(x^2 - xy + y^2)$;

立方差　$x^3 - y^3 = (x - y)(x^2 + xy + y^2)$;

二项式定理　$(a + b)^n = C_n^0 a^n + C_n^1 a^{n-1} b + \cdots + C_n^{n-1} ab^{n-1} + C_n^n b^n$.

2. 几何

在下面的公式中，S 表示面积，$S_{侧}$ 表示侧面积，$S_{全}$ 表示全面积，V 表示体积.

（1）三角形的面积

$S = \dfrac{1}{2} ah$，a 为底，h 为高.　$S = \dfrac{1}{2} ab\sin\theta$，$a$、$b$ 为两边，夹角是 θ.

（2）平行四边形的面积

$S = ah$，a 为一边，h 是 a 边上的高.　$S = ab\sin\theta$，a、b 为两邻边，θ 为这两边的夹角.

（3）梯形的面积

$S = \dfrac{1}{2}(a + b)h$，a、b 为两底边，h 为高.

（4）圆、扇形的面积

① 圆的面积：$S = \pi r^2$，r 为半径.

② 扇形的面积：

$S = \dfrac{\pi n r^2}{360}$，$r$ 为半径，n 为圆心角的度数.

$S = \dfrac{1}{2} rL$，r 为半径，L 为弧长.

（5）圆柱、球的面积和体积

① 圆柱：$S_{侧} = 2\pi rH$，$S_{全} = 2\pi r(H + r)$，$V = \pi r^2 H$，r 为底面半径，H 为高.

② 球：$S_{全} = 4\pi R^2$，$V = \dfrac{4}{3}\pi R^3$，R 为球的半径.

3. 三角

（1）度与弧度的关系

$$1° = \dfrac{\pi}{180}\text{rad}, \ 1\,\text{rad} = \dfrac{180°}{\pi}.$$

（2）三角函数的符号

$\sin\alpha$　　　　$\cos\alpha$　　　　$\tan\alpha(\cot\alpha)$

（3）特殊角的三角函数值

α	0	$\dfrac{\pi}{6}$	$\dfrac{\pi}{4}$	$\dfrac{\pi}{3}$	$\dfrac{\pi}{2}$
$\sin\alpha$	0	$\dfrac{1}{2}$	$\dfrac{\sqrt{2}}{2}$	$\dfrac{\sqrt{3}}{2}$	1
$\cos\alpha$	1	$\dfrac{\sqrt{3}}{2}$	$\dfrac{\sqrt{2}}{2}$	$\dfrac{1}{2}$	0
$\tan\alpha$	0	$\dfrac{\sqrt{3}}{3}$	1	$\sqrt{3}$	不存在
$\cot\alpha$	不存在	$\sqrt{3}$	1	$\dfrac{\sqrt{3}}{3}$	0

（4）同角三角函数的关系

① 平方和关系：

$$\sin^2 x + \cos^2 x = 1,\ 1 + \tan^2 x = \sec^2 x,\ 1 + \cot^2 x = \csc^2 x.$$

② 倒数关系：

$$\sin x \csc x = 1,\ \cos x \sec x = 1,\ \tan x \cot x = 1.$$

③ 商数关系：

$$\tan x = \frac{\sin x}{\cos x},\ \cot x = \frac{\cos x}{\sin x}.$$

（5）和差公式

$$\sin(x \pm y) = \sin x \cos y \pm \cos x \sin y,$$
$$\cos(x \pm y) = \cos x \cos y \mp \sin x \sin y,$$
$$\tan(x \pm y) = \frac{\tan x \pm \tan y}{1 \mp \tan x \tan y}.$$

（6）二倍角公式

$$\sin 2x = 2\sin x \cos x,$$
$$\cos 2x = \cos^2 x - \sin^2 x = 2\cos^2 x - 1 = 1 - 2\sin^2 x,$$
$$\tan 2x = \frac{2\tan x}{1 - \tan^2 x}.$$

（7）半角公式

$$\sin \frac{x}{2} = \pm\sqrt{\frac{1 - \cos x}{2}},\ \cos \frac{x}{2} = \pm\sqrt{\frac{1 + \cos x}{2}},$$
$$\tan \frac{x}{2} = \pm\sqrt{\frac{1 - \cos x}{1 + \cos x}} = \frac{\sin x}{1 + \cos x} = \frac{1 - \cos x}{\sin x}.$$

（8）和差化积公式

$$\sin x + \sin y = 2\sin\frac{x+y}{2}\cos\frac{x-y}{2},$$

$$\sin x - \sin y = 2\cos\frac{x+y}{2}\sin\frac{x-y}{2},$$

$$\cos x + \cos y = 2\cos\frac{x+y}{2}\cos\frac{x-y}{2},$$

$$\cos x - \cos y = -2\sin\frac{x+y}{2}\sin\frac{x-y}{2}.$$

（9）积化和差公式

$$\sin x \cos y = \frac{1}{2}\left[\sin(x+y) + \sin(x-y)\right],$$

$$\cos x \sin y = \frac{1}{2}\left[\sin(x+y) - \sin(x-y)\right],$$

$$\cos x \cos y = \frac{1}{2}\left[\cos(x+y) + \cos(x-y)\right],$$

$$\sin x \sin y = -\frac{1}{2}\left[\cos(x+y) - \cos(x-y)\right].$$

4. 平面解析几何

（1）两点间的距离　已知两点 $P_1(x_1, y_1)$，$P_2(x_2, y_2)$，则

$$|P_1P_2| = \sqrt{(x_2-x_1)^2 + (y_2-y_1)^2}.$$

（2）直线方程

① 直线的斜率：已知直线的倾斜角为 α，则 $k = \tan\alpha$，$\alpha \neq \frac{\pi}{2}$．已知直线过两点 $P_1(x_1, y_1)$，$P_2(x_2, y_2)$，则 $k = \dfrac{y_2-y_1}{x_2-x_1}$，$x_2 \neq x_1$．

② 直线方程的几种形式：

点斜式　$y-y_1 = k(x-x_1)$；　斜截式　$y = kx+b$；　两点式　$\dfrac{y-y_1}{y_2-y_1} = \dfrac{x-x_1}{x_2-x_1}$；

截距式　$\dfrac{x}{a} + \dfrac{y}{b} = 1$；　参数式　$\begin{cases} x = x_0 + t\cos\alpha \\ y = y_0 + t\sin\alpha \end{cases}$，$t$ 为参数．

（3）二次曲线的方程

① 圆：$(x-a)^2 + (y-b)^2 = r^2$，(a,b) 为圆心，r 为半径．

② 椭圆：$\dfrac{x^2}{a^2} + \dfrac{y^2}{b^2} = 1$，$a > b > 0$，焦点在 x 轴上．

③ 双曲线：$\dfrac{x^2}{a^2} - \dfrac{y^2}{b^2} = 1$，$a > b > 0$，焦点在 x 轴上．

④ 抛物线：

$y^2 = 2px\,(p > 0)$，焦点为 $\left(\dfrac{p}{2}, 0\right)$，准线为 $x = -\dfrac{p}{2}$；

$x^2 = 2py\,(p > 0)$，焦点为 $\left(0, \dfrac{p}{2}\right)$，准线为 $y = -\dfrac{p}{2}$；

$y = ax^2 + bx + c\,(a \neq 0)$，顶点为 $\left(-\dfrac{b}{2a}, \dfrac{4ac - b^2}{4a}\right)$，对称轴为 $x = -\dfrac{b}{2a}$.

习 题 答 案

第一章

习题 1.1

1. (1) $[-1, 1]$； (2) $[-2, -1) \bigcup (-1, 2]$； (3) $[-2, 2]$； (4) $[-1, 7]$；
(5) $[2, 4]$； (6) $(0, 1)$.

2. (1) 不相同，因为定义域不同；
(2) 相同，因为定义域、对应法则都相同

3. (1) $y = x^3 + 1$； (2) $y = e^x - 2$； (3) $y = \dfrac{x}{1-x}$； (4) $y = 2\arcsin x$.

4. (1) $y = \sin u$，$u = 3x + 1$； (2) $y = u^3$，$u = \cos v$，$v = 1 + 2x$；

(3) $y = \ln u$，$u = \arcsin v$，$v = x + 1$； (4) $y = \ln u$，$u = \tan v$，$v = \dfrac{x^2 + 1}{2}$；

(5) $y = e^u$，$u = \sin v$，$v = x^2$； (6) $y = 3^u$，$u = v^2$，$v = x + 2$；

(7) $y = u^{\frac{1}{3}}$，$u = \ln v$，$v = w^2$，$w = \cos x$； (8) $y = u^{\frac{1}{2}}$，$u = \cos v$，$v = \ln w$，$w = x^3$；

(9) $y = u^2$，$u = \arccos v$，$v = 2x + 1$；

(10) $y = u^2$，$u = \cos v$，$v = \arcsin w$，$w = x^2 - 1$.

习题 1.2

1. $f(x) = \begin{cases} 0.15x, & 0 < x \leqslant 50 \\ 7.5 + 0.25(x - 50), & x > 50 \end{cases}$.

2. (1) $p = \begin{cases} 90, & 0 \leqslant x \leqslant 100 \\ 90 - 0.01(x - 100), & 100 < x \leqslant 1\,600 \\ 75, & x > 1\,600 \end{cases}$；

(2) $L = \begin{cases} 30x, & 0 \leqslant x \leqslant 100 \\ 31x - 0.01x^2, & 100 < x \leqslant 1\,600 \\ 15x, & x > 1\,600 \end{cases}$； (3) $L = 21\,000$ 元.

第二章

习题 2.1

（1）0；　（2）0；　（3）0；　（4）1；　（5）2；　（6）0；　（7）无极限；　（8）无极限.

习题 2.2

1.（1）4；　（2）4；　（3）0；　（4）9；　（5）不存在；　（6）0；　（7）不存在；　（8）不存在.

2.（1）$\lim\limits_{x \to 0^-} f(x) = -1$，$\lim\limits_{x \to 0^+} f(x) = 1$，$\lim\limits_{x \to 0} f(x)$ 不存在；

（2）$\lim\limits_{x \to 0^-} f(x) = -1$，$\lim\limits_{x \to 0^+} f(x) = 2$，$\lim\limits_{x \to 0} f(x)$ 不存在；

（3）$\lim\limits_{x \to 0^-} f(x) = 1$，$\lim\limits_{x \to 0^+} f(x) = 1$，$\lim\limits_{x \to 0} f(x) = 1$.

习题 2.3

（1）当 $x \to -1$ 时，$f(x) = \dfrac{x+1}{x-1}$ 是无穷小；当 $x \to 1$ 时，$f(x) = \dfrac{x+1}{x-1}$ 是无穷大.

（2）当 $x \to 3$ 时，$f(x) = \dfrac{x-3}{x+4}$ 是无穷小；当 $x \to -4$ 时，$f(x) = \dfrac{x-3}{x+4}$ 是无穷大.

（3）当 $x \to +\infty$ 时，$f(x) = e^{-x}$ 是无穷小；当 $x \to -\infty$ 时，$f(x) = e^{-x}$ 是无穷大.

（4）当 $x \to -\infty$ 时，$f(x) = e^{x}$ 是无穷小；当 $x \to +\infty$ 时，$f(x) = e^{x}$ 是无穷大.

习题 2.4

1.（1）0；　（2）-1；　（3）∞；　（4）∞；　（5）$-\dfrac{1}{4}$；　（6）$\dfrac{5}{2}$；　（7）1；　（8）2；

（9）$\dfrac{1}{3}$；　（10）3；　（11）$\dfrac{3}{2}$；　（12）$\dfrac{1}{2}$；　（13）$\dfrac{1}{6}$；　（14）∞.

2.（1）k；　（2）2；　（3）-2；　（4）2；　（5）$\dfrac{1}{3}$；　（6）$\dfrac{1}{5}$；　（7）e^{-1}；　（8）$e^{-\frac{1}{2}}$；

（9）e^{-2}；　（10）e^{3}；　（11）e；　（12）e^{5}.

3.（1）0；　（2）0；　（3）0；　（4）0.

4.（1）$\dfrac{1}{3}$；　（2）5；　（3）4；　（4）$\dfrac{1}{3}$；　（5）1；　（6）$\dfrac{5}{3}$；　（7）$\dfrac{9}{2}$；　（8）$\dfrac{2}{3}$.

习题 2.5

1.（a）$x = 1$；　（b）$x = 3$，$x = 5$.

2.（1）连续；　（2）连续；　（3）不连续；　（4）连续.

3.（1）$[2, 5]$，$\lim\limits_{x \to 3} f(x) = \sqrt{2} - 1$；

(2) $(-\infty, 1) \bigcup (1, +\infty)$, $\lim\limits_{x \to 1} f(x) = \infty$, $\lim\limits_{x \to 3} f(x) = \dfrac{1}{4}$;

(3) $(0, 1)$, $\lim\limits_{x \to \frac{1}{2}} f(x) = \ln \dfrac{1}{4} = -2\ln 2$;

(4) $[-3, 1) \bigcup (1, +\infty)$, $\lim\limits_{x \to 1} f(x) = \dfrac{1}{4}$, $\lim\limits_{x \to 6} f(x) = \dfrac{1}{5}$.

第三章

习题 3.1

1. 4.

2. 切线方程:$y - x + 1 = 0$. 法线方程:$y + x - 1 = 0$.

3. 切线方程:$y - 4x + 5 = 0$. 法线方程:$4y + x + 3 = 0$.

4. 切线方程:$y - x - 1 = 0$. 法线方程:$y + x - 1 = 0$.

5. (1) $-6x^{-7}$;　(2) $\dfrac{2}{3}x^{-\frac{1}{3}}$;　(3) $-\dfrac{1}{2}x^{-\frac{3}{2}}$;　(4) $\dfrac{2}{5}x^{-\frac{3}{5}}$;　(5) 0;　(6) 0;

(7) 0;

(8) $-\dfrac{3}{2}x^{-\frac{5}{2}}$;　(9) $\dfrac{3}{4}x^{-\frac{1}{4}}$;　(10) $\dfrac{4}{9}x^{-\frac{5}{9}}$;　(11) $-\dfrac{5}{6}x^{-\frac{11}{6}}$;　(12) $\dfrac{7}{6}x^{\frac{1}{6}}$.

6. $-\dfrac{2}{3}$.

习题 3.2

1. (1) $\mathrm{e}^x - \dfrac{3}{x}$;　(2) $-3\csc x \cot x - \dfrac{1}{x \ln a}$;　(3) $\dfrac{1}{\sqrt{x}} - \dfrac{1}{x^2}$;　(4) $6x + \dfrac{5}{2}x^{\frac{3}{2}}$;

(5) $y = -\dfrac{5}{2}x^{-\frac{7}{2}} + 3x^{-4}$;　(6) $y = \dfrac{-x-1}{2x\sqrt{x}}$;　(7) $\sec^2 x \cdot \ln x + \dfrac{\tan x}{x}$;

(8) $\mathrm{e}^x \sec x + \mathrm{e}^x \sec x \tan x$;　(9) $y = -\csc^2 x \cdot \ln x + \dfrac{\cot x}{x}$;　(10) $\dfrac{x - 2\ln x}{x^3}$;

(11) $\dfrac{1 + \sin t + \cos t}{(1 + \cos t)^2}$;　(12) $y = \dfrac{-2}{t(1 + \ln t)^2}$.

2. 4.　**3.** e.

4. (1) $2\sin(-2x)$;　(2) $9\cos(3x + 5)$;　(3) $5\mathrm{e}^{5x-3}$;　(4) $60x(3x^2 + 1)^9$;

(5) $2\sec^2 x \cdot \tan x$;　(6) $2x \sec x^2 \tan x^2$;　(7) $y = \dfrac{3x}{\sqrt{3x^2 - 1}}$;　(8) $\dfrac{3x^2 - 2}{x^3 - 2x + 6}$;

(9) $\dfrac{1}{\sqrt{4 - x^2}}$;

(10) $\dfrac{\mid x \mid}{x^2 \sqrt{x^2-1}}$;　(11) $\dfrac{2x}{(2x^2+1)}$;　(12) $\dfrac{1}{2(1+x)\sqrt{x}} \cdot e^{\arctan\sqrt{x}}$;

(13) $y=2\cos 2t \cdot e^{3t}+3\sin 2t \cdot e^{3t}$;　(14) $y=-3\sin 3t \cdot e^{2t}+2\cos 3t \cdot e^{2t}$;

(15) $\dfrac{2\cos 2x \cos 3x+3\sin 2x \sin 3x}{\cos^2 3x}$;　(16) $\dfrac{1-\ln(2x+2)}{(1+x)^2}$;　(17) $\dfrac{2x^2-1}{\sqrt{x^2-1}}$;

(18) $\text{arccot}\,\dfrac{1}{x}+\dfrac{x}{x^2+1}$.

5. $\cos f(x) \cdot f'(x)$

习题 3.3

1. (1) $y'=\dfrac{2x}{e^y-1}$;　(2) $\dfrac{e^{x+y}-y}{x-e^{x+y}}=\dfrac{xy-y}{x-xy}$;　(3) $\dfrac{5a-2(x+y)}{2(x+y)}$;　(4) $\dfrac{y-2x}{2y-x}$;

(5) $\dfrac{y}{y-x}$;　(6) $\dfrac{-y(e^x+\cos xy)}{e^x+x\cos xy}$.

2. $\dfrac{\mathrm{d}y}{\mathrm{d}x}=\dfrac{e^x-y}{x+e^y}$, 1.

3. (1) $x^{\frac{1}{x}} \cdot \dfrac{1-\ln x}{x^2}$;　(2) $y=(x+1)^x\left(\ln x+\dfrac{x}{1+x}\right)$;

(3) $y'=\dfrac{\sqrt{x+2}(3-x)^2}{(x+1)^2}\left(\dfrac{1}{2(x+2)}-\dfrac{2}{3-x}-\dfrac{2}{x+1}\right)$.

4. (1) $3t$;　(2) $-\dfrac{1}{2e^{2t}}$;　(3) $-\tan\theta$.

5. (1) $4-\dfrac{1}{x^2}$;　(2) $\dfrac{15}{4}(x^{\frac{1}{2}}+x^{-\frac{1}{2}})$;　(3) $2\sec^2 x\tan x$;　(4) $\csc x(\cot^2 x+\csc^2 x)$;

(5) $2\cos x-x\sin x$;　(6) $8\csc^2 2x \cdot \cot 2x$;　(7) $3x\,e^{x^3-1}(2+3x^3)$;

(8) $-\dfrac{1}{\sqrt{(1-x^2)^3}}$.

6. $-\dfrac{6}{25}$.　**7.** 1.

习题 3.4

1. $\Delta y=0.120\,601$, $\mathrm{d}y=0.12$.

2. (1) $(3x^2-6x)\mathrm{d}x$;　(2) $\left(\dfrac{5}{2}x^{\frac{3}{2}}+\dfrac{5}{3}x^{-\frac{1}{6}}\right)\mathrm{d}x$;　(3) $\dfrac{2x}{\sqrt{2x^2+1}}\mathrm{d}x$;

(4) $\dfrac{-x}{\sqrt{1-x^2}}\mathrm{d}x$;　(5) $\dfrac{2}{4+x^2}\mathrm{d}x$;　(6) $\dfrac{e^x}{1+e^{2x}}\mathrm{d}x$;　(7) $6x\,e^{3x^2-1}\mathrm{d}x$;

(8) $2(e^{2x}-e^{-2x})\mathrm{d}x$;　(9) $[\cos(3x-1)-3x\sin(3x-1)]\mathrm{d}x$;　(10) $(2x\ln x+x)\mathrm{d}x$.

3. (1) $\arctan x+C$;　(2) $\tan x+C$;　(3) $\dfrac{1}{9}x^9+C$;　(4) $2\sqrt{x}+C$;

(5) $\dfrac{1}{5}\sin 5x + C$;　(6) $-\dfrac{1}{3}\cos 3x + C$;　(7) $-\dfrac{1}{2}\mathrm{e}^{-2x} + C$;　(8) $\ln x + C$.

第四章

习题 4.1

1. $(2,4)$

习题 4.2

1. (1) $-\dfrac{3}{5}$;　(2) $\cos a$;　(3) 2;　(4) 2;　(5) 1;　(6) 1;　(7) $-\dfrac{1}{2}$;　(8) 0;

(9) 2;　(10) $\dfrac{m}{n}a^{m-n}$;　(11) 0;　(12) $-\dfrac{\sqrt{2}}{2}$;　(13) $+\infty$;　(14) $+\infty$;　(15) $\dfrac{1}{2}$;

(16) 1;　(17) $\dfrac{1}{2}$;　(18) $\dfrac{1}{2}$;　(19) $-\dfrac{1}{2}$;　(20) 0.

2. (1) $\dfrac{1}{2}$,不可;　(2) 0,不可;　(3) 0,不可.

习题 4.3

1. (1) $(-\infty,+\infty)$单调增加;　(2) $(0,+\infty)$单调减少;　(3) $(0,1)$单调增加.

2. (1) $[-1,3]$单调减少;$(-\infty,-1]$,$[3,+\infty)$单调增加;

(2) $(-\infty,-1)$,$(0,1)$单调减少,$(-1,0)$,$(1,+\infty)$单调增加;

(3) $(-\infty,-1)$单调减少;$(-1,+\infty)$单调增加;

(4) $(-\infty,-1)$,$(3,+\infty)$单调增加,$(-1,3)$单调减少;

(5) $\left(0,\dfrac{1}{2}\right)$单调减少,$\left(\dfrac{1}{2},+\infty\right)$单调增加;

(6) $(0,+\infty)$单调增加,$(-\infty,0)$单调减少;

(7) $(0,2)$单调减少;$(2+\infty)$单调增加;

(8) $(-\infty,0)$,$(1,+\infty)$单调增加,$(0,1)$单调减少;

(9) $(0,+\infty)$单调增加,$(-1,0)$单调减少;

(10) $(-\infty,+\infty)$单调减少;

(11) $(-\infty,-2)$,$(0,+\infty)$单调增加,$(-2,-1)$,$(-1,0)$单调减少;

(12) $(-\infty,-2)$,$(-1,1)$单调减少,$(-2,-1)$,$(1,+\infty)$单调增加.

3. (1) 拐点$(1,-4)$,$(-\infty,1)$凸的,$(1,+\infty)$凹的;

(2) 拐点$(2,-16)$,$(-\infty,2)$凸的,$(2,+\infty)$凹的;

(3) 拐点$(0,1)$,$(1,0)$.区间$(-\infty,0)$、$(1,+\infty)$凹的,$(0,1)$凸的;

(4) 拐点$(-1,-12)$,$(3,-188)$.区间$(-\infty,-1)$、$(3,+\infty)$凹的,$(-1,3)$凸的;

(5) 拐点$(4,2)$.区间$(-\infty,4)$凹的,$(4,+\infty)$凸的;

(6) 拐点(2, 0)，(−∞, 2)凸的,(2+∞)凹的;

(7) 拐点(0, 0)，(−∞, 0)凸的,(0, +∞)凹的;

(8) 拐点 $(2, 2e^{-2})$，(−∞, 2) 凸的,(2, +∞) 凹的;

(9) 没有拐点,凹的;

(10) 没有拐点,凹的.

4. $a = -\dfrac{3}{2}, b = \dfrac{9}{2}$.

习题 4.4

1. (1) 极小值 $y(2) = -5$; (2) 极小值 $y(-1) = -5$;

(3) 极大值 $y(0) = 0$,极小值 $y(1) = -1$;

(4) 极大值 $y(-1) = 0$,极小值 $y(3) = -32$;

(5) 极大值 $y(1) = y(-1) = 1$,极小值 $y(0) = 0$;

(6) 极大值 $y(-1) = 17$,极小值 $y(3) = -47$;

(7) 极小值 $y(0) = 0$; (8) 极大值 $y(2) = 4e^{-2}$,极小值 $y(0) = 0$;

(9) 无极值; (10) 极大值 $y(2) = 3$;

(11) 极大值 $y(1) = 1$,极小值 $y(2) = \dfrac{2}{3}$.

2. $a = 2$;当 $x = \dfrac{\pi}{3}$ 时,函数取得极大值 $f\left(\dfrac{\pi}{3}\right) = \sqrt{3}$.

习题 4.5

1. (1) 最小值 $y \mid_{x=1} = -1$,最大值 $y \mid_{x=9} = 3$;

(2) 最小值 $y \mid_{x=2} = 2$,最大值 $y \mid_{x=10} = 66$;

(3) 最小值 $y \mid_{x=-1} = -5$,最大值 $y \mid_{x=3} = 27$;

(4) 最小值 $y \mid_{x=1} = 7$,最大值 $y \mid_{x=4} = 142$;

(5) 最小值 $y \mid_{x=0} -1$,最大值 $y \mid_{x=4} \dfrac{3}{5}$;

(6) 最小值 $y \mid_{x=0} = 0$,最大值 $y \mid_{x=2} = \ln 5$.

2. $q = 140$. **3.** $p = 25$.

第五章

习题 5.1

1. (1) $5x + \dfrac{1}{3}x^9 - 2\ln \mid x \mid + C$; (2) $\dfrac{6^x}{\ln 6} - e^x + C$;

(3) $\dfrac{2}{3}\sin x - 4\cos x + C$；   (4) $3\tan x - 2\cot x + C$；

(5) $2\arcsin x - 5\arctan x + C$.

2. (1) $\dfrac{3}{5}x^{\frac{5}{3}} + C$；   (2) $2x^{\frac{1}{2}} + C$；   (3) $\dfrac{-1}{x} + C$；

(4) $\dfrac{3}{4}x^4 - 2x^2 + 2\ln|x| - 5x + C$；   (5) $x^5 + \dfrac{x^3}{3} - 2\ln|x| + 3x + C$；

(6) $\dfrac{3}{7}x^{\frac{7}{3}} + \dfrac{3}{4}x^{\frac{4}{3}} + C$；   (7) $\dfrac{3}{2}x^{\frac{2}{3}} + \dfrac{6}{7}x^{\frac{7}{6}} + C$；   (8) $x - 2\arctan x + C$；

(9) $\dfrac{x^3}{3} - x + 2\arctan x + C$；   (10) $-\cot x - \tan x + C$；

(11) $\dfrac{5^x}{\ln 5} - 3\sin x + C$；   (12) $-\dfrac{1}{x} + 2\arctan x + C$；   (13) $x - e^x + C$；

(14) $2x - 5\dfrac{2^x}{\ln 2} + C$；   (15) $\sin x - \cos x + C$.

3. $f(x) = x^3 - 3$.   **4.** $R'(50) = 90$，$R(50) = 4\,750$.

5. (1) $C(q) = -500q + q^2 + 2\,000\,000$；   (2) $C(2\,000) = 5\,000\,000 = 500$(万元).

习题 5.2

1. (1) $\dfrac{1}{5}$；   (2) $\dfrac{1}{6}$；   (3) $\dfrac{1}{10}$；   (4) $\dfrac{1}{6}$；   (5) $\dfrac{1}{12}$；   (6) $\dfrac{1}{4}$.

2. (1) $\dfrac{1}{42}(2x - 3)^{21} + C$；   (2) $\dfrac{-1}{27}(5 - 3x)^9 + C$；   (3) $\sqrt{1 + 2x} + C$；

(4) $\dfrac{-1}{6}\ln|1 - 6x| + C$；   (5) $\dfrac{-1}{3}e^{-3x} + C$；   (6) $\dfrac{1}{6}e^{6x+1} + C$；

(7) $\dfrac{1}{4}\sin(4x + 3) + C$；   (8) $\dfrac{1}{3}\cos(-3x + 2) + C$；   (9) $\ln|\sin x| + C$；

(10) $\dfrac{-1}{2}\sin^{-2}x + C$；   (11) $\dfrac{1}{4}\sin^4 x + C$；   (12) $\dfrac{-1}{3}\cos^3 x + C$；

(13) $\dfrac{1}{3}(1 + x^2)^{\frac{3}{2}} + C$；   (14) $\dfrac{-1}{4}(x^2 - 3)^{-4} + C$；   (15) $\dfrac{1}{2}e^{x^2+1} + C$；

(16) $\dfrac{1}{2}\sin(x^2 + 2) + C$；   (17) $\dfrac{1}{4}\ln^4 x + C$；   (18) $\dfrac{-1}{8 + \ln x} + C$；

(19) $\ln(e^x + 5) + C$；   (20) $-\cos e^x + C$.

3. (1) $2\sqrt{x - 1} - 4\ln(2 + \sqrt{x - 1}) + C$；   (2) $\dfrac{-1}{2}\sqrt{1 - 2x} - \dfrac{1}{6}\sqrt{(1 - 2x)^3} + C$；

(3) $6\sqrt[6]{x} - 6\arctan\sqrt[6]{x} + C$；   (4) $6\ln\sqrt[6]{x} - 6\ln(1 + \sqrt[6]{x}) + C$；

(5) $-\dfrac{\sqrt{1 - x^2}}{x} - \arcsin x + C$；   (6) $\dfrac{-\sqrt{4 - x^2}}{x} - \arcsin\dfrac{x}{2} + C$；

(7) $\arccos\dfrac{1}{x} + C$；   (8) $\dfrac{x}{\sqrt{x^2 + 1}} + C$；   (9) $\sqrt{x^2 - 9} - 3\arccos\dfrac{3}{x} + C$；

(10) $\dfrac{-x\sqrt{1-x^2}}{2}+\dfrac{1}{2}\arcsin x+C$;   (11) $\dfrac{\sqrt{x^2-9}}{9x}+C$;   (12) $\dfrac{x}{\sqrt{1-x^2}}+C$;

(13) $\dfrac{-\sqrt{1+x^2}}{x}+C$;   (14) $\dfrac{1}{5}\arcsin 5x+C$;

(15) $\dfrac{1}{4}\ln|4x+\sqrt{1+16x^2}|+C$;   (16) $\ln|x+\sqrt{x^2-9}|+C$.

习题 5.3

(1) $\dfrac{1}{2}x\sin 2x+\dfrac{1}{4}\cos 2x+C$;   (2) $\dfrac{-1}{2}x\cos 2x+\dfrac{1}{4}\sin 2x+C$;

(3) $-x^2\cos x+2x\sin x+2\cos x+C$;   (4) $x^2\sin x+2x\cos x-2\sin x+C$;

(5) $-xe^{-x}-e^{-x}+C$;   (6) $-x^2e^{-x}-2xe^{-x}-2e^{-x}+C$;

(7) $\dfrac{x}{2}e^{2x}-\dfrac{1}{4}e^{2x}+C$;   (8) $\dfrac{-1}{3}xe^{-3x}-\dfrac{1}{9}e^{-3x}+C$;

(9) $x\arctan x-\dfrac{1}{2}\ln(1+x^2)+C$;   (10) $x\arccos x-\sqrt{1-x^2}+C$;

(11) $\dfrac{x^2}{2}\arctan x-\dfrac{1}{2}x+\dfrac{1}{2}\arctan x+C$;   (12) $\dfrac{x^3}{3}\arctan x-\dfrac{x^2}{6}+\dfrac{1}{6}\ln(x^2+1)+C$;

(13) $\dfrac{x^3}{3}\ln x-\dfrac{x^3}{9}+C$;   (14) $\dfrac{x^4}{4}\ln x-\dfrac{x^4}{16}+C$;

(15) $x\ln^2 x-2x\ln x+2x+C$;   (16) $\dfrac{-\ln x}{x}-\dfrac{1}{x}+C$;

(17) $\dfrac{-\ln x}{2x^2}-\dfrac{x^{-2}}{4}+C$;   (18) $\sqrt{2x-1}\,e^{\sqrt{2x-1}}-e^{\sqrt{2x-1}}+C$;

(19) $\dfrac{e^{-x}}{2}(\sin x-\cos x)+C$;   (20) $\dfrac{e^{-x}}{2}(\sin x-\cos x)+C$.

第六章

习题 6.1

1. (1) 8;   (2) $b-a$;   (3) 0;   (4) $\dfrac{9}{2}$;   (5) 2;   (6) 8;   (7) $\dfrac{9}{2}\pi$;   (8) $\dfrac{1}{2}\pi r^2$;

(9) 0.

2. (1) $\displaystyle\int_a^b f(x)\mathrm{d}x-\int_a^b g(x)\mathrm{d}x$;   (2) $1-\displaystyle\int_0^1 x^2\mathrm{d}x$;   (3) $\displaystyle\int_1^2 x^2\mathrm{d}x$;   (4) $\displaystyle\int_0^2 x^2\mathrm{d}x$.

习题 6.2

1. (1) 2;   (2) 1;   (3) 4;   (4) $\dfrac{3}{8}$;   (5) $2\ln 2$;   (6) $2(\sqrt{2}-1)$;   (7) $\dfrac{3}{2}$;   (8) 9;

(9) $e-1$;　(10) $\dfrac{3}{\ln 2}$;　(11) $\dfrac{1}{\ln 2}+\dfrac{1}{3}$;　(12) $\dfrac{17}{6}$;　(13) $\dfrac{\pi}{3}-\dfrac{3}{2}$;　(14) $-\dfrac{8}{5}$;

(15) $\dfrac{7}{12}$;　(16) $-\dfrac{5}{4}$;　(17) $1-\dfrac{\pi}{2}$;　(18) $1-\dfrac{\sqrt{3}}{3}-\dfrac{\pi}{12}$;　(19) $\dfrac{\pi}{6}$;　(20) $1-\dfrac{\pi}{4}$;

(21) 4;　(22) 1;　(23) 2;　(24) 4;　(25) $2\sqrt{2}-1$.

2. $\dfrac{8}{3}$.　**3.** 7.

习题 6.3

1. (1) $2(1+\ln 2-\ln 3)$;　(2) $2\ln 2-1$;　(3) $6\left(1-\dfrac{\pi}{4}\right)$;　(4) $\dfrac{1}{6}$;　(5) 2;

(6) $\dfrac{\pi}{6}-\dfrac{\sqrt{3}}{8}$;　(7) $2(\sqrt{3}-1)$;　(8) $1-2\ln 2$;　(9) $\dfrac{1}{4}$;　(10) $\dfrac{1}{2}(1-e^{-1})$;

(11) $\dfrac{22}{3}$;　(12) $\dfrac{7}{72}$.

2. (1) 2;　(2) 2;　(3) 0;　(4) $\dfrac{2}{3}$.

3. (1) $1-\dfrac{2}{e}$;　(2) $\dfrac{\pi}{4}$;　(3) $\dfrac{1}{4}(e^2+1)$;　(4) $4\ln 2-\dfrac{15}{16}$;　(5) $\dfrac{\pi}{4}-\dfrac{1}{2}$;

(6) $\dfrac{\pi}{12}+\dfrac{\sqrt{3}}{2}-1$;　(7) 1;　(8) $-\dfrac{1}{2}$;　(9) $2-5e^{-1}$;　(10) 1;　(11) $4(2\ln 2-1)$;

(12) $3e-6$.

习题 6.4

1. (1) $\dfrac{3}{2}-\ln 2$;　(2) $\dfrac{1}{6}$;　(3) $\dfrac{16}{3}\sqrt{2}$;　(4) $\dfrac{\pi}{2}-1$;　(5) $\dfrac{14}{3}$;　(6) $\dfrac{4}{3}$.

2. (1) $C(x)=20x+15x^2-3x^3+100,\ \bar{C}(x)=20+15x-3x^2+\dfrac{100}{x}$,

变动成本为 $20x+15x^2-3x^3$;

(2) $C(q)=10e^{0.2q}-6q+80$;　(3) $R(x)=200x-\dfrac{1}{4}x^2$, $17\,500$, 175;

(4) $2\,400$, 60, 100;　(5) $q(p)=-4p+80$;　(6) 100, 75.

习题 6.5

(1) $\dfrac{1}{2}$;　(2) 发散;　(3) $\dfrac{1}{a}$.

第七章

习题 7.1

1. (1) 一阶；　(2) 二阶；　(3) 三阶；　(4) 一阶.

2. (1) 是；　(2) 是；　(3) 是.

习题 7.2

1. (1) $y = \mathrm{e}^{Cx}$；　(2) $(y^2 - 1)(x^2 - 1) = C$；　(3) $y = C\mathrm{e}^{\sqrt{1-x^2}}$；

(4) $y = C\sin x - 1$；　(5) $y = C\mathrm{e}^{\arcsin x}$；　(6) $y^3 + \mathrm{e}^y = \sin x + C$.

2. (1) $y = \dfrac{4}{x^2}$；　(2) $y = \ln(\mathrm{e}^x + \mathrm{e}^2 - 1)$.

3. (1) $y = \dfrac{2}{5}\sin x - \dfrac{1}{5}\cos x + C\mathrm{e}^{-2x}$；　(2) $y = 2 + C\mathrm{e}^{-x^2}$；

(3) $y = x^3 + Cx$；　(4) $y = (x - 2)^3 + C(x - 2)$；

(5) $y = \dfrac{2}{3}(4 - \mathrm{e}^{-3x})$；　(6) $y = \dfrac{x}{\cos x}$.

习题 7.3

(1) $y = C_1\mathrm{e}^{-2x} + C_2\mathrm{e}^{-3x}$；　(2) $y = (C_1 + C_2 x)\mathrm{e}^{x^2}$；

(3) $y = C_1\cos x + C_2\sin x$；　(4) $y = (C_1\cos 3x + C_2\sin 3x)\mathrm{e}^{-4x}$；

(5) $y = \mathrm{e}^{-3x}(C_1\cos 2x + C_2\sin 2x)$；　(6) $y = (C_1 + C_2 x)\mathrm{e}^x$.

习题 7.4

(1) e^t；　(2) $5(\mathrm{e}^{-3t} - \mathrm{e}^{-5t})$；　(3) $\dfrac{3}{2}\sin 2t$；　(4) t.

参 考 文 献

1. 同济大学. 高等数学[M]. 北京：高等教育出版社，2008.
2. 陈笑缘. 经济数学[M]. 北京：高等教育出版社，2009.
3. 吴赣昌. 实用高等数学[M]. 北京：中国人民大学出版社，2008.
4. 康永强. 应用数学与数学文化[M]. 北京：高等教育出版社，2011.
5. 吴素敏. 经济数学[M]. 北京：高等教育出版社，2008.
6. 侯风波. 工程数学[M]. 北京：高等教育出版社，2004.
7. 游安军. 机电数学[M]. 北京：电子工业出版社，2016.
8. 张清平，阳彩霞，宋翌. 大学数学知识的人生哲理及其数学实践研究[J]. 武汉生物工程学院学报，2016，(3):43 - 45.
9. 无名. 马克思的数学手稿[J]. 语数外学习，2018，(8)：52 - 57.
10. 吴云宗，张继凯. 实用高等数学[M]. 北京：高等教育出版社，2006.

图书在版编目(CIP)数据

应用数学.微积分/尹方平,位泽红,王志平主编. —上海:复旦大学出版社,2021.10
(2024.1重印)
ISBN 978-7-309-15678-2

Ⅰ.①应… Ⅱ.①尹… ②位… ③王… Ⅲ.①应用数学-高等职业教育-教材 ②微积分-高等
职业教育-教材 Ⅳ.①O29 ②O172

中国版本图书馆 CIP 数据核字(2021)第 114981 号

应用数学.微积分
尹方平　位泽红　王志平　主编
责任编辑/张志军

复旦大学出版社有限公司出版发行
上海市国权路 579 号　邮编:200433
网址:fupnet@ fudanpress.com　http://www.fudanpress.com
门市零售:86-21-65102580　团体订购:86-21-65104505
出版部电话:86-21-65642845
上海四维数字图文有限公司

开本 787 毫米×1092 毫米　1/16　印张 12　字数 285 千字
2024 年 1 月第 1 版第 4 次印刷

ISBN 978-7-309-15678-2/O·699
定价:45.00 元

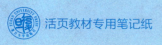

关注"卓越读书"微信
公众号，让学习更简单

扫码搜索购买
"活页笔记纸"

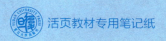

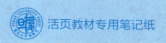

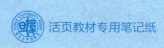

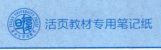

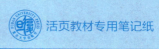

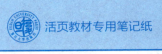

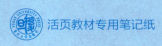

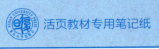

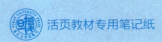

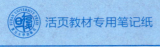

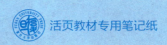

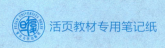

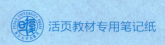

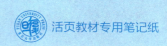

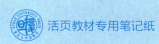

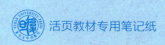